全国专业技术人员新职业培训教程

云计算工程技术人员 初级

云计算运维

人力资源社会保障部专业技术人员管理司 组织编写

中国人事出版社

图书在版编目(CIP)数据

云计算工程技术人员：初级．云计算运维/人力资源社会保障部专业技术人员管理司组织编写．--北京：中国人事出版社，2022

全国专业技术人员新职业培训教程

ISBN 978-7-5129-1783-5

Ⅰ.①云… Ⅱ.①人… Ⅲ.①云计算-职业培训-教材 Ⅳ.①TP311.5

中国版本图书馆 CIP 数据核字(2022)第 140941 号

中国人事出版社出版发行

（北京市惠新东街 1 号 邮政编码：100029）

*

保定市中画美凯印刷有限公司印刷装订 新华书店经销

787 毫米×1092 毫米 16 开本 25.75 印张 389 千字

2022 年 10 月第 1 版 2022 年 10 月第 1 次印刷

定价：70.00 元

营销中心电话：400-606-6496

出版社网址：http://www.class.com.cn

本书编委会

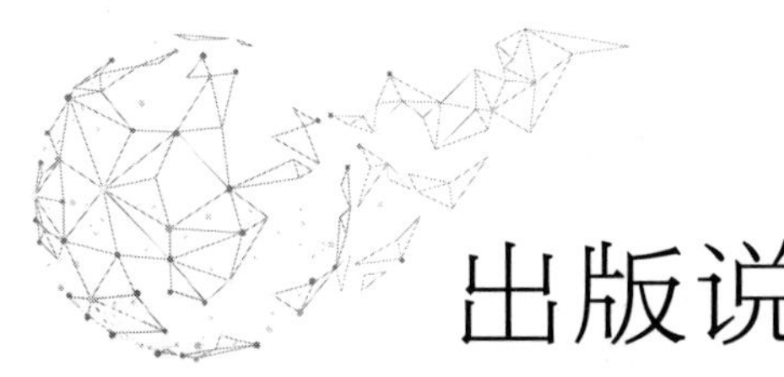

出版说明

当今世界正经历百年未有之大变局，我国正处于实现中华民族伟大复兴关键时期。在全球经济低迷，我国加快形成以国内大循环为主体、国内国际双循环相互促进的新发展格局背景下，数字经济发挥着提振经济的重要作用。党的十九届五中全会提出，要发展战略性新兴产业，推动互联网、大数据、人工智能等同各产业深度融合，推动先进制造业集群发展，构建一批各具特色、优势互补、结构合理的战略性新兴产业增长引擎。“十四五”期间，数字经济将继续快速发展、全面发力，成为我国推动高质量发展的核心动力。

近年来，人工智能、物联网、大数据、云计算、数字化管理、智能制造、工业互联网、虚拟现实、区块链、集成电路等数字技术领域新职业不断涌现，这些新职业从业人员通过不断学习与探索，将推动科技创新、释放巨大能量，推动人们生产生活方式智能化、智慧化、数字化，推动传统产业转型升级，为经济高质量发展注入强劲活力。我国在技术、消费与应用领域具备数字经济创新领先优势，但还存在数字技术人才供给缺口较大、关键核心技术领域自主创新能力不足、数字经济与实体经济融合的深度和广度不够等问题。发展数字经济，推进数字产业化和产业数字化，推动数字经济和实体经济深度融合，急需培育壮大数字技术工程师队伍。

人力资源社会保障部会同有关行业主管部门将陆续制定颁布数字技术领域国家职业标准，坚持以职业活动为导向、以专业能力为核心，遵循人才成长规律，对从业人员的理论知识和专业能力提出综合性、引导性培养标准，为加快培育数字技术人才提供基本依据。根据《人力资源社会保障部办公厅关于加强新职业培训工作的通知》（人社厅发〔2021〕28号）要求，为提高新职业培训的针对性、有效性，进一步发挥新职业培训促进更好就业的作用，人力资源社会保障部专业技术人员管理司组织相关领域的专家学者编写了全国专业技术人员新职业培训教程，供相关领域开展新职业培训使用。

本系列教程依据相应国家职业标准和培训大纲编写，划分初级、中级、高级三个等级，有的职业划分若干职业方向。教程紧贴数字技术人员职业活动特点，定位于全国平均水平，且是相关数字技术人员经过继续教育或岗位实践能够达到的水平，突出该职业领域的核心理论知识、主流技术及未来发展要求，为教学活动和培训考核提供规范和引导，将帮助广大有意或正在从事数字技术职业人员改善知识结构、掌握数字技术、提升创新能力。

希望本系列教程的出版，能够在加强数字技术人才队伍建设、推动数字经济快速发展中发挥支持作用。

目　录

第一篇　云计算平台搭建

第二篇　云计算平台运维

第三篇　云计算平台应用

第四篇　云安全管理

第一篇 云计算平台搭建

云计算（Cloud Computing）是一种通过网络统一组织和灵活调用各种ICT（Information and Communications Technology）信息资源，实现大规模计算的信息处理方式。云计算利用分布式计算和虚拟资源管理等技术，通过网络将分散的ICT资源（包括计算资源、存储资源、网络资源等）集中起来形成共享的资源池，并以动态按需分配和可度量的方式向用户提供。用户可以使用各种形式的终端（如PC台式机、平板电脑、智能手机甚至智能电视等）通过网络获取ICT资源服务。

在云计算技术架构中，主要分为两部分，由数据中心基础设施层与ICT资源层组成的云计算“基础设施”和由资源控制层构成的云计算“操作系统”。云计算“基础设施”是承载在数据中心之上的，以高速网络（目前主要是以太网）连接各种物理资源（如服务器设备、存储设备、网络设备等）和虚拟资源（如虚拟机、虚拟存储空间等）；云计算“操作系统”是对ICT资源池中的资源进行调度和分配的软件系统，其主要目标是对云计算“基础设施”中的物理资源和虚拟资源进行统一管理。

第一章　硬件系统搭建

硬件系统搭建是云计算平台稳定运行的基础。硬件系统搭建包括硬件设备型号及参数的确认、机房规划及硬件设备上架、设备间的连线、设备的上电测试等环节。随着硬件设备的更新迭代、软件系统的推陈出新、部署工具的日新月异，能够快速而且高效地部署云计算硬件系统是云计算工程技术人员必须掌握的能力。

- **职业功能**：云计算平台搭建（硬件系统搭建）。
- **工作内容**：能够区分不同类型的服务器，能够确认服务器硬件参数，完成服务器的上架与接线，完成服务器的通电测试。
- **专业能力要求**：能够根据规划部署要求，完成需求沟通并确定服务器、交换机等设备的硬件参数；能够根据规划部署要求，规划云计算机房空间，并上架服务器；能够根据网络规划及网络拓扑，组网部署服务器和网络设备等，并确保设备连通性；能够应用现场设施及电力系统设施，完成服务器和网络设备的通电测试。
- **相关知识要求**：了解硬件设备基本功能及相关参数的意义；掌握服务器和网络设备安装及连接的知识。

第一节　服务器设备

考核知识点及能力要求：

- 掌握服务器设备的基本参数、类型及功能。
- 掌握服务器设备种类的差异与使用场景。
- 能够根据服务器的具体类型，熟悉服务器的使用场景。

一、机架式服务器

机架式服务器的外形看起来不像常见的个人计算机，而像交换机，分为 1 U、2 U、4 U 等规格。U 是一种表示服务器外部尺寸的单位（计量单位：高度/厚度），1 U = 1. 75 in = 4. 445 cm。其中 2 U 机架式服务器如图 1-1 所示。通常 1 U 机架式服务器最节省空间，但性能和可扩展性较差，一般支持 1～2 个外设组件互联标准扩充槽（PCI，Peripheral Component Interconnect），适合一些业务相对固定的使用领域。4 U 以上的产品性能较高，可扩展性好，一般支持 4 个以上的 PCI 扩充槽，管理也十分方便，厂商通常提供相应的管理和监控工具，适合大访问量的关键应用，但体积较大，空间利用率不高。

机架式服务器的优点是占用空间小，便于统一管理，但由于内部空间有限，扩充性会受限制。散热性能也是一个需要注意的问题，此外机架式服务器需要安装在标准的 19 in 机柜里面，因此，这种服务器多被服务器数量需求较多的大型企业使用。但是也有不少中小型企业采用这种类型的服务器，企业自己不做服务器运维工作，而是将

服务器交付给专门的服务器托管机构来管理，尤其是很多网站的服务器都采用这种方式来部署和管理。

机架式服务器由于在扩展性和散热问题上受到限制，因而单机性能比较有限，应用范围也受到一定限制，往往只专注于在某方面的应用，如远程存储和网络服务等。

图 1-1　2 U 机架式服务器

二、刀片式服务器

所谓刀片服务器(Blade Server）是指在标准高度的机架式机箱内可插装多个卡式的服务器单元，是一种实现高可用高密度（HAHD，High Availability High Density）的低成本服务器平台，是专门为特殊应用行业和高密度计算机环境而设计的。它的主要结构为一大型主体机箱，内部可插上许多“刀片”，其中每一块“刀片”实际上就是一块系统主板。它们可以通过“板载”硬盘启动自己的操作系统，如 Windows、Linux 等，类似于一个个独立的服务器，在这种模式下，每一块母板运行自己的系统，服务于指定的不同用户群，相互之间没有关联。不过，管理员可以使用系统软件将这些母板集合成一个服务器集群。在集群模式下，所有的母板可以连接起来提供高速的网络环境，并同时共享资源，为相同的用户群服务。在集群中插入新的“刀片”，就可以提高系统的整体性能。而由于每块“刀片”都是热插拔的，所以系统可以轻松地进行“刀片”替换，并且将维护时间减少到最小。

刀片式服务器的优点是可以明显降低运行管理费用；高处理能力密度，可以节省空间和占地费用；低耗电与低散热，降低电费与空调费用；完善的可靠性设计，可以减少停机时间，可以实现光路诊断；“刀片”插装的方式大大减少了电缆连接点、冗余交换模块和电缆连接。而刀片式服务器的缺点也比较明显，部署刀片数据中心的前期成本较高，对于拥有一个或者两个刀片中心的企业用户来说，购买备用的部件可能很不划算。大多数刀片中心都有特殊的供电需求，这可能意味着要增加特殊电缆的额外成本。刀片中心通常采用的是专用网卡和 KVM 附属设备，有时候还需要特殊电缆或驱动程序，以此决定刀片服务器上需要运行何种操作系统。

常见的刀片式服务器如图 1–2 所示。

图 1–2　刀片式服务器

三、塔式服务器

塔式服务器的外形及结构都与立式的 PC 机差不多,只是个头稍大一些，其外形尺寸并无统一标准。

塔式服务器的主板扩展性较强，插槽也很多，而且塔式服务器的机箱内部往往会预留很多空间，以便进行硬盘、电源等设备的冗余扩展。这种服务器无须额外设备，对放置空间没多少要求，并且具有良好的可扩展性，配置也能够很高，因而应用范围非常广泛，是目前使用率最高的一种服务器，可以满足一般常见的服务器应用需求。这种类型的服务器尤其适合常见的入门级和工作组级服务器应用，而且成本比较低，性能能够满足大部分中小企业用户的要求，市场需求空间还是很大的。

但这种类型的服务器也有不少局限性，在需要采用多台服务器同时工作以满足较高的服务器应用需求时，由于其体积比较大，占用空间多，不方便管理，显得很不适合。

常见的塔式服务器如图 1–3 所示。

图 1–3　塔式服务器

通过本节内容的学习，读者了解了几种常见的服务器类型及其使用场景，接下来对常见的机架式服务器的硬件进行深入介绍。

第二节　服务器硬件组成

考核知识点及能力要求：

- 了解服务器设备的硬件组成。
- 掌握服务器设备各硬件的作用。
- 能通过服务器硬件参数，确认服务器的配置。

一、服务器中央处理器

中央处理器（CPU，Center Process Unit），是一台计算机的神经中枢。作为 PC 的核心部件，CPU 同时兼具运算核心和控制核心两大使命，可以说意义非凡。不过在不同的产品线，CPU 的构造和功能并不相同，企业领域和消费领域的 CPU 也不尽相同。一般来说，服务器 CPU 和家用 CPU 有以下几点区别。

（一）指令集

目前两大 CPU 处理器指令体系 CISC 和 RISC 架构都在互相取长补短，走向融合。CISC 借用 RISC 的理念优化指令系统效率，RISC 引入增强指令提高复杂任务处理效率。所以，不必过分关注 CISC 和 RISC 的区别，两种架构都非常先进，并且会长期发展演进。下面分别介绍两种指令集。

1. 复杂指令集

复杂指令集（CISC，Complex Instruction Set Computer）的特点在于指令多，一条指令执行多个功能。优点体现在特定功能执行效率高，例如，多媒体处理；缺点是系统设计复杂，利用率不高，执行速度慢。其典型架构是英特尔生产的 x86 系列（即 IA-32 架构）CPU 及其兼容 CPU，如 AMD、VIA 等，而且多数为中低档服务器所采用。

2. 精简指令集

精简指令集（RISC，Reduced Instruction Set Computer）的特点是指令少，复杂任务由多个精简指令组合完成。优点是常用工作执行效率高、功耗低；缺点是部分复杂任务处理效率偏低，例如，多媒体处理。其典型架构是 ARM、Power、MIPS、Alpha 和 SPARC 等。目前在中高档服务器中普遍采用这一指令系统的 CPU。

（二）稳定性

服务器 CPU 是为长时间稳定工作而存在的，基本是为能常年连续工作而设计的，而普通桌面级 CPU 是按照 72 h 连续工作而设计的。所以服务器 CPU 相比家用 CPU 在稳定性和可靠性方面有着天壤之别。所以通常情况下，服务器是 365 天开机工作的，而家用计算机在不使用时，建议保持关机状态。

（三）接口

服务器 CPU 和家用 CPU 的接口不同。以几年前的英特尔为例，其桌面级 CPU 为 775 接口，而服务器 CPU 则有 775 接口和 771 接口等。服务器要求数据吞吐量较高，总线带宽比家用的同一时期的 CPU 高。

（四）缓存

厂商通常舍得在服务器部件上花成本，所以最新的服务器 CPU 往往应用了最先进的工艺和技术。比如在缓存方面，很早之前就已经在服务器 CPU 上应用的 3 级缓存技术，直到最近几年才应用到家用 CPU 上。

（五）多路互联

服务器 CPU 支持多路互联，简单来说就是一台机器可以安装多个 CPU，普通桌面级 CPU 一般不支持这种工作方式。

（六）价格

服务器 CPU 入门级一般是对普通 CPU 做了服务器化，支持多路互联和长时间工作等，性能并没有太大提升，价格也高。高端服务器则是运用大量的先进技术，价格

更贵。对于服务器而言，价格在考虑因素中所占比重很低，因为如果性能不足或无法足时运行，带来的损失将远远超过本身设备费用。

根据以上说法，服务器 CPU 相比家用 CPU 有着诸多优点，那么是否可以将服务器 CPU 安装到家用计算机上使用呢？

正所谓，尺有所短寸有所长。其实 CPU 的性能要靠主板和内存才能完全发挥出来，而由于先天性的设计特点，很多家用计算机的主板是不适合服务器 CPU 使用的，即使可以使用，很多时候也无法保证发挥出其性能优势。而且服务器主板一般都没有显卡槽，因为对服务器来说集成显卡就够用了，对于游戏性能并没有要求。但是在家用领域，独立显卡则是高清游戏必不可少的环节。所以说家用 CPU 的设计更符合 PC 的特点。

二、服务器内存

服务器内存（RAM，随机存储器），它与普通 PC 机内存在外观和结构上没有什么明显实质性的区别，主要是在内存上引入了一些新的特有技术，如 ECC（错误检查和纠正）、ChipKill（内存错误自动恢复）、热插拔技术等，具有极高的稳定性和纠错性能。一般来说，服务器内存与普通 PC 内存相比有以下不同。

（一）颗粒数量

板载的内存颗粒数量不同。服务器的内存条多了一个 ECC 错误校验储存芯片（储存芯片数为奇数），这使得服务器在运转中更加安全稳定。而普通 PC 内存条储存芯片数为偶数。

（二）支持技术

支持技术不同。服务器的内存条支持 ECC 错误校验技术，经过错误校验和纠正，无形中也就保证了服务器系统的稳定可靠。普通内存条检测到错误时，并不能确定错误在哪一位，也无法修正错误。

（三）内存容量

内存条的容量不同。服务器的单个内存条容量通常是以 16 GB 起步，服务器里面也会根据实际情况选择安装一定数目大容量的内存条。普通内存条容量通常是以 4 GB 起步，现在的计算机上面 8~16 GB 的内存已经够用。

三、服务器硬盘

服务器硬盘，顾名思义，就是服务器上使用的硬盘。如果说服务器是网络数据的核心，那么服务器硬盘就是这个核心的数据仓库，所有的软件和用户数据都存储在这里。由于储存在服务器上的硬盘数据是最宝贵的，因此，硬盘的可靠性是非常重要的。

服务器硬盘按照材质可以分为两大类，分别是传统硬盘，即机械硬盘（HDD，Hard Disk Driver）和固态硬盘（SSD，Solid State Disk）。目前常见的服务器硬盘有如下几种。

（一）SATA 硬盘

SATA 硬盘全称是 Serial ATA，即串行 ATA 硬盘接口规范，为目前常见类型。目前第三代 SATA 硬盘的最大写入速度达到了 600 MB/s，比第二代速度提高了一倍。SATA 硬盘的优势是支持热插拔、传输速度快、执行效率高。

（二）SAS 硬盘

SAS（Serial Attached SCSI）即串行连接 SCSI，是新一代的 SCSI 技术，和现在流行的 Serial ATA（SATA）硬盘相同，都是采用串行技术以获得更高的传输速度，并通过缩短连接线改善内部空间等。SAS 是并行 SCSI 接口之后开发出的全新接口。此接口的设计是为了改善存储系统的性能、可用性和扩充性，并且提供与 SATA 硬盘的兼容性。SAS 的接口技术可以向下兼容 SATA。具体来说，二者的兼容性主要体现在物理层和协议层的兼容。

在物理层，SAS 接口和 SATA 接口完全兼容，SATA 硬盘可以直接使用在 SAS 的环境中，从接口标准上而言，SATA 是 SAS 的一个子标准，因此，SAS 控制器可以直接操控 SATA 硬盘，但是 SAS 却不能直接使用在 SATA 的环境中，因为 SATA 控制器并不能对 SAS 硬盘进行控制。

在协议层，SAS 由三种类型协议组成，根据连接的不同设备使用相应的协议进行数据传输。其中串行 SCSI 协议（SSP）用于传输 SCSI 命令；SCSI 管理协议（SMP）用于对连接设备的维护和管理；SATA 通道协议（STP）用于 SAS 和 SATA 之间数据的传输。因此，在这三种协议的配合下，SAS 可以和 SATA 以及部分 SCSI 设备无缝结合。

（三）SSD 硬盘

SSD（Solid State Disk，固态驱动器），俗称固态硬盘，固态硬盘是用固态电子存储芯片阵列而制成的硬盘。

固态硬盘不像传统的硬盘采用磁性材料存储数据，而是使用 Flash 技术存储信息，其特点就是断电后数据不消失。

固态硬盘没有内部机械部件，并不代表其生命周期无限，Flash 闪存是非易失存储器，固态硬盘的存储过程其实就是存储器单元块的擦写和再编程。任何 Flash 器件的写入操作只能在空的或已擦除的单元内进行，所以大多数情况下，在进行写入操作之前必须先执行擦除。因擦除次数有限，所以固态硬盘也是有生命周期的。

SSD 硬盘具有响应时间短、读写速率高、不会产生噪声、不会产生大量热量等优点；同时 SSD 硬盘也有着最大的致命伤，就是使用寿命相对较短，因为固态硬盘闪存具有擦写次数限制的特性。

四、服务器阵列卡

阵列卡的全称叫作磁盘阵列卡，是用来做 RAID（独立磁盘冗余阵列）的。RAID 是一种把多块独立的硬盘（物理硬盘）按照不同方式组合起来形成一个硬盘组（逻辑硬盘），从而提供比单个硬盘更高的存储性能和数据冗余的技术。在服务器整个系统中，RAID 被看作是由两个或更多磁盘组成的存储空间，通过并发地在多个磁盘上读写数据来提高存储系统的 I/O 性能。

RAID 卡的分类一般根据集成的 SCSI 控制器来划分。RAID 技术经过不断的发展，现在已经拥有了从 RAID 0~6 七种基本的 RAID 级别。另外，还有一些基本 RAID 级别的组合形式，如 RAID 10（RAID 0 与 RAID 1 的组合），RAID 50（RAID 0 与 RAID 5 的组合）等。不同 RAID 级别代表着不同的存储性能、数据安全性和存储成本。常见 RAID 级别及其特性如下。

（一）RAID 0

RAID 0 称为条带模式，如图 1-4 所示，它是将多个磁盘合并成一个大的磁盘，不具有冗余，并行 I/O，速度最快。在存放数据时，将数据按磁盘的个数来进行分段，然后同时将这些数据写入这些盘中，在所有的 RAID 级别中，RAID 0 的速度是最快的。

但是 RAID 0 没有冗余功能，如果一个磁盘（物理）损坏，则所有的数据都会丢失。理论上，一个由 n 块磁盘组成的 RAID 0，它的读写性能是单个磁盘性能的 n 倍，但由于总线带宽等多种因素的限制，实际的性能提升低于理论值。RAID 0 一般适用于对性能要求严格，但对数据安全性和可靠性不高的应用，如视频、音频存储、临时数据缓存空间等。

（二）RAID 1

RAID 1 称为镜像模式，如图 1-5 所示，它是 n 个磁盘（n 为偶数）相互作镜像，在一些多线程操作系统中具有很快的读取速度，理论上读取速度等于硬盘数量的倍数。另外写入速度会比较慢，因为数据被切分后会写入两个磁盘中。RAID 1 只要一个磁盘正常即可维持运作，可靠性最高。当主硬盘损坏时，镜像硬盘会代替主硬盘的工作。因为有镜像硬盘做数据备份，所以 RAID 1 的数据安全性在所有的 RAID 级别中是最好的。但磁盘利用率是最低的，只有总磁盘量的一半。RAID 1 适用于对顺序读写性能要求高以及对数据保护极为重视的应用，如对邮件系统的数据保护。

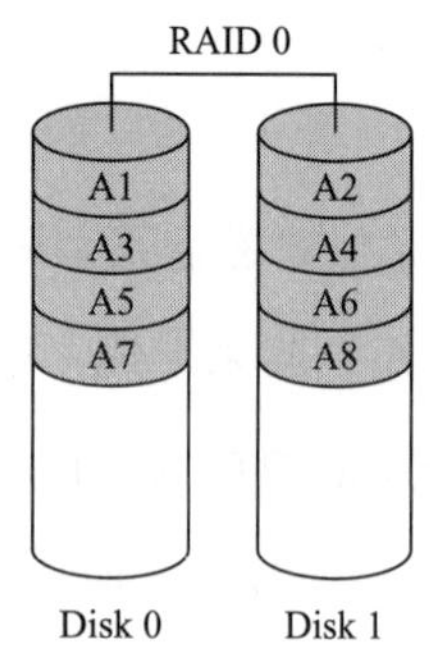

图 1-4　RAID 0 模式

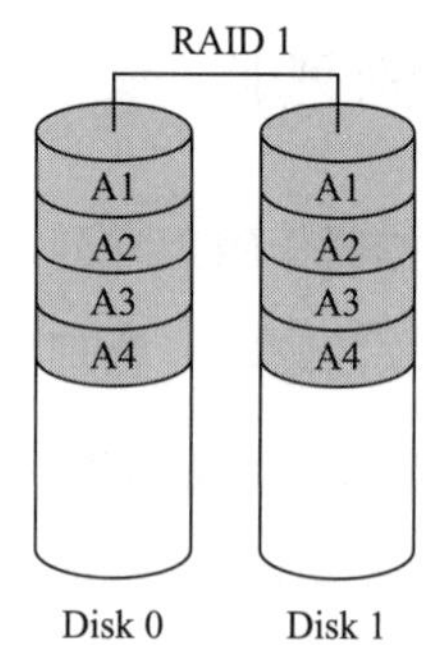

图 1-5　RAID 1 模式

（三）RAID 5

如图 1-6 所示，RAID 5 是一种储存性能、数据安全和存储成本兼顾的存储解决方案，需要 3 块或以上硬盘，可以提供热备盘实现故障的恢复。RAID 5 不是对存储的数据进行备份，而是把数据和相对应的奇偶校验信息存储到组成 RAID 5 的各个磁盘上，并且奇偶校验信息和相对应的数据分别存储于不同的磁盘上。当 RAID 5 的一个磁盘数据发生损坏后，可以

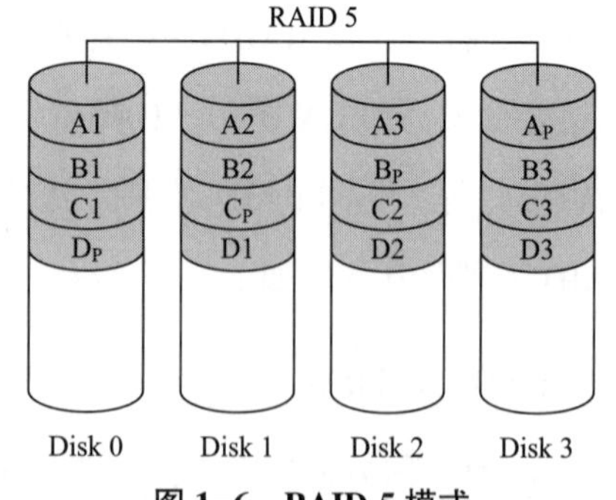

图 1-6　RAID 5 模式

利用剩下的数据和相应的奇偶校验信息去恢复被损坏的数据。RAID 5 可以理解为 RAID 0 和 RAID 1 的折中方案，可以为系统提供数据安全保障，是目前综合性能最佳的数据保护解决方案。RAID 5 具有和 RAID 0 相近似的数据读取速度，只是因为多了一个奇偶校验信息，写入数据的速度相对单独写入一块硬盘的速度略慢。同时由于多个数据对应一个奇偶校验信息，RAID 5 的磁盘空间利用率要比 RAID 1 高，存储成本相对较便宜。RAID 5 采用奇偶校验，可靠性强，且只有两块硬盘同时损坏时数据才会完全损坏，只损坏一块硬盘时，系统会根据存储的奇偶校验位重建数据，临时提供服务。此时如果有热备盘，系统还会自动在热备盘上重建故障磁盘上的数据。RAID 5 基本上可以满足大部分的存储应用需求，数据中心大多采用它作为应用数据的保护方案。

（四）RAID 10

如图 1-7 所示，RAID 10 模式可以看作是 RAID 1 和 RAID 0 的最低组合，最少要 4 块磁盘，先两两做 RAID 1，然后再组成 RAID 0。当 RAID 10 有一个硬盘受损，其余硬盘会继续运作。而跟 RAID 10 相似的 RAID 01 只要有一个硬盘受损，同组 RAID 0 的所有硬盘都会停止运作，只剩下其他组的硬盘运作，可靠性较低。因此，RAID 10 远比 RAID 01 常用，零售主板绝大部分支持 RAID 0/1/5/10，但不支持 RAID 01。

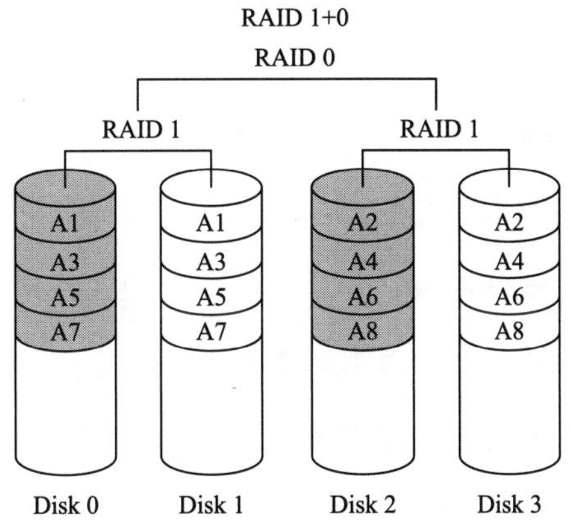

图 1-7　RAID 10 模式

常用 RAID 总结见表 1-1。

表 1-1　常用 RAID 各方面参数对比

RAID 级别	性能提升	冗余能力	利用空间率	磁盘数量
RAID 0	读、写提升	无	100%	至少 2 块
RAID 1	读性能提升，写性能下降	有	50%	至少 2 块
RAID 5	读、写提升	有	$\frac{n-1}{n}\times 100\%$	至少 3 块
RAID 1+0	读、写提升	有	50%	至少 4 块
RAID 0+1	读、写提升	有	50%	至少 4 块

通过本节内容的学习，读者了解了常见机架式服务器的基本组成，以及服务器各组成部分的作用。下面，将详细介绍每个硬件的参数，以便读者掌握参数与性能之间的联系。

第三节　服务器硬件参数

考核知识点及能力要求：

- 了解服务器设备的基本信息。
- 了解服务器设备的硬件组成。
- 掌握服务器设备各硬件相关参数及其作用。
- 能够判断服务器是否符合安装要求。

一、 CPU 参数

CPU 有几个重要的参数——型号、主频、核心、线程、架构和缓存。下面将具体介绍各参数及其作用。

（一）CPU 型号

以比较常见的英特尔服务器 CPU 作为参考，目前市面上常用的英特尔 CPU 分为两种，一种是桌面级 CPU，也就是酷睿 I3/I5/I7 系列 CPU，另一种就是服务器级 CPU，也就是英特尔志强（Xeon）系列 CPU。2017 年 7 月，英特尔正式发布了代号为 Purley 的新一代服务器平台，包括代号为 Skylake 的新一代至强（Xeon）CPU，命名为英特尔至强可扩展处理器（Intel Xeon Scalable Processor），也宣告了延续 4 代的至强 E5/E7 系列命名方式的终结。2021 年 4 月，英特尔又发布了第三代英特尔至强可扩展处理器（代号 Ice Lake）。

至强可扩展处理器不再以 E5/E7 的方式来划分定位，而是以铂金（Platinum）、黄金（Gold）、白银（Silver）、青铜（Bronze）的方式来代替。新一代志强 CPU 的命名规则如下：

- 第一位数字：8（铂金）、6/5（黄金）、4（白银）、3（青铜）。
- 第二位数字：（新命名体系下的）代次。
- 第三、四位数字：具体 SKU（库存单位）编号。

（二）CPU 主频

经常能在 CPU 的参数里看到 3.0 GHz、3.7 GHz 等字符，这就是 CPU 的主频，严谨来说它是 CPU 内核的时钟频率，但是也可以直接理解为运算速度，就是 CPU 运算时的工作频率。在单核时代它是决定 CPU 性能的最重要指标，一般以 MHz 和 GHz 为单位，主频越高，运算速度越快。打个比方，CPU 的主频相当于胳膊的肌肉（力量），主频越高，力量越大。

（三）CPU 核心与线程

虽然提高频率能有效提高 CPU 性能，但受限于制作工艺等物理因素，早在 2004 年，提高频率便遇到了瓶颈，于是 Intel/AMD 只能另辟蹊径来提升 CPU 性能，双核、多核 CPU 便应运而生。其实增加核心数目就是为了增加线程数，因为操作系统是通过线程来执行任务的，一般情况下它们是 1∶1 的对应关系，也就是说八核 CPU 一般拥有 8 个线程。但 Intel 引入超线程技术后，把单个物理核心模拟成两个核心（逻辑核心），让每个核心都能使用线程级并行计算，进而兼容多线程操作系统和软件，减少了CPU 的闲置时间。使核心数与线程数形成 1∶2 的关系，如十核的志强银牌 CPU Silver 4114 支持 20 线程（或叫作 20 个逻辑核心），大幅提升了其多任务、多线程性能。现在的大型服务器一般都是多核心、低主频的设计，就像志强金牌 CPU Gold 5118 一样，拥有 12 个核心、24 线程，但是 CPU 主频却只有 2. 3 GHz。

CPU 的核心可以理解为人类的胳膊，双核就是两条胳膊，四核就是四条胳膊，六核就是六条胳膊。光有胳膊（核心）和肌肉（频率）是干不了活的，还必须要有手（线程）才行。一般来说，单核配单线程、双核配双线程，就相当于一条胳膊长一只手，后来由于技术的发展，出现了八核 16 线程、十核 20 线程的 CPU 等，就相当于一条胳膊长两只手的情况，这样干活的效率就大大提高了。

（四）CPU 架构

CPU 架构，目前没有一个权威和准确的定义，简单来说就是 CPU 核心的设计方案。CPU 架构是 CPU 厂商给属于同一系列的 CPU 产品定的一个规范，主要目的是作为区分不同类型 CPU 的重要标识。目前市面上的 CPU 类型主要分为两大阵营，一个是 Intel、AMD 为首的复杂指令集 CPU，另一个是以 IBM、ARM 为首的精简指令集 CPU。两个不同品牌的 CPU，其产品的架构也不相同。例如，Intel、AMD 的 CPU 是 x86 架构的，而 IBM 公司的 CPU 是 PowerPC 架构，ARM 公司是 ARM 架构。

架构可以理解为使用的工具，当有了胳膊（核心），有了肌肉（主频），也有了手（线程），只需要有一个工具就可以运行了，这个工具就是 CPU 的架构，架构对性能的影响巨大。这好比以前的架构是工地上拖砖头的板车，而现在的架构是工程机械，极大地提升了效率。

（五）CPU 缓存

CPU 缓存也就是 Cache，它也是决定 CPU 性能的重要指标之一。为什么要引入缓存？在解释这个问题之前必须先了解程序的执行过程。首先从硬盘读取程序并存放到内存，再发送给 CPU 进行运算与执行。由于内存和硬盘的速度相比 CPU 实在慢太多了，每执行一个程序，CPU 都要等待内存和硬盘，为了解决此矛盾引入了缓存技术，

使缓存与 CPU 速度一致，CPU 从缓存读取数据比 CPU 在内存上读取数据快得多，从而提升系统性能。当然，由于 CPU 芯片面积和成本等原因，缓存都很小。目前主流 CPU 都有一级和二级缓存，高端的甚至有三级缓存。

二、内存参数

首先如何从外观上分辨服务器内存和 PC 内存？服务器内存与普通 PC 机内存在外观和结构上没有什么明显实质性的区别，最直观分辨服务器内存与普通内存的方法就是看内存条上的字有没有带 ECC 模块的字样。

可以通过内存条上的数字来判断内存条的容量以及性能，例如，一根普通的内存条，内存条上的参数如图 1-8 所示。

图 1-8　内存条上的参数

从图 1-8 中寻找有用的信息：

- 16 GB：代表内存容量，这根内存条的容量是 16 GB。
- 1R×4：代表内存颗粒的个数。1R×4 代表有 1×64/4 = 16 个内存颗粒，无论是 1R×4、2R×4（2×64/4=32 个内存颗粒）或者 1R×8（1×64/8 = 8 个内存颗粒）、2R×8（2×64/8=16 个内存颗粒），代表的含义可以理解为内存颗粒的个数，而不是单面或者是双面内存。
- PC4-2400T：代表这个内存条是 DDR4 规格，频率是 2 400 MHz。
- RC1-11-DC0：代表时序参数。

三、硬盘参数

常见的服务器硬盘类型有 SATA 硬盘、SAS 硬盘和 SSD 硬盘，可以通过硬盘上的铭牌分辨该硬盘类型、硬盘容量、转速等信息。

常见SATA硬盘铭牌如图1-9所示，可以在铭牌上看到硬盘的类型是SATA，容量为2 TB。

常见的SAS硬盘铭牌如图1-10所示，可以在铭牌上看到硬盘的类型是SAS硬盘，容量为300 GB，转速为15 000 r/min。

常见的SSD硬盘铭牌如图1-11所示，可以发现这是一块英特尔的SSD硬盘，容量是256 GB，大小是2. 5 in，接口是SATA接口。

通过查看硬盘的铭牌基本可以分辨硬盘的类型与容量，这也是硬盘最重要的参数之一。

图1-9　SATA硬盘铭牌

图1-10　SAS硬盘铭牌

图1-11　SSD硬盘铭牌

通过本节内容的学习，读者了解了CPU、内存、硬盘各参数及其作用，能分析各参数与性能之间的联系。在日常的工作中，读者应该能对提供的服务器进行参数确认。感兴趣的读者还可以自行查找资料，更加深入地学习各硬件参数间的差异。

第四节 网络硬件设备

考核知识点及能力要求：

- 了解网络设备的基本种类与类型。
- 掌握不同网络设备在数据中心里的作用。
- 能够判断网络设备是否符合环境搭建的要求。

一、交换机

交换机（Switch，意为“开关”），是一种用于电（光）信号转发的网络设备，它可以为接入交换机的任意两个网络节点提供独享的电（光）信号通路。机房中的交换机一般用于服务器或设备之间的内部通信。

（一）交换机定义

交换是按照通信两端传输信息的需要，用人工或设备自动完成的方法，把要传输的信息送到符合要求的相应路由上的技术统称。交换机根据工作位置的不同，可以分为广域网交换机和局域网交换机。广义的交换机就是一种在通信系统中完成信息交换功能的设备，它应用在数据链路层。交换机有多个端口，每个端口都具有桥接功能，可以连接一个局域网或一台高性能服务器或工作站。实际上，交换机有时被称为多端口网桥。

网络交换机是一个扩大网络的器材，能够为子网络中提供更多的连接端口，以便连接更多的计算机。随着通信业的发展以及国民经济信息化的推进，网络交换机市场呈稳步上升的态势。它具有性价比高、灵活度高、相对简单和易于实现等特点。以太网技术已经成为当今最重要的一种局域网组网技术，网络交换机也就成为最普及的交换机。

交换机是由原集线器升级换代而来的，在外观上和集线器没有很大区别。由于通信两端需要传输信息，而通过设备或者人工把要传输的信息送到符合要求的对应路由器上的方式，这个技术就是交换机技术。从广义上来分析，在通信系统里实现了信息交换功能的设备，就是交换机。

（二）交换机的种类

根据交换机在 OSI 模型（开放式系统互联通信参考模型）中的位置，它可以分为二层交换机和三层交换机。二层交换机一般用作接入，而三层交换机一般作为核心交换机使用。

1. 二层交换机

根据 OSI 数据链路层的 MAC 地址转发或过滤数据帧，位于 OSI 七层模型的第二层，所以也叫二层交换机。二层交换机对网络协议和用户应用程序是完全透明的。

二层交换技术的发展比较成熟，二层交换机属数据链路层设备，可以识别数据包中的 MAC 地址，根据 MAC 地址进行转发，并将这些 MAC 地址与对应的端口记录在自己内部的一个地址表中。具体的工作流程如下：

首先，当交换机从某个端口收到一个数据包，它先读取包头中的源 MAC 地址，这样它就知道源 MAC 地址的机器是连在哪个端口上的。

其次，读取包头中的目的 MAC 地址，并在地址表中查找相应的端口。

再次，如果表中有与该目的 MAC 地址对应的端口，交换机则把数据包直接复制到该端口上。

最后，如果表中找不到相应的端口，交换机则把数据包广播到除源机器所对应的端口以外所有端口上，当目的机器对源机器回应时，交换机又可以记录这一目的 MAC 地址与哪个端口对应，在下次传送数据时就不再需要对所有端口进行广播了。通过不

断地循环这个过程，对于全网的 MAC 地址信息都可以学习到，二层交换机就是这样建立和维护它自己的地址表。

2. 三层交换机

三层交换机不仅可以使用第二层的 MAC 地址转发和过滤数据包，还可以使用第三层的 IP 地址信息。三层交换机不仅能学习 MAC 地址和对应端口，还有能力执行第三层的路由功能。三层交换机处在 OSI 七层模型的第三层网络层，所以叫三层交换机。

下面先通过一个简单的网络来看看三层交换机的工作过程，使用 IP 的主机 A→三层交换机→使用 IP 的主机 B。

例如，主机 A 要给主机 B 发送数据，已知目的 IP，那么主机 A 就用子网掩码取得网络地址，判断目的 IP 是否与自己在同一网段。如果在同一网段，但不知道转发数据所需的 MAC 地址，主机 A 就发送一个 ARP 请求，主机 B 返回其 MAC 地址，主机 A 用此 MAC 地址封装数据包并发送给交换机，交换机启用二层交换模块，查找 MAC 地址表，将数据包转发到相应的端口。

如果目的 IP 地址显示不是同一网段的，那么主机 A 要实现和主机 B 的通信，在流缓存条目中没有对应 MAC 地址条目，就将第一个正常数据包发送给一个缺省网关，这个缺省网关一般在操作系统中已经设好，这个缺省网关的 IP 对应第三层路由模块，所以对于不是同一子网的数据，最先在 MAC 表中放的是缺省网关的 MAC 地址（由源主机 A 完成）；然后就由三层模块接收到此数据包，查询路由表以确定到达主机 B 的路由，将构造一个新的帧头，其中以缺省网关的 MAC 地址为源 MAC 地址，以主机 B 的 MAC 地址为目的 MAC 地址。通过一定的识别触发机制，确立主机 A 与主机 B 的 MAC 地址及转发端口的对应关系，并记录进流缓存条目表，以后的 A 到 B 的数据（三层交换机要确认是由主机 A 到主机 B，而不是到主机 C 的数据，还要读取帧中的 IP 地址），就直接交由二层交换模块完成。这就是通常所说的一次路由多次转发。

以上就是三层交换机工作过程的简单概括，可以看出三层交换的特点如下：

（1）由硬件结合实现数据的高速转发。这就不是简单的二层交换机和路由器的叠加，三层路由模块直接叠加在二层交换的高速背板总线上，突破了传统路由器的接口速率限制，速率可达几十 Gbit/s。算上背板带宽，它们是三层交换机性能的两个重要参数。

（2）简洁的路由软件使路由过程简化。大部分的数据转发，除了必要的路由选择交由路由软件处理，其他都是由二层模块高速转发，路由软件大多是经过处理的高效优化软件，并不是简单照搬路由器中的软件。

（三）交换机参数

交换机的性能可以通过交换机的参数来判断，交换机的主要参数如下：

1. 转发速率

网络中的数据是由一个个数据包组成，对每个数据包的处理要消耗资源。转发速率（也称吞吐量）是指在不丢包的情况下，单位时间内通过的数据包数量。吞吐量就像是立交桥的车流量，是三层交换机最重要的一个参数，标志着交换机的具体性能。如果吞吐量太小，就会成为网络瓶颈，给整个网络的传输效率带来负面影响。交换机应当能够实现线速交换，即交换速率达到传输线上的数据传输速度，从而最大限度地消除交换瓶颈。

对于千兆位交换机而言，若要实现网络的无阻塞传输，单位为 Mpps，公式为：

吞吐量（Mpps）= 万兆位端口数量×14. 88+千兆位端口数量×1. 488+百兆位端口数量×0. 148 8

如果交换机标称的吞吐量大于或等于计算值，那么在三层交换时应当可以达到线速。

其中，1 个万兆位端口在包长为 64 B 时的理论吞吐量为 14. 88 Mpps，1 个千兆位端口在包长为 64 B 时的理论吞吐量为 1. 488 Mpps，1 个百兆位端口在包长为 64 B 时的理论吞吐量为 0. 148 8 Mpps。

2. 背板带宽

交换机的背板带宽，是交换机接口处理器或接口卡和数据总线间所能吞吐的最大数据量。背板带宽标志了交换机总的数据交换能力，单位为 Gbps（Gigabits per second），也叫交换带宽。如果把一个网络比喻成一个交通系统的话，各个网络设备相当于不同的城市，而背板就好比一条连接了这个系统内所有城市的高速公路，各城市之间的交通流量都需要从该高速公路上通过。那背板带宽就是该高速公路的最大无阻碍交通流量，当然与实际高速公路上复杂的交通状况不同的是，这里假设高速公路上的车辆都是以恒定的最高速度在行驶。

背板带宽是背板的物理属性，标志了交换机总的数据交换能力，一般的交换机的背板带宽从几 Gbps 到上百 Gbps 不等。一台交换机的背板带宽越高，所能处理数据的能力就越强，但相应的成本也会越高。

若要实现网络的全双工无阻塞传输，必须满足最小背板带宽的要求。其计算公式如下：

背板带宽（pps）= 端口数量×端口速率×2

对于三层交换机而言，只有转发速率和背板带宽都达到最低要求，才是合格的交换机，二者缺一不可。

二、防火墙

防火墙是一个由计算机硬件和软件组成的系统，部署于网络边界，是内部网络与外部网络进行连接的桥梁，同时也是对进出网络边界的数据进行保护，防止恶意入侵、恶意代码的传播，保障内部网络数据的安全屏障。

（一）防火墙定义

所谓“防火墙”是指一种将内部网和外部网络（如 Internet）分开的方法，它实际上是一种建立在现代通信网络技术和信息安全技术基础上的应用性安全技术、隔离技术，越来越多地应用于专用网络与公用网络的互联环境之中，尤其以接入 Internet 网络为最典型应用。

防火墙主要是借助硬件和软件的作用在内部网络和外部网络间产生一种保护的屏障，从而实现对计算机不安全网络因素的阻断。只有在防火墙同意的情况下，用户才能够进入计算机内，如果不同意就会被阻挡于外，防火墙技术的警报功能十分强大，在外部的用户要进入计算机内时，防火墙就会迅速发出相应警报，提醒用户，并通过自我判断来决定是否允许外部用户进入内部，只要是在网络环境内的用户，这种防火墙都能够进行有效的查询，同时把查到的信息发送给用户，用户按照自身需要对防火墙实施相应的设置，对不允许的用户行为进行阻断。通过防火墙还能够对信息数据的流量实施有效查看，掌握数据信息上传和下载速度，便于用户对计算机使用情况做出良好的控制和判断。通过防火墙也能查看计算机的内部情况，同时还可以启动或关闭计算机程序，而计算机系统内部具有的日志功能，其实也是防火墙对计算机的内部系统实时安全情况与每日流量情况进行的总结和整理。

（二）防火墙功能

防火墙对流经它的网络通信进行扫描，这样能够过滤掉一些攻击，以免其在目标计算机上被执行。防火墙还可以关闭不使用的端口，禁止特定端口的流出通信，封锁木马病毒。防火墙也可以禁止来自特殊站点的访问，从而防止来自不明入侵者的所有通信。防火墙的具体功能如下。

1. 网络安全的屏障

一个防火墙（作为阻塞点、控制点）能极大地提高一个内部网络的安全性，并通过过滤不安全的服务而降低风险。由于只有经过精心选择的应用协议才能通过防火墙，所以网络环境变得更安全。如防火墙可以禁止不安全的 NFS 协议进出受保护网络，这样外部的攻击者就不可能利用这些脆弱的协议来攻击内部网络。防火墙同时可以保护网络免受基于路由的攻击，如 IP 选项中的源路由攻击和 ICMP 重定向中的重定向路径。防火墙可以拒绝所有以上类型攻击的报文并通知防火墙管理员。

2. 强化网络安全策略

通过以防火墙为中心的安全方案配置，能将所有安全软件（如口令、加密、身份认证、审计等）配置在防火墙上。与将网络安全问题分散到各个主机上相比，防火墙的集中安全管理更经济。例如在网络访问时，一次一密口令系统和其他身份认证系统可以不必分散在各个主机上，而集中在一台防火墙上。

3. 监控审计

如果所有的访问都经过防火墙，那么，防火墙就能记录下这些访问并做出日志记录，同时也能够提供网络使用情况的统计数据。当发生可疑动作时，防火墙能够进行适当的报警，并提供网络是否受到监测和攻击的详细信息。另外，收集一个网络的使用和误用情况也是非常重要的，用于判断防火墙是否能够抵挡攻击者的探测和攻击，分析防火墙的控制是否充分。同时网络使用统计对网络需求分析和威胁分析等而言也是非常重要的。

4. 防止内部信息外泄

通过利用防火墙对内部网络进行划分，可以实现内部网络重点网段的隔离，从而

限制了局部重点或者敏感网络安全问题对全局网络造成的影响。再者，隐私是内部网络非常关心的问题，一个内部网络中不引人注意的细节可能包含了有关安全的线索而引起外部攻击者的兴趣，甚至因此暴露内部网络的某些安全漏洞。使用防火墙就可以隐蔽那些可能透漏内部细节的服务，如 Finger、DNS 等。Finger 显示了主机上所有用户的注册名、真名、最后登录时间和使用 shell 类型等信息。Finger 显示的信息非常容易被攻击者所获悉。通过 Finger 攻击者可以知道一个系统使用的频繁程度，这个系统是否有用户正在连线上网，这个系统是否在被攻击时引起注意等。防火墙可以同样阻塞有关内部网络中的 DNS 信息，这样一台主机的域名和 IP 地址就不会被暴露给外界。

5. 日志记录与事件通知

进出网络的数据都必须经过防火墙，防火墙通过日志对其进行记录，能提供网络使用的详细统计信息。当发生可疑事件时，防火墙更能根据日志进行报警和通知，提供网络是否受到威胁的信息。

6. VPN 功能

防火墙除了安全作用，还支持具有 Internet 服务性的企业内部网络技术体系 VPN（虚拟专用网）。

（三）防火墙参数

与交换机一样，防火墙的性能也可以通过参数来判断，防火墙的主要性能参数如下。

1. 并发连接数

并发连接数（Concurrent TCP Connection Capacity）指的是防火墙设备最大能够维护的连接数的数量，这个指标越大，在一段时间内所能够允许同时上网的用户数就越多。随着 Web 应用复杂化以及 P2P 类程序的广泛应用，每个用户所产生的连接数越来越多，甚至一个用户的连接数就有可能上千，更严重的是如果用户中了木马或者蠕虫病毒，就会产生上万个连接。显而易见，几十万的并发连接数已经不能够满足网络的需求了，目前主流的防火墙都要求能够达到几十万甚至上千万的并发连接以满足一定规模的用户需求。

2. 吞吐量

吞吐量（Throughput）是衡量一款防火墙或者路由交换设备最重要的指标，它是指网络设备在每一秒内处理数据包的最大能力。吞吐量代表这台设备在每一秒内所能够处理的最大流量或者说每一秒内能处理的数据包个数。设备吞吐量越高，所能提供给用户使用的带宽越大，就像木桶原理所描述的，网络的最大吞吐量取决于网络中的最低吞吐量设备，足够的吞吐量可以保证防火墙不会成为网络的瓶颈。举一个形象的例子，一台防火墙下面有 100 个用户同时上网，每个用户分配的是 10 Mbps 的带宽，那么这台防火墙如果想要保证所有用户全速的网络体验，必须要有至少 1Gbps 的吞吐量。

吞吐量的计量单位有两种方式：一种是常见的带宽计量，单位是 Mbps（Megabits per second）或者 Gbps，另一种是数据包处理量计量，单位是 pps（packets per second），两种计量方式是可以相互换算的。在对一款设备进行吞吐性能测试时，通常会记录一组 64~1518 字节的测试数据，每一个测试结果均有相对应的 pps 数。64 字节的 pps 数最大，基本上可以反映出设备处理数据包的最大能力。所以从 64 字节的这个 pps 数，基本上可以推算出系统最大能处理的吞吐量是多少。

3. 时延

时延（Latency）是系统处理数据包所需要的时间。防火墙时延测试指的就是计算它的存储转发（Store and Forward）时间，即从接收到数据包开始，处理完并转发出去所用的全部时间。在一个网络中，如果用户访问某一台服务器，通常不是直接到达，而是经过大量的路由交换设备。每经过一台设备，就像人们在高速公路上经过收费站一样，都会耗费一定的时间，一旦在某一个点耗费的时间过长，就会对整个网络的访问造成影响。如果防火墙的时延很低，用户就完全不会感觉到它的存在，这时网络访问的效率也就比较高。

时延的单位通常是 μs（微秒），一台高效率防火墙的时延通常会在 100 μs 以内。时延通常是建立在测试完吞吐量的基础上进行测试。测试时延之前需要先测出每个包长下吞吐量的大小，然后使用每个包长的吞吐量结果的 90%~100%作为时延测试的流量大小。一般时延的测试要求不能够有任何的丢包。因为如果丢包，会造成时延非常大，结果不准确。一般使用最大吞吐量的 95%或者 90%进行测试。测试结果包括最大时延、最小时延、平均时延，一般记录平均时延。

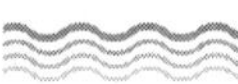

4. 新建连接速率

新建连接速率（Maximum TCP Connection Establishment Rate）指的是在每一秒内防火墙能够处理的 HTTP 新建连接请求的数量。用户每打开一个网页，访问一个服务器，在防火墙看来会产生一个甚至多个新建连接。而一台设备的新建连接速率越高，就可以同时给更多的用户提供网络访问。比如设备的新建连接速率是 10 000，此时如果有 10 000 人同时上网，那么所有的请求都可以在一秒以内完成，如果有 11 000 人上网的话，那么前 10 000 人可以在第一秒内完成，后 1 000 人的请求需要在下一秒才能完成。所以，新建连接速率高的设备可以提供给更多人同时上网，提升用户的网络体验。

建设一个常规的云计算数据中心机房，除了需要大量的服务器，也离不开网络设备。服务器之间的互联互通或者服务器与外部网络的通信，都需要由网络设备（交换机、防火墙等设备）来完成。通过本节内容的学习，掌握了交换机与防火墙的基本信息与参数配置，能够在日常工作中通过参数来判断网络设备的性能优劣。

第五节　硬件系统连接

考核知识点及能力要求：

- 了解服务器与网络设备之间的连线。
- 掌握设备电源连接的方法与上电测试。
- 能独立对数据中心的设备进行设备连线与上电。

一、硬件设备上架

服务器与交换机设备上架，要遵循一定的方式方法，一般在硬件设备上架前，会做好设备的上架规划，在每个机柜上方安装 1~2 台交换机，作为接入交换机。具体的上架流程如下。

（一）分配机柜空间

按照将要安装服务器硬件的空间，在空机柜划分安装空间；并把机柜号，划分好的空间位置记录归档；形成服务器安装分配指示图纸，以便把服务器准确无误地安装到计划的空间上。

（二）阅读服务器安装手册

阅读服务器厂商的硬件安装手册，明确注意事项、操作步骤、线缆连接方式等重要内容。

（三）确认服务器上架部件

确认在服务器的导轨套件中应包含导轨支架、导轨前端固定用螺母、导轨后端固定用螺母。

（四）安装服务器导轨

首先，取出服务器导轨，解除其包装袋。其次，按照服务器导轨的说明图示，测试导轨的伸缩操作。最后，按照服务器导轨说明图示和服务器安装分配指示图纸，把服务器导轨安装到预先划分好的机柜空间上。

（五）安装服务器到机柜上

首先，将内导轨从外导轨中全部抽出，直到抽不动为止。其次，搬起服务器，将服务器两侧的内轨同时插入伸出的内导轨，确信两边的导轨都正确插入后，两边均匀用力将服务器推入机柜。然后，推到不能动时，用力按下两边内轨上的防滑卡销，继续用力将服务器完全推入机柜中。最后，将外部连线、显示器电缆、鼠标电缆、键盘电缆和电源线连接到服务器上。

二、设备间连线

一个标准机柜中的服务器与交换机之间通过网线连接，具体连接方式如图 1–12 所示。

网线的一端，插在服务器的一个网口，另一端插在交换机的某个端口上。做网线时确保测试通过，再确定长度，不要过长或者过短，否则都会影响到布线的美观。网线首先绕过安装的交换机下方的配线架，一根一根理好，然后直落到机柜后方，一根一根直落至服务器端口。分完网线之后，将同个交换机的网线扎起来，固定在机柜边缘的卡扣里。

图 1–12　服务器连线

服务器一般都是主备电源，电源线和网线在布线时需要分开（强弱电分离）。电源接口一个接在市电接口上，另一个接在 UPS（Uninterruptible Power Supply，不间断电源）电源接口上。而机柜与机柜的通信，则是使用网线连接各个机柜的接入交换机到核心交换机。

在完成各项线路的连接后，就可以进行通电测试并使用了。

通过本节内容的学习，了解服务器与交换机的上架方法以及设备间的连线。在建设数据中心机房时，能根据需求完成服务器与交换机的上架、网络的连接等操作。

思考题

1. 不同类型的服务器设备在什么场景下可以混合使用，在什么场景下不能混合使用？

2. 仅凭服务器 CPU 参数的主频、核心数量能否判断 CPU 的性能？

3. 内存条的频率是不是越大越好，为什么？

4. 简述机械硬盘和固态硬盘分别适用的场景。

5. 建设云计算机房时，需要使用哪些设备？请规划一个小型云计算数据中心机房，并画出拓扑图。

第二章　软件系统部署

软件系统部署是云计算平台正常运行最重要的一个环节。软件系统部署包括服务器操作系统的安装与配置，云计算平台、容器云平台的部署、配置与初始化。能够快速且高效地部署稳定的云计算平台和容器云平台是云计算工程技术人员必须掌握的能力。

- **职业功能**：云计算平台搭建（软件系统部署）。
- **工作内容**：完成服务器的基本配置，安装服务器操作系统、云计算平台和容器云平台，对各云平台进行初始化与使用。
- **专业能力要求**：能够根据云计算系统部署方案，安装操作系统和部署环境；能够根据软件部署方案，使用脚本安装云计算平台各类服务组件；能够根据各节点连接信息，配置云计算平台；能够根据云计算平台信息表，初始化云计算平台。
- **相关知识要求**：了解服务器中操作系统的安装及使用知识；掌握虚拟化组件部署知识；掌握云计算平台部署和配置知识；掌握云计算平台初始化知识。

第一节　网络设备的配置

考核知识点及能力要求：

- 了解交换机、防火墙与服务器的连线拓扑。
- 了解交换机、防火墙的基本工作原理。
- 掌握交换机的配置，确保服务器与虚拟机的访问。
- 掌握防火墙的配置，确保服务器与虚拟机可以访问外网。

一、交换机配置

根据图 2-1 所示网络拓扑图在 eNSP 模拟器中创建交换机和防火墙设备，连接交换机和防火墙以及服务器端口。

配置交换机连接服务器 eth0 网卡的端口为 VLAN10，在交换机中设置 VLAN10 的地址为 192. 168. 10. 1/24；配置交换机连接服务器 eth1 网卡的端口为 Trunk 模式，放行 VLAN20，在交换机中设置 VLAN20 的地址为 192. 168. 20. 1/24；配置交换机 PC 机网段为 VLAN2，设置 VLAN2 地址为 172. 16. 2. 1/24；配置交换机连接防火墙端口为 VLAN99，设置 VLAN99 的地址为 192. 168. 99. 1/24；添加默认路由指向防火墙地址。

启动交换机设备，双击打开交换机交互窗口，等待启动完成后，对交换机进行配置。交换机配置命令如下：

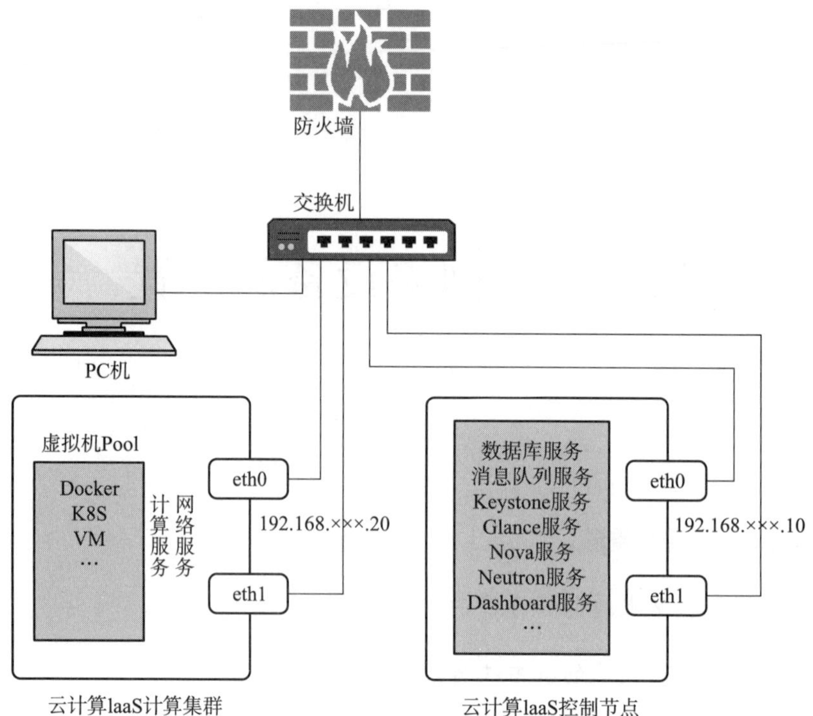

图 2-1　网络拓扑图

```
<Huawei>sys
[Huawei] vlan batch 2 10 20 99
[Huawei]interface GigabitEthernet 0/0/1
[Huawei-GigabitEthernet0/0/1]port link-type access
[Huawei-GigabitEthernet0/0/1]port default vlan 10
[Huawei-GigabitEthernet0/0/1]quit
[Huawei]interface GigabitEthernet 0/0/2
[Huawei-GigabitEthernet0/0/2]port link-type access
[Huawei-GigabitEthernet0/0/2]port default vlan 10
[Huawei-GigabitEthernet0/0/2]quit
[Huawei]interface GigabitEthernet 0/0/3
[Huawei-GigabitEthernet0/0/3]port link-type trunk
[Huawei-GigabitEthernet0/0/3]port trunk allow-pass vlan all
[Huawei-GigabitEthernet0/0/3]quit
[Huawei]interface GigabitEthernet 0/0/4
[Huawei-GigabitEthernet0/0/4]port link-type trunk
```

```
[Huawei-GigabitEthernet0/0/4]port trunk allow-pass vlan all
[Huawei-GigabitEthernet0/0/4]quit
[Huawei]interface GigabitEthernet 0/0/5
[Huawei-GigabitEthernet0/0/5]port link-type access
[Huawei-GigabitEthernet0/0/5]port default vlan 2
[Huawei-GigabitEthernet0/0/5]quit
[Huawei]interface Vlanif 10
[Huawei-Vlanif10]ip address 192. 168. 10. 1 24
[Huawei-Vlanif10]quit
[Huawei]interface Vlanif 20
[Huawei-Vlanif20]ip address 192. 168. 20. 1 24
[Huawei-Vlanif20]quit
[Huawei]interface Vlanif 2
[Huawei-Vlanif2]ip address 172. 16. 2. 1 24
[Huawei-Vlanif2]quit
[Huawei]interface GigabitEthernet 0/0/24
[Huawei-GigabitEthernet0/0/24]port link-type access
[Huawei-GigabitEthernet0/0/24]port default vlan 99
[Huawei-GigabitEthernet0/0/24]quit
[Huawei]interface Vlanif 99
[Huawei-Vlanif99]ip address 192. 168. 99. 1 24
[Huawei-Vlanif99]quit
[Huawei]ip route-static 0. 0. 0. 0 0 192. 168. 99. 2
```

二、防火墙配置

根据拓扑连接防火墙与交换机，配置防火墙内部连接交换机端口地址为192. 168. 99. 2/24，将端口加入 trust 域中；配置防火墙外部端口地址为 10. 10. 10. 1/24，将端口加入 untrust 域中；配置访问策略，将 PC 机网段放行访问外部网络；配置 NAT 策略，将 PC 机网段转换为外部端口地址；添加默认路由访问外部网络，下一跳地址为 10. 10. 10. 2；添加通往 PC 机网段路由，下一跳为交换机地址 192. 168. 99. 1。配置命令如下：

```
<SRG>system-view
[SRG]firewall zone trust
[SRG-zone-trust]add interface GigabitEthernet 0/0/2
[SRG-zone-trust]quit
[SRG]firewall zone untrust
[SRG-zone-untrust]add interface GigabitEthernet 0/0/1
[SRG-zone-untrust]quit
[SRG]interface Gigabit Ethernet 0/0/2
[SRG-GigabitEthernet0/0/2]ip address 192. 168. 99. 2 24
[SRG-GigabitEthernet0/0/2]quit
[SRG]interface GigabitEthernet 0/0/1
[SRG-GigabitEthernet0/0/1]ip address 10. 10. 10. 1 24
[SRG-GigabitEthernet0/0/1]quit
[SRG]ip route-static 0. 0. 0. 0 0 10. 10. 10. 2
[SRG]policy interzone trus tuntrust outbound
[SRG-policy-interzone-trust-untrust-outbound]policy 0
[SRG-policy-interzone-trust-untrust-outbound-0]action permit
[SRG-policy-interzone-trust-untrust-outbound-0]policy source 172. 16. 2. 0 0. 0. 0. 255
[SRG-policy-interzone-trust-untrust-outbound-0]quit
[SRG-policy-interzone-trust-untrust-outbound]quit
[SRG]nat-policy interzone trustuntrust outbound
[SRG-nat-policy-interzone-trust-untrust-outbound]policy 1
[SRG-nat-policy-interzone-trust-untrust-outbound-1]action source-nat
[SRG-nat-policy-interzone-trust-untrust-outbound-1]policy source 172. 16. 2. 0 0. 0. 0. 255
[SRG-nat-policy-interzone-trust-untrust-outbound-1]easy-ip GigabitEthernet 0/0/1
[SRG-nat-policy-interzone-trust-untrust-outbound-1]quit
[SRG-nat-policy-interzone-trust-untrust-outbound]quit
[SRG]ip route-static 172. 16. 2. 0 192. 168. 99. 1
```

通过对本节内容的学习，读者可以掌握简单的交换机与防火墙配置，也能掌握简单的云计算平台的网络拓扑与设备连线。在配置完硬件后，接下来对服务器的系统进行安装配置。

第二节　服务器基本配置与系统安装

考核知识点及能力要求：

- 了解服务器操作系统的安装步骤。
- 掌握服务器 RAID 磁盘阵列的配置。
- 掌握服务器操作系统的使用方法。
- 能够配置服务器硬件 RAID。
- 能够安装 Linux 操作系统。

一、服务器磁盘阵列的配置

在确认完硬件服务器设备之后，就可以对服务器安装操作系统了，但在此之前，还要根据需求，确认服务器的磁盘阵列配置（若服务器未做磁盘阵列还需手动配置磁盘阵列），不同的磁盘阵列配置会影响服务器存储空间的大小。

在给服务器通电后，按开机键开机，等待系统自检，这时就会进入阵列卡显示界面，如图 2-2 所示。

在该界面发现存在两块硬盘，组成了一个磁盘阵列 RAID 0，因为 RAID 0 模式为条带模式，虽然速度很快，但是安全系数很低，需要手动将 RAID 0 模式修改为 RAID 1 模式，增强系统的可靠性。在当前界面按 Ctrl+H 键，进入阵列卡管理界面，如图 2-3 所示（此处使用的为常见的 LSI 9240-8i 阵列卡）。

该界面显示阵列卡的型号及版本等信息，单击“Start”按钮，进入阵列卡的操作界面，如图 2-4 所示。

```
LSI MegaRAID SAS-MFI BIOS
Version 4.30.00 (Build October 26, 2011)
Copyright(c) 2011 LSI Corporation
HA -0 (Bus 7 Dev 0) LSI MegaRAID SAS 9240-8i
FW package: 20.10.1-0107

Battery Status: Not present

PCI SLOT ID LUN VENDOR     PRODUCT                      REVISION          CAPACITY
-------- -- --- ------     -------                      --------          --------
17                LSI      LSI MegaRAID SAS 9240-8i     2.130.354-166     0MB
17        8   0   SEAGATE  ST3300657SS                  ES64              286102MB
17        9   0   SEAGATE  ST3300657SS                  ES01              286102MB
17            0   LSI      Virtual Drive                RAID0             571136MB

0 JBOD(s) found on the host adapter
0 JBOD(s) handled by BIOS

1 Virtual Drive(s) found on the host adapter.

1 Virtual Drive(s) handled by BIOS
Press <Ctrl><H> for WebBIOS or press <Ctrl><Y> for Preboot CLI
```

图 2-2　阵列卡显示界面

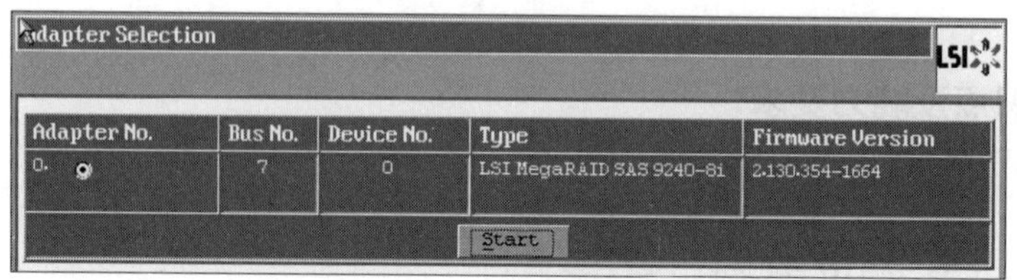

图 2-3　阵列卡管理界面

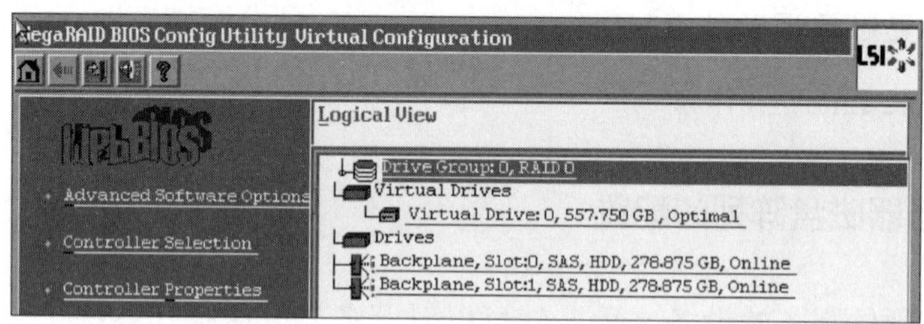

图 2-4　阵列卡操作界面

该界面显示有两个物理 SAS 硬盘，大小为 278 GB（在服务器中实际显示的硬盘大小比硬盘上标注的数值小），这两个物理硬盘组成了一个虚拟的设备也就是磁盘阵列 RAID，级别是 RAID 0，大小为 557 GB（RAID 0 为条带模式，大小为两个硬盘之和）。需要删除当前存在的 RAID 0，创建新的磁盘阵列。选中左侧“Configuration Wizard”选项，进入配置界面。

如图 2-5 所示，选中“Clear Configuration”单选按钮，清除当前的磁盘阵列配置，然后单击右下方“Next”按钮。系统会弹出是否确认清空配置的询问，如图 2-6 所示。

在图 2-6 的界面中，单击“Yes”按钮，确认清空，然后系统会进入到初始界面，

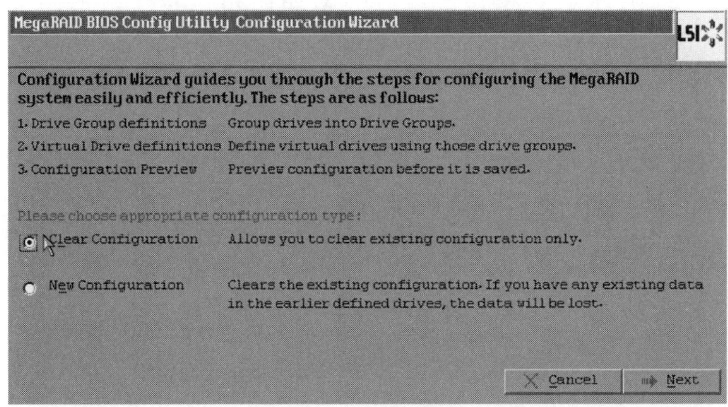

图 2-5　配置界面

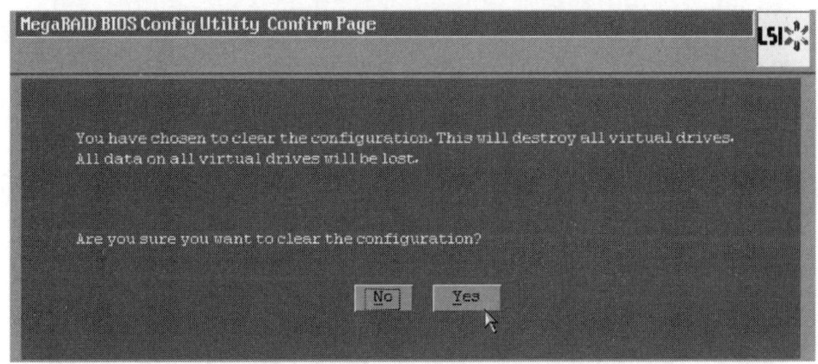

图 2-6　是否确认清空配置的询问

如图 2-7 所示，接下来进行创建 RAID 1 磁盘阵列的操作，单击左侧“Configuration Wizard”选项，进入配置界面。

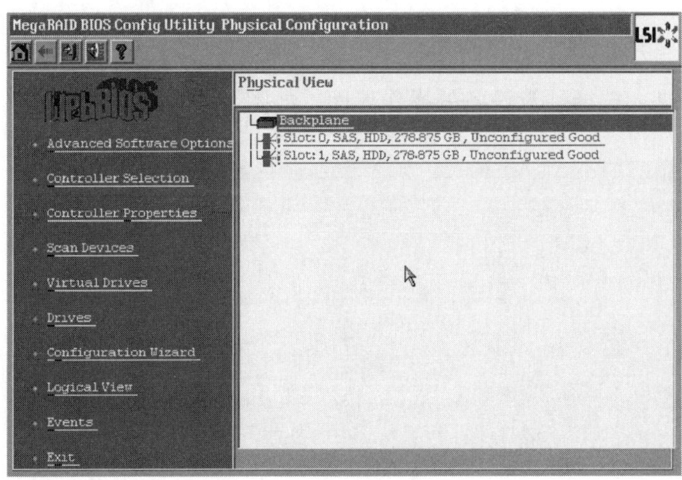

图 2-7　初始界面

在配置界面，选中“New Configuration”单选按钮，然后单击右下方“Next”按钮，进入下一步操作，如图 2-8 所示。

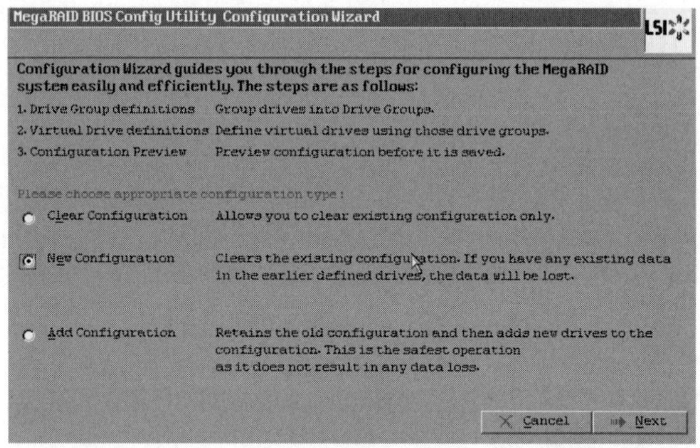

图 2-8　新建设置

在询问界面，单击“Yes”按钮，进入选择配置方法的操作界面，如图 2-9 所示。

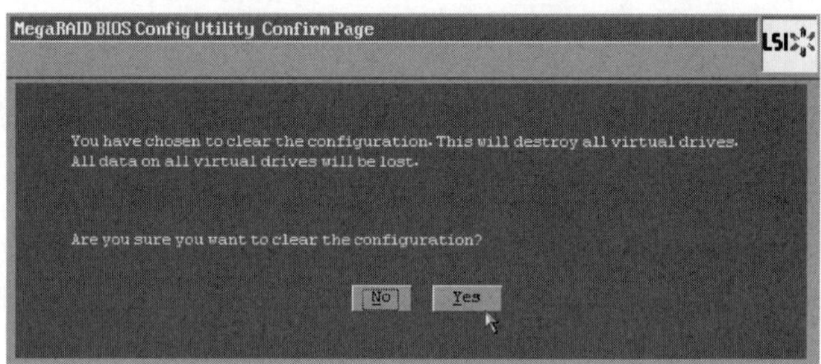

图 2-9　询问界面

在该界面选择“Manual Configuration”（手动配置）选项，然后单击右下方“Next”按钮，进入选择硬盘设备的操作界面，如图 2-10 所示。

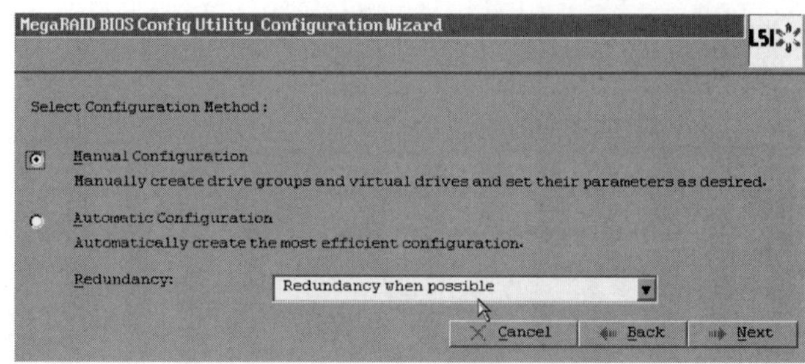

图 2-10　手动配置选项

选择第一块硬盘，然后单击左下方“Add To Array”按钮，将这块盘添加到“Drive Groups”中，如图 2-11 所示。

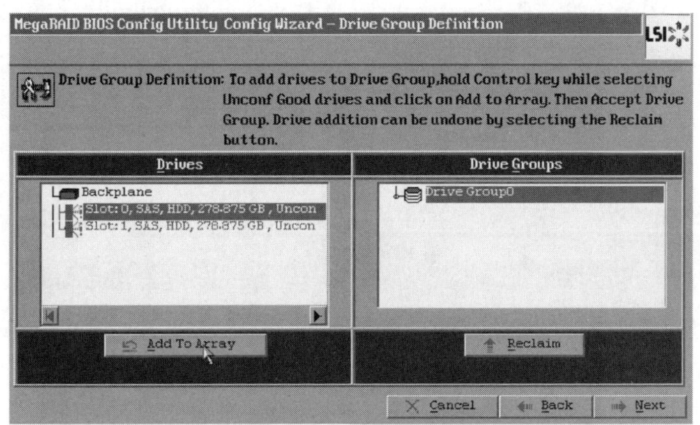

图 2-11　添加第一块硬盘

同理，将第二块硬盘设备按照同样的方式，添加到“Drive Groups”中，如图 2-12 所示。

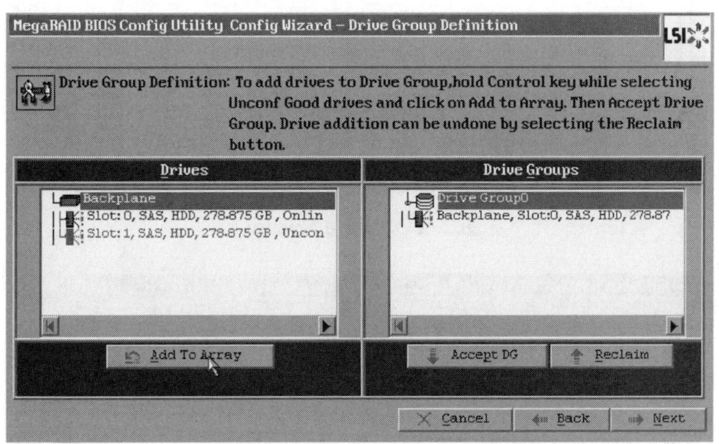

图 2-12　添加第二块硬盘

添加完硬件设备之后，单击右侧“Accept DG”按钮，确定“Drive Groups”，如图 2-13 所示。

此时在界面中会出现一个“Drive Group1”的设备，如图 2-14 所示，确认无误后，单击右下方“Next”按钮，进入下一步操作，如图 2-15 所示。

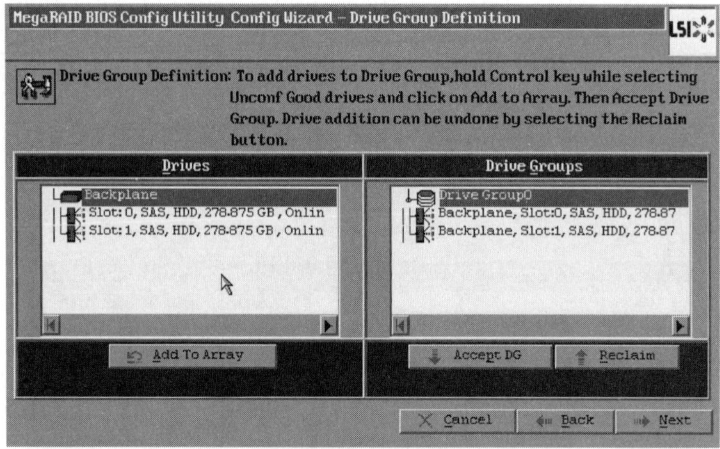

图 2-13　确认 Drive Groups

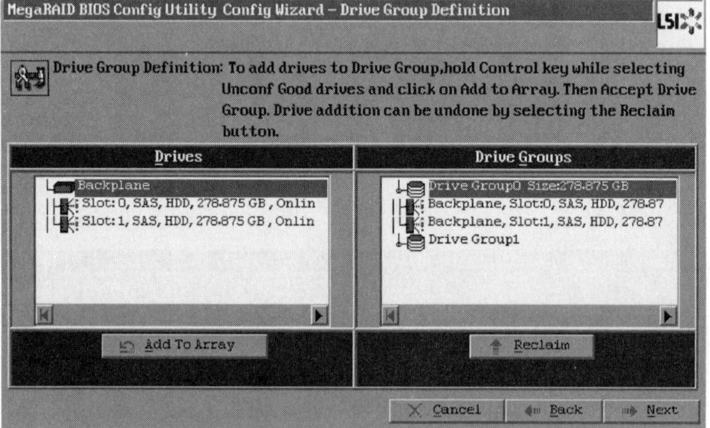

图 2-14　Drive Group1

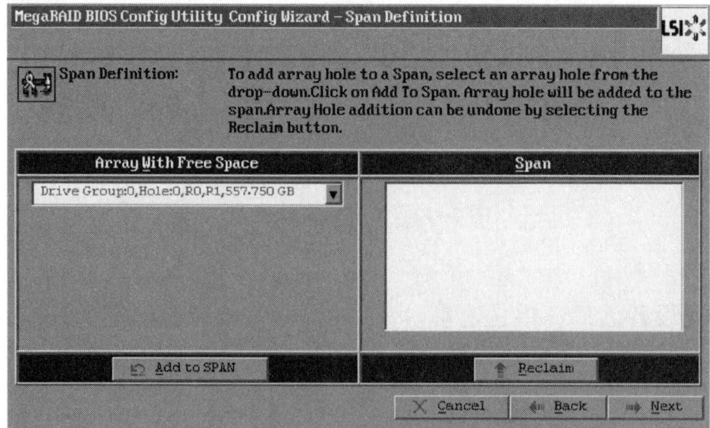

图 2-15　再次确认 Drive Groups

在该界面，单击左侧“Add to SPAN”按钮，将“Drive Group”添加到“Span”中，如图 2-16 所示。

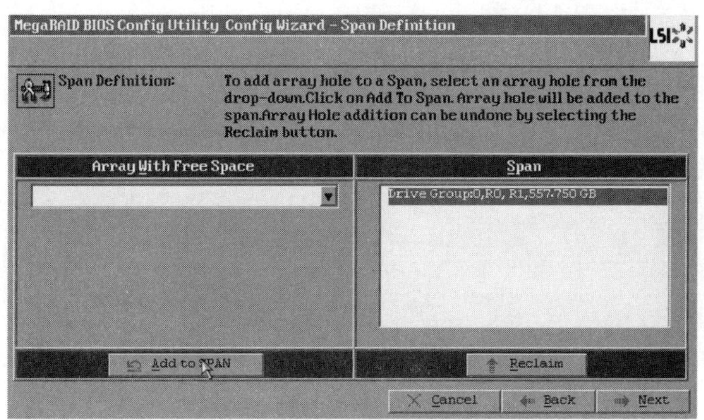

图 2-16　添加 Span

可以发现此时“Drive Group”设备被添加到了“Span”下面，单击右下方“Next”按钮，进入选择 RAID 模式界面，如图 2-17 所示。

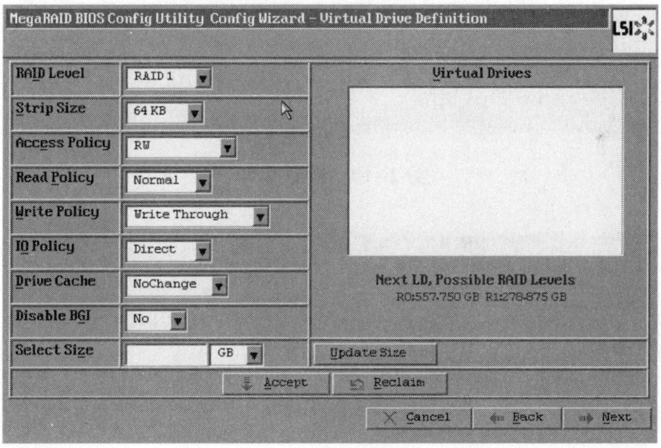

图 2-17　选择 RAID 模式界面

在该界面，选择 RAID 1 模式，然后单击右侧“Update Size”按钮，更新存储空间。如图 2-18 所示，单击完“Update Size”按钮后，在“Select Size”一栏会显示 RAID 大小，然后单击下方“Accept”按钮进行确认。

如图 2-19 所示，在弹出的询问界面，单击“Yes”按钮，确认刚才所选的配置，然后进入下一步操作。如图 2-20 所示，确认完配置后，会在界面中显示当前存在一个

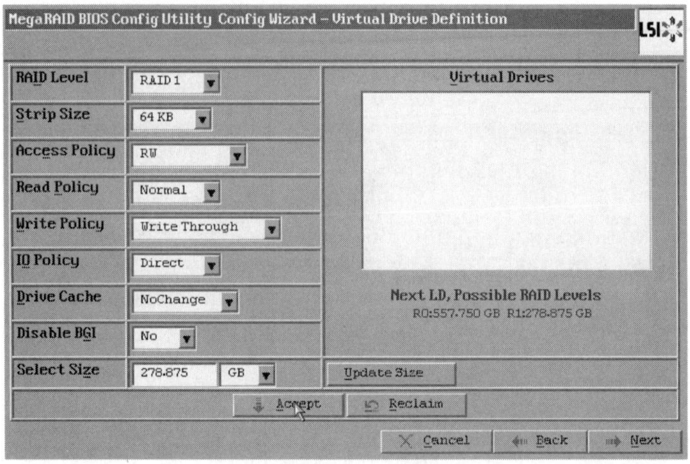

图 2-18　更新存储空间

“Virtual Drives”为“VD0”，也就是刚才组建的磁盘阵列。

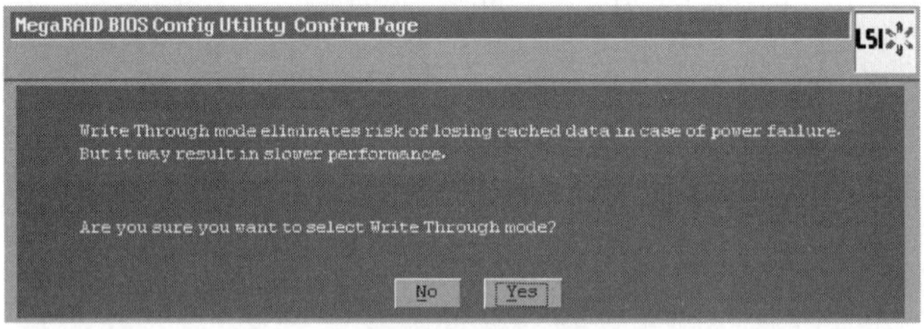

图 2-19　确认大小

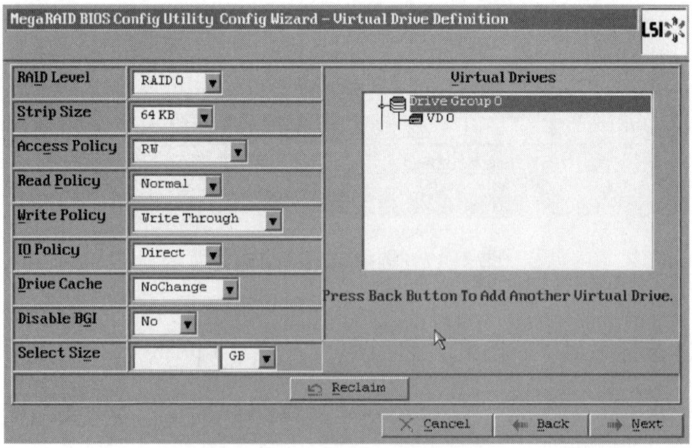

图 2-20　组建新的磁盘阵列

在该界面，单击右下方“Next”按钮，进入保存配置界面，如图 2-21 所示。

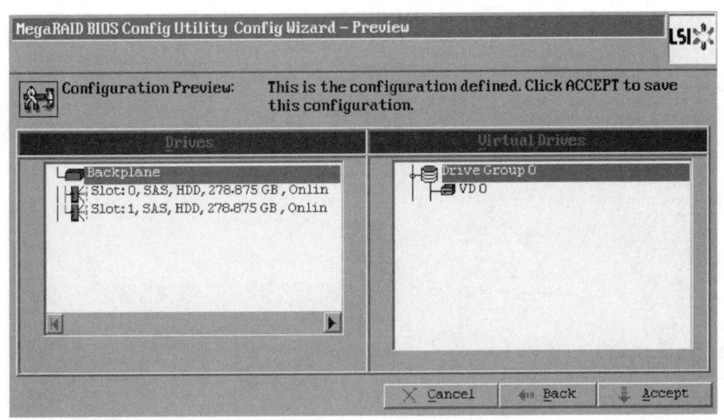

图 2-21 保存配置界面

在该界面，确认完配置后，单击右下方“Accept”按钮，确认配置，进入询问是否保存配置界面，如图 2-22 所示。

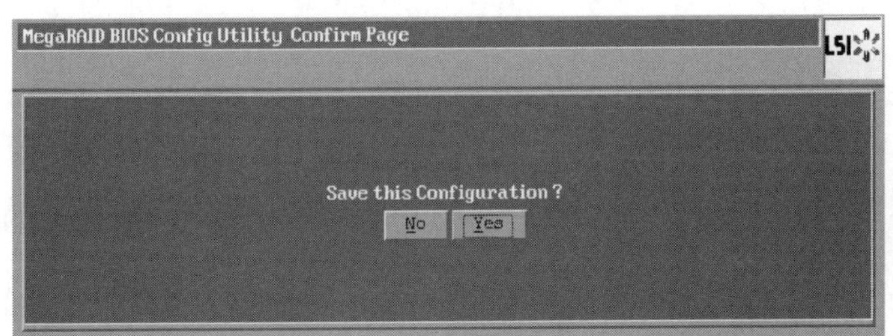

图 2-22 保存配置

在该界面单击“Yes”按钮，确认保存配置，进入下一步操作，如图 2-23 所示。

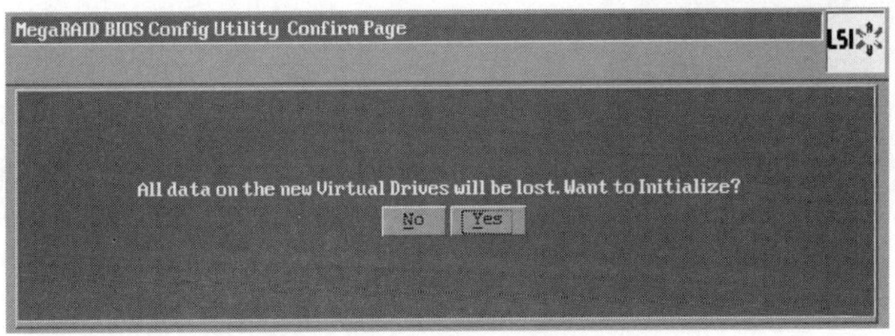

图 2-23 初始化清除确认

在该界面单击“Yes”按钮，确认进行初始化，进入下一步操作，如图 2-24 所示。

进入该界面，说明 RAID 1 磁盘阵列已经创建完毕，单击左下方“Home”按钮，进入阵列卡的操作界面，如图 2-25 所示。

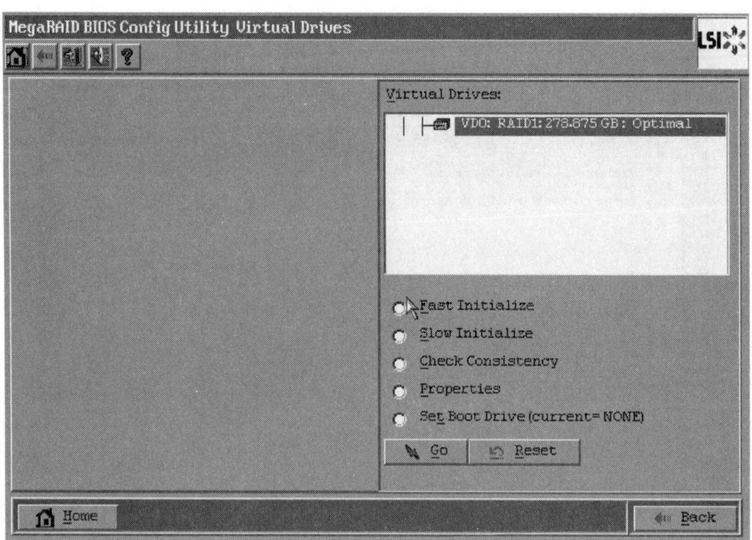

图 2-24　进行初始化

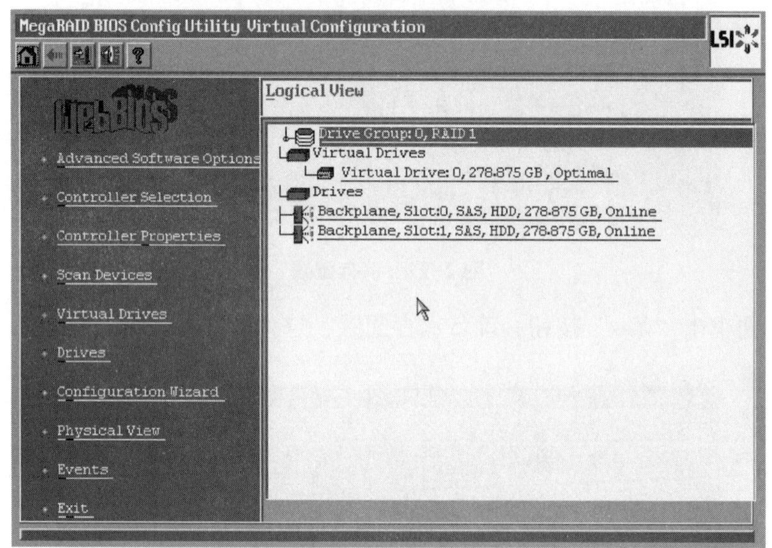

图 2-25　阵列卡的操作界面

在该界面，可以看见当前存在的磁盘阵列是 RAID 1，大小为 278 GB（RAID 1 模式为镜像模式，大小为两块盘总量的 50%），新建 RAID 磁盘阵列成功。在当前界面，单击左下方“Exit”选项，即可退出阵列卡管理界面，进行安装系统操作。

上述操作中，根据不同的需求，使用同样的方法可以创建不同级别的 RAID 阵列。

二、 Linux 操作系统的安装

在配置完服务器的 RAID 磁盘阵列后，可以为服务器安装操作系统。在服务器上安装操作系统有多种方式，例如使用 U 盘安装、网络安装、IPMI 安装等。此处使用常见的 U 盘安装方式（如何制作 U 盘启动盘，可自行查找资料制作），将 U 盘启动盘插到服务器上，重启服务器，在等待自检后，进入开机选项界面，如图 2-26 所示。

```
Press <TAB> to display BIOS POST Message
Press <DEL> to run Setup, <F11> Boot Menu, <F12> Network Boot
```

图 2-26 开机选项界面

在该界面迅速按 F11 键，进入“Boot Menu”开机菜单界面，如图 2-27 所示。

在选择启动项界面中，选择从 U 盘启动，案例使用的是金士顿 U 盘，所以选择“KingstonDataTraveler 3. 0”，选择从 U 盘启动后效果如图 2-28 所示。

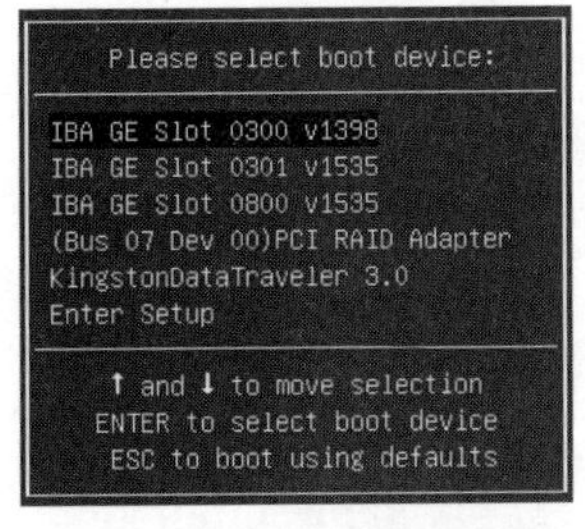

图 2-27 开机菜单

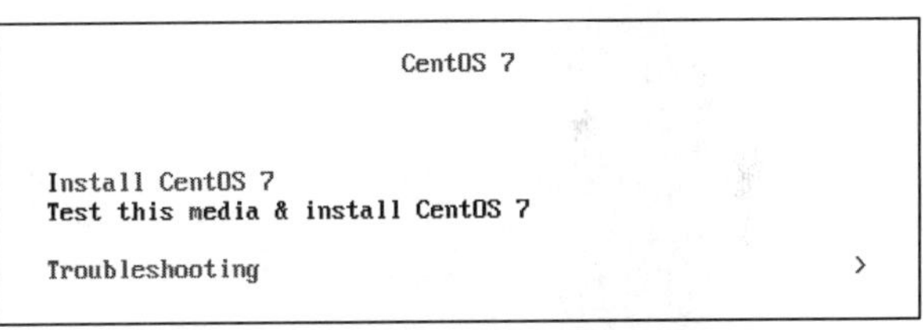

图 2-28 启动画面

此处安装的操作系统为常见的 CentOS 7 系列操作系统，CentOS 是基于 RedHat（红帽）商业版系统的社区编译重发布版，完全开源免费，相较于其他一些免费的 Linux 发行版会更加稳定，因此，一般企业也常用作服务器操作系统。其他常见的 Linux 系统还有 Ubuntu、Debain、Fedora、SUSE 等。

在该界面中按“↑”键选择“Install CentOS 7”选项，然后按 Enter 键，进入安装操作系统界面，如图 2-29 所示。

在选择语言界面，默认使用英语，直接单击右下方“Continue”按钮，进入下一步操作，如图 2-30 所示，进入安装信息摘要界面，该界面分为本地化（LOCALIZATION）、

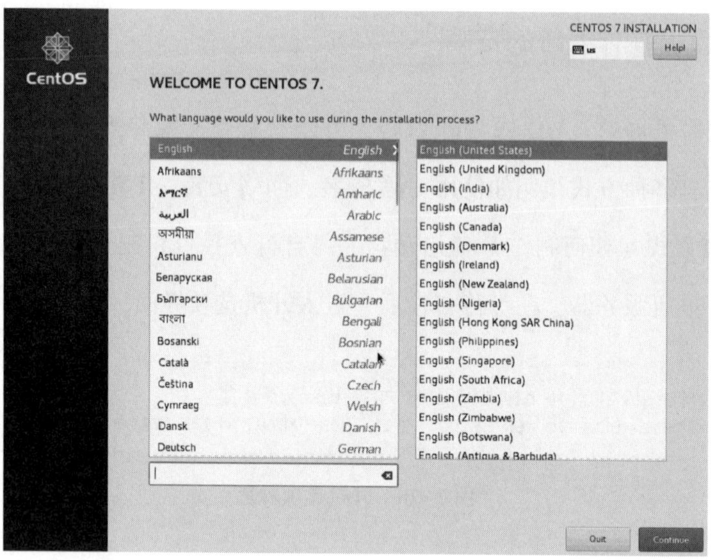

图 2-29　安装操作系统

软件（SOFTWARE）、系统（SYSTEM）三个部分进行配置。在软件部分单击“SOFTWARE SELECTION”选项，默认选择“Minimal Install”（最小化安装）的方式。

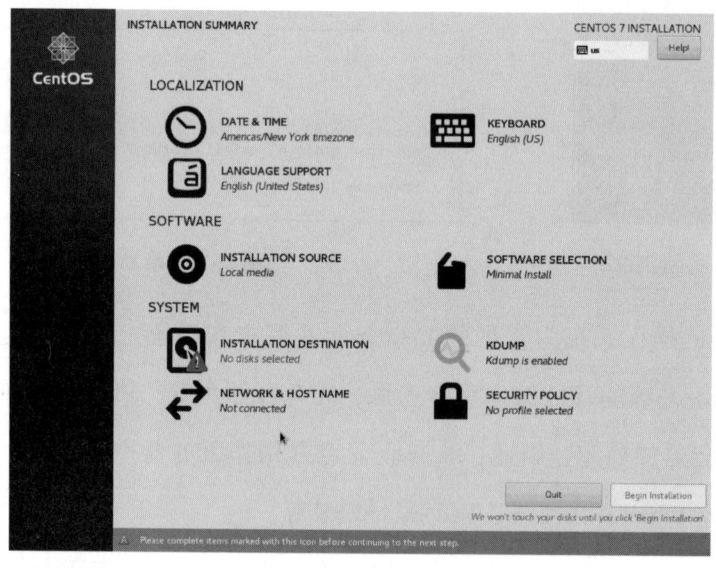

图 2-30　安装信息摘要

在图 2-30 的系统部分单击“INSTALLATION DESTINATION”按钮，进入安装目标位置界面，如图 2-31 所示。

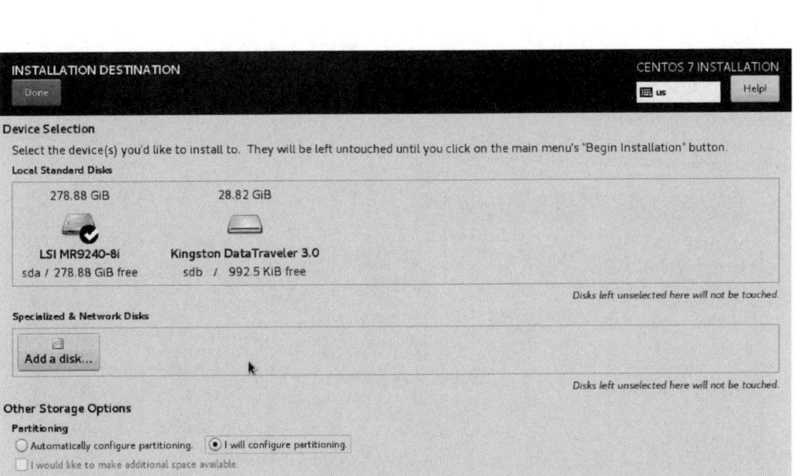

图 2-31　安装目标位置

在该界面中发现有两个磁盘可以选择，第一个是 RAID1 磁盘阵列，第二个是大小为 28. 82 GB 的磁盘（插在服务器上的 U 盘）。选择第一个硬盘并选中“I will configure partitioning”单选按钮，然后单击左上方“Done”按钮，进入手动分区界面，如图 2-32 所示，在该界面单击“Click here to create them automatically”按钮自动创建分区，创建完成如图 2-33 所示。

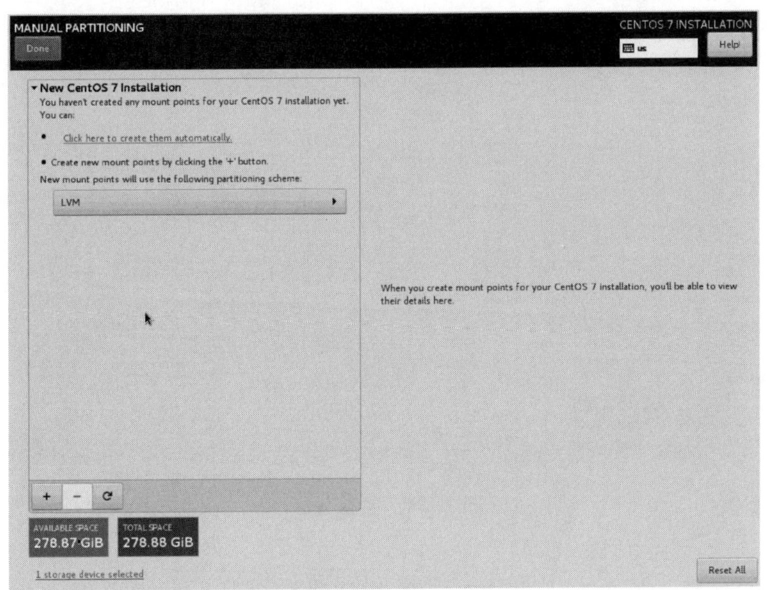

图 2-32　手动分区

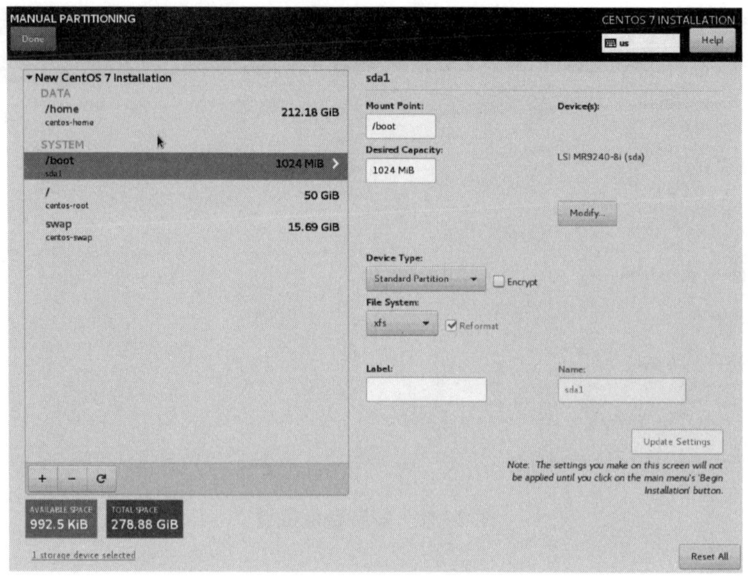

图 2-33　创建完成

在该界面，选中“/home”分区并单击左下方“-”按钮，删除“/home”分区。选中“/”（根分区），调整“/”分区大小为 200 GB，如图 2-34 所示。

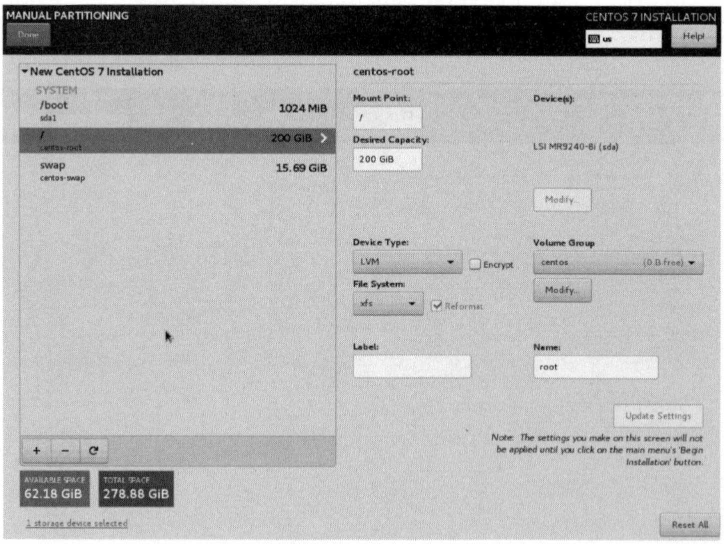

图 2-34　调整分区

调整完分区后，单击左上方“Done”按钮进行确认，在弹出框中单击“Accept Changes”按钮，确认完成分区配置，如图 2-35 所示。

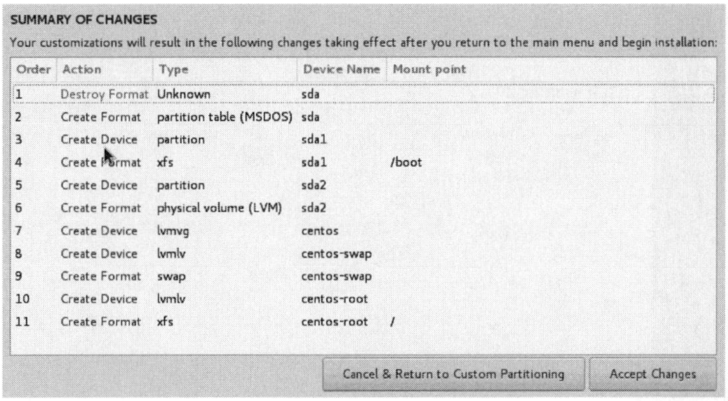

SUMMARY OF CHANGES

Your customizations will result in the following changes taking effect after you return to the main menu and begin installation:

Order	Action	Type	Device Name	Mount point
1	Destroy Format	Unknown	sda	
2	Create Format	partition table (MSDOS)	sda	
3	Create Device	partition	sda1	
4	Create Format	xfs	sda1	/boot
5	Create Device	partition	sda2	
6	Create Format	physical volume (LVM)	sda2	
7	Create Device	lvmvg	centos	
8	Create Device	lvmlv	centos-swap	
9	Create Format	swap	centos-swap	
10	Create Device	lvmlv	centos-root	
11	Create Format	xfs	centos-root	/

Cancel & Return to Custom Partitioning　　Accept Changes

图 2-35　更改摘要

配置完分区，回到安装信息摘要界面，单击右下方“Begin Installation”按钮进行系统安装，如图 2-36 所示。

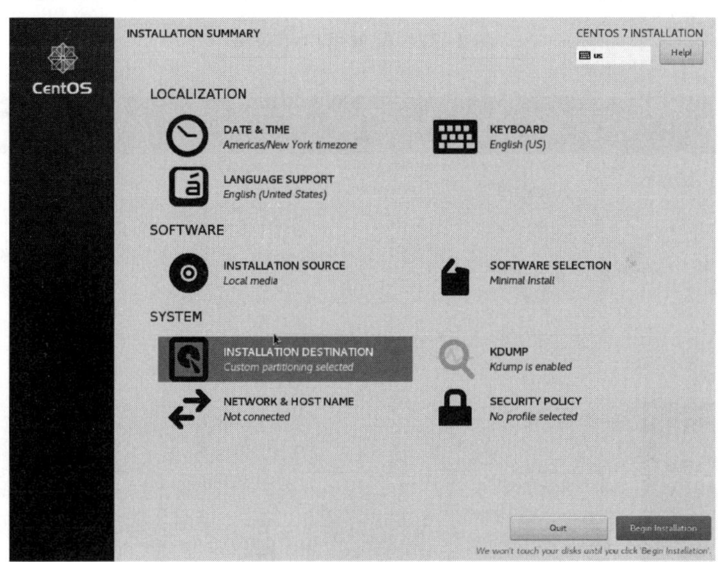

图 2-36　进行系统安装

在安装界面，如图 2-37 所示，要配置 ROOT 用户的密码，单击“ROOT PASSWORD”按钮设置 ROOT 用户的密码，设置密码为 000000（在实际生产环境中建议设置复杂密码）。单击两次“Done”按钮保存退出，如图 2-38、图 2-39 所示。

当系统安装完毕后，会弹出“Reboot”按钮，如图 2-40 所示，单击“Reboot”按钮，重启操作系统。

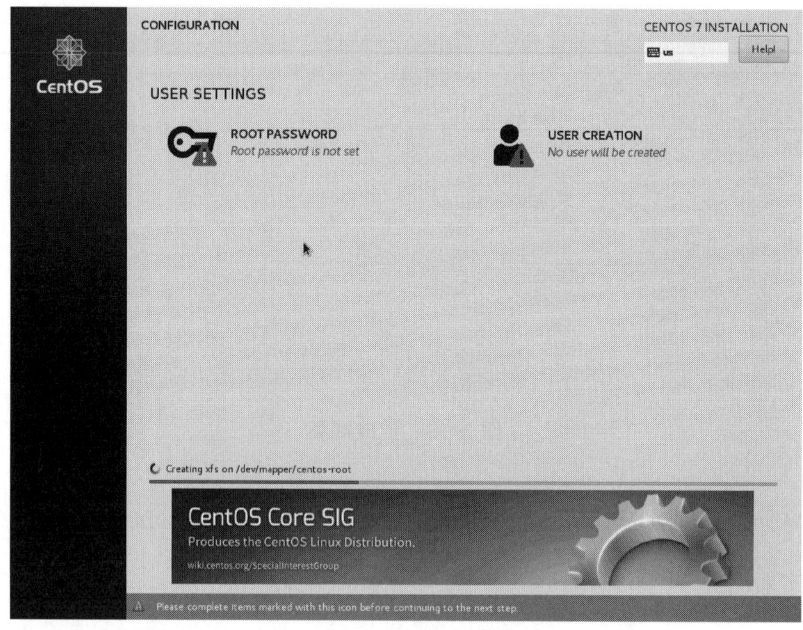

图 2-37　配置用户和密码

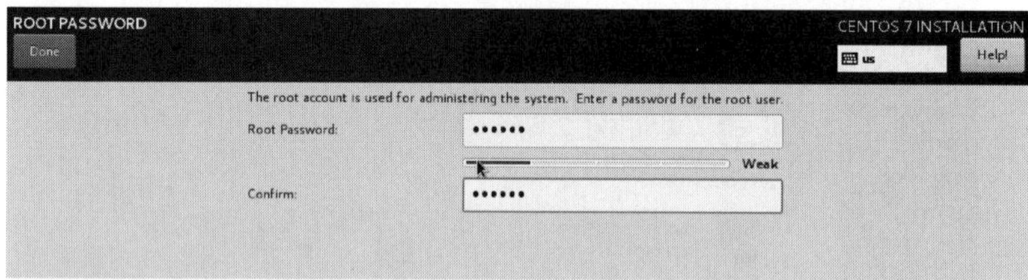

图 2-38　设置密码

图 2-39　配置完成

在当前界面，等待一段时间后，进入 Linux 操作系统界面，如图 2-41 所示。

在操作系统登录界面，使用用户名（root）和密码（000000）登录操作系统，如图 2-42 所示。

至此，操作系统安装完毕。

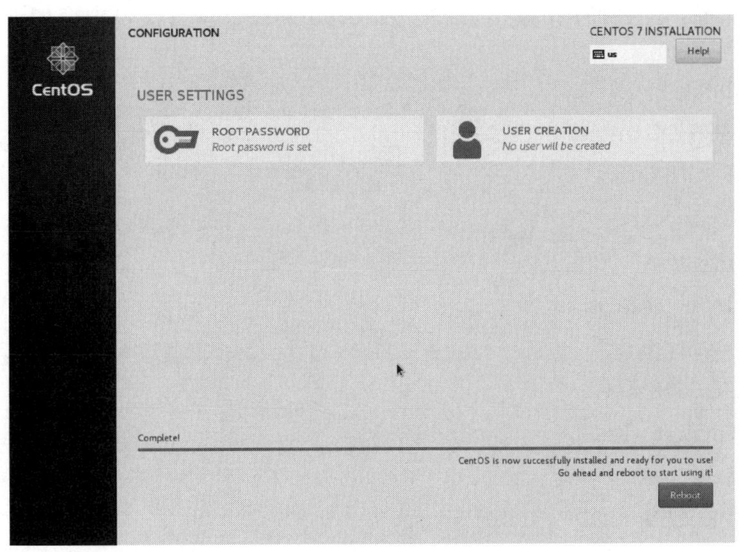

图 2-40　重启操作系统

```
CentOS Linux 7 (Core)
Kernel 3.10.0-862.el7.x86_64 on an x86_64

localhost login:
```

图 2-41　Linux 操作系统界面

```
CentOS Linux 7 (Core)
Kernel 3.10.0-862.el7.x86_64 on an x86_64

localhost login: root
Password:
[root@localhost ~]#
```

图 2-42　登录操作系统

三、 Linux 操作系统的使用方法

安装完 Linux 操作系统之后，需要对操作系统进行简单的配置，才可以正常使用。下面通过 Linux 系统的简单配置案例，来帮助读者快速使用 Linux 操作系统。

（一）配置系统 IP 地址

在安装完服务器操作系统后，一般都会先配置服务器的 IP 地址，使用 vi 命令编辑服务器网卡配置文件（服务器网卡名会根据不同的设备而变化，此处使用的设备网卡名为 ifcfg-enp8s0），编辑网卡配置文件，命令如下：

```
[root@ localhost ~]# vi /etc/sysconfig/network-scripts/ifcfg-enp8s0
```

按照如下配置编辑配置文件，主要将“BOOTPROTO”字段修改为“static”（使用静态 IP）；“ONBOOT”字段修改为“yes”（开机自启）。网址、掩码、网关可根据实际情况进行配置，此处使用的是 172. 24. 22. 0/24 网段。配置文件内容如下：

```
TYPE = Ethernet
PROXY_METHOD = none
BROWSER_ONLY = no
BOOTPROTO = static
DEFROUTE = yes
IPV4_FAILURE_FATAL = no
IPV6INIT = yes
IPV6_AUTOCONF = yes
IPV6_DEFROUTE = yes
IPV6_FAILURE_FATAL = no
IPV6_ADDR_GEN_MODE = stable-privacy
NAME = enp8s0
UUID = 1a836c26- 72ee-457f-82d8-f307d09bbae8
DEVICE = enp8s0
ONBOOT = yes
IPADDR = 172. 24. 22. 10
NETMASK = 255. 255. 255. 0
GATEWAY = 172. 24. 22. 1
```

按照要求修改完网卡配置文件，输入“:wq”命令，保存并退出，然后重启网络，命令如下：

```
[root@ localhost ~]# systemctl restart network
```

屏幕中没有任何显示，即为成功（Linux 操作系统输入命令没有报错，即可视为操作成功）。查看当前服务器的 IP 地址，命令如下：

```
[root@ localhost ~]# ip a
1: lo: <LOOPBACK,UP,LOWER_UP> mtu 65536 qdisc noqueue state UNKNOWN group default qlen 1000
    link/loopback 00:00:00:00:00:00 brd 00:00:00:00:00:00
    inet 127. 0. 0. 1/8 scope host lo
       valid_lft forever preferred_lft forever
    inet6 ::1/128 scope host
       valid_lft forever preferred_lft forever
```

```
    2:enp3s0f0: < NO-CARRIER, BROADCAST, MULTICAST, UP > mtu 1500 qdisc mq state
DOWN group default qlen 1000
        link/ether a0:36:9f:09:9a:9c brd ff:ff:ff:ff:ff:ff
    3:enp8s0: <BROADCAST,MULTICAST,UP,LOWER_UP> mtu 1500 qdisc pfifo_fast state UP
group default qlen 1000
        link/ether ac:1f:6b:17:00:ca brd ff:ff:ff:ff:ff:ff
        inet 172. 24. 22. 10/24 brd 172. 24. 22. 255 scope global noprefixroute enp8s0
          valid_lft forever preferred_lft forever
        inet6 fe80::1469:d969:9c1b:874f/64 scope link noprefixroute
          valid_lft forever preferred_lft forever
    4:enp3s0f1: <NO-CARRIER,BROADCAST,MULTICAST,UP> mtu 1500 qdisc mq state DOWN
group default qlen 1000
        link/ether a0:36:9f:09:9a:9d brd ff:ff:ff:ff:ff:ff
    5:enp9s0: < NO-CARRIER, BROADCAST, MULTICAST, UP > mtu 1500 qdisc pfifo_fast state
DOWN group default qlen 1000
        link/ether ac:1f:6b:17:00:cb brd ff:ff:ff:ff:ff:ff
```

通过上面的返回信息，可以发现当前服务器有 4 个网口，除了 enp8s0 之外，其他网卡均为 DOWN 的状态，因为除了 enp8s0 网口，其余网口均未插网线。同时，还可以发现当前 enp8s0 网口的 IP 地址为 172. 24. 22. 10，至此，配置服务器 IP 地址成功。

如果服务器需要配置多个 IP 地址，首先服务器需要有多个网口，然后需要将网口插上网线与交换机连接，并编辑相应的网络配置文件进行配置。

（二）修改服务器主机名

在配置完服务器 IP 后，可以使用远程连接工具，例如 XShell、SecureCRT、PuTTY 等进行远程连接。此处使用 CRT 工具进行连接，打开 PC 机上的 CRT 应用程序，进入快速连接界面。在主机名处输入服务器 IP 地址 172. 24. 22. 10；用户名处输入 root，单击“连接”按钮进行快速连接，如图 2-43 所示。

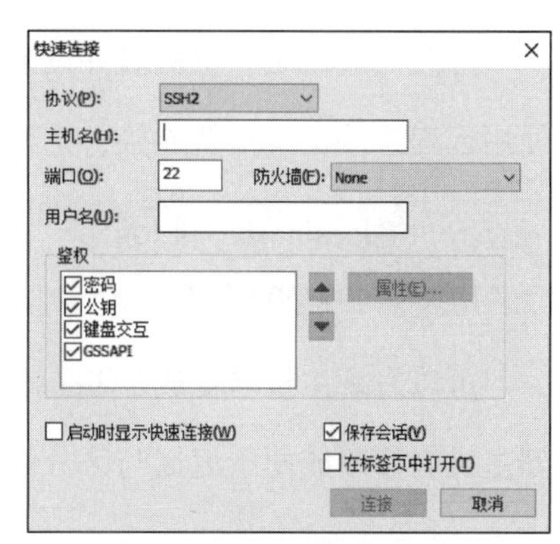

图 2-43　快速连接界面

在弹出的新建主机密钥对话框中单击“接受并保存”按钮，进入输入安全外壳密码界面，如图 2-44 所示。

在密码框中输入“000000”，并勾选“保存密码”选项，然后单击“确定”按钮，如图 2–45 所示。

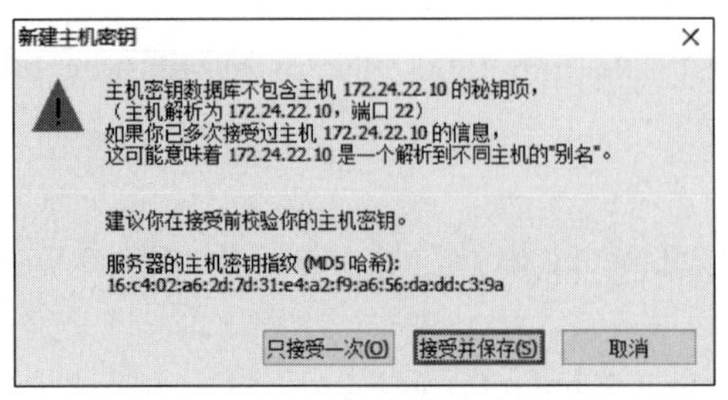

图 2–44　新建主机密钥

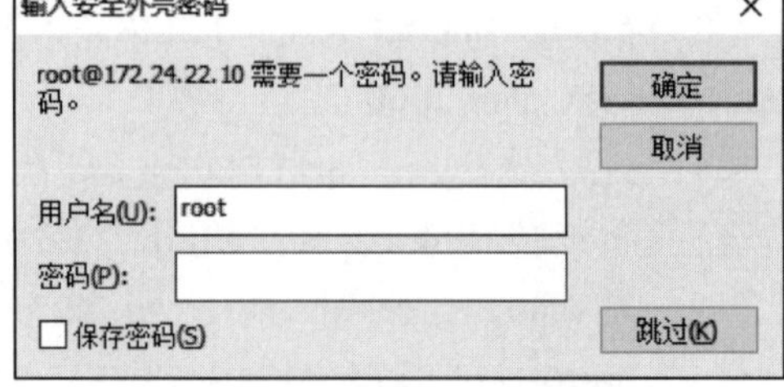

图 2–45　输入用户名和密码

连接成功后，进入会话窗口，如图 2–46 所示，这时可以通过远程连接工具对服务器进行操作，而不需要对着 KVM 显示屏或者直连的显示器了。

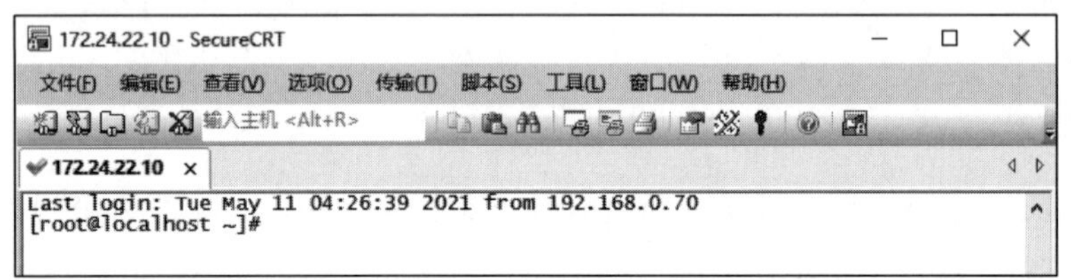

图 2–46　连接成功

修改服务器主机名为 linuxone，具体命令如下：

```
[root@ localhost ~]# hostnamectl set-hostname linuxone
```

修改完成之后，主机名并没有发生变化，需要重新连接一下服务器，才能生效。使用远程连接工具重新连接，主机名发生变化，命令如下：

```
[root@ localhost ~]# logout
[root@ linuxone ~]#
```

可以发现主机名变成了 linuxone，修改主机名成功。可以使用同样的命令，将服务器主机名修改成便于记忆与区分的名字。

（三）查看服务器配置

可以使用命令查看服务器的各种信息，例如，查看服务器的 CPU 个数、核心数、线程数等，具体命令如下。

查看物理 CPU 个数，命令如下：

```
[root@linuxone ~]# cat /proc/cpuinfo  |grep "physical id" | sort | uniq  |wc -1
2
```

查看每个物理 CPU 的核心数，命令如下：

```
[root@linuxone ~]# cat /proc/cpuinfo  |grep "cpu cores" | uniq
cpu cores: 8
```

查看逻辑 CPU 的个数（线程数），命令如下：

```
[root@linuxone ~]# cat /proc/cpuinfo  |grep "processor" | wc -1
32
```

查看 CPU 型号，命令如下：

```
[root@linuxone ~]# cat /proc/cpuinfo  |grep name  | cut -f2 -d: | uniq
Intel(R) Xeon(R) CPU E5-2640 v2 @ 2.00 GHz
```

可以查看到当前服务器有两个物理 CPU，型号为英特尔志强 E5-2640 v2，单个 CPU 为八核心十六线程，总线程数为 32。

查看服务器内存大小，命令如下：

```
[root@linuxone ~]# free -h
        total   used   free   shared   buff/cache   available
Mem     31G     360M   30G    9.6M     268M         30G
Swap:   15G     0B     15G
```

查看服务器硬盘信息，命令如下：

```
[root@linuxone ~]# lsblk
NAME                   MAJ:MIN RM    SIZE   RO TYPE   MOUNTPOINT
sda                      8:0    0   278.9G   0 disk
├──sda1                  8:1    0     1G     0 part   /boot
└──sda2                  8:2    0   215.7G   0 part
  ├──centos-root 253:0          0   200G     0 1vm    /
  └──centos-swap 253:1          0   15.7G    0  1vm   [SWAP]
```

查看当前服务器系统版本，命令如下：

```
[root@ linuxone ~]# cat /etc/redhat-release
CentOS Linux release 7. 5. 1804 (Core)
```

通过本节内容的学习，读者可以掌握服务器阵列卡的基本配置、Linux 操作系统的安装与基本使用。Linux 操作系统是一个庞大的系统，要完全掌握 Linux 操作系统，需要靠学习与平时的积累。感兴趣的读者可以自行查找资料进一步学习 Linux 操作系统的使用与配置。下面介绍在安装好操作系统的服务器中如何安装 OpenStack 云计算平台。

第三节　OpenStack 云计算平台搭建与使用

考核知识点及能力要求：

- 了解云计算平台的使用场景与作用。
- 了解云计算平台的服务组成。
- 掌握 KVM 虚拟化技术的安装方法。
- 掌握云计算平台的部署和安装。
- 掌握云计算平台的初始化操作。
- 能够使用脚本安装云计算平台，完成云计算平台初始化。

一、 KVM 虚拟化技术

谈及 OpenStack 云计算平台时，不得不先介绍 KVM 虚拟化技术。KVM 是当前最主流的开源服务器虚拟化技术，也是 OpenStack 的基础。

（一）KVM 虚拟化简介

KVM（Kernel-based Virtual Machine）是一个基于 Linux 内核的虚拟机，它属于完全虚拟化范畴，从 Linux-2. 6. 20 开始被包含在 Linux 内核中。KVM 基于 x86 硬件虚拟化技术，它的运行要求 Intel VT-x 或者 AMD SVM 的支持。

一般认为，虚拟机监控的实现模型有两类：监控模型（Hypervisor）和宿主机模型（Host-based）。由于监控模型需要进行处理器调度，还需要实现各种驱动程序，以支撑运行在其上的虚拟机，因此实现难度上一般要大于宿主机模型。KVM 的实现采用宿主机模型（Host-based），由于 KVM 是集成在 Linux 内核中的，因此可以自然地使用 Linux 内核提供的内存管理、多处理器支持等功能，易于实现，而且还可以随着 Linux 内核的发展而发展。另外，目前 KVM 的所有 I/O 虚拟化工作是借助 Qemu 完成的，在一定程度上降低实现的工作量，这也是 KVM 的优势所在。

（二）KVM 虚拟化发展

2006 年 10 月，由以色列的 Qumranet 组织开发了一种新的“虚拟机”方案，并将其贡献给开源世界。

2007 年 2 月，Linux Kernel-2. 6. 20 中第一次包含了 KVM。

2008 年 9 月，红帽收购了 Qumranet 组织，由此入手了 KVM 的虚拟化技术。在此之前红帽决定将 Xen 加进自己默认特性当中，主要的原因是在 2006 年，当时 Xen 技术脱离了内核的维护方式。也许是因为采用 Xen 的 RHEL 在企业级虚拟化方面没有赢得太多的市场等原因，导致红帽萌生了放弃 Xen 的想法。在正式采用 KVM 一年后，红帽就宣布在新的产品线中彻底放弃 Xen，集中资源和精力进行 KVM 的工作。

2009 年 9 月，红帽发布其企业级 Linux 的 5. 4 版本（RHEL 5. 4），在原先的 Xen 虚拟化机制之上，将 KVM 添加了进来。

2010 年 11 月，红帽发布其企业级 Linux 的 6. 0 版本（RHEL 6. 0），这个版本将默认安装的 Xen 虚拟化机制彻底去除，仅提供 KVM 虚拟化机制。

2011 年 5 月，IBM 和红帽，联合惠普和英特尔一起，成立了开放虚拟化联盟（Open Virtualization Alliance），一起声明要提升 KVM 的形象，加速 KVM 投入市场的速度。

KVM 技术自 Linux 2. 6. 20 版本之后就逐步取代 Xen，被集成在 Linux 的各个主要发行版本中，可以使用 Linux 自身的调度器进行虚拟化管理。

（三）KVM 虚拟化架构

KVM 的虚拟化架构非常简单，KVM 就是一个内核模块，用户空间通过 QEMU 模拟硬件提供给虚拟机使用，一台虚拟机就是一个普通的 Linux 进程，通过对这个进程的管理就可以完成对虚拟机的管理。KVM 的虚拟化架构如图 2-47 所示。

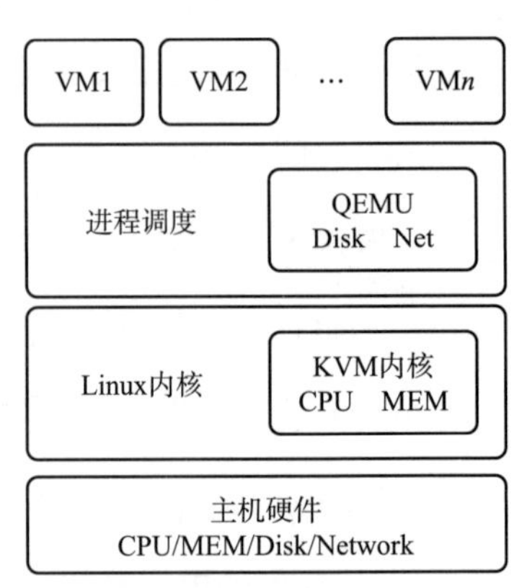

图 2-47 KVM 虚拟化架构图

KVM 内核实现 CPU 与内存虚拟化，而 QEMU 实现硬盘和网络的虚拟化，通过 Linux 进程调度器实现 VM（虚拟机）管理。

由 KVM 虚拟化架构图还能得知，KVM 虚拟化有两个核心模块，一个是 KVM 内核模块，另一个是 QEMU 模块，两个模块的具体介绍如下。

- KVM 内核模块：主要包括 KVM 虚拟化核心模块 KVM. ko，以及硬件相关的 KVM_ intel 或者 KVM_ AMD 模块；负责 CPU 与内存虚拟化，包括 VM 创建、内存分配与管理、vCPU 执行模式切换等。
- QEMU 模块：QEMU 可以实现 IO 虚拟化与各设备模拟（磁盘、网卡、显卡、声卡等），通过 IOCTL 系统调用与 KVM 内核交互。KVM 仅支持基于硬件辅助的虚拟化（如 Intel-VT 与 AMD-V），在内核加载时，KVM 先初始化内部数据结构，打开 CPU 控制寄存器 CR4 里面的虚拟化模式开关，执行 VMXON 指令将 Host OS 设置为 root 模式，并创建特殊设备文件/dev/kvm 等待来自用户空间的命令，然后由 KVM 内核与 QEMU 相互配合实现 VM（Virtual Machine，虚拟机）的管理。KVM 会复用部分 Linux 内核的功能，例如进程管理调度、设备驱动、内存管理等。

（四）KVM 虚拟化应用

为了实验的便捷性，使用 VMWare 虚拟机进行实验，体验 KVM 虚拟化技术。

1. 环境准备

使用 VMWare Workstation 软件，创建一台 CPU 为 2 核、内存为 4 GB、硬盘为 40 GB 的虚拟机，镜像源使用 CentOS-7-x86_64-DVD-1804. iso。注意，需要开启 CPU 的虚拟化功能，即勾选 CPU 设置中的 Intel VT-x/EPT 或 AMD-V/RVI（V）选项。

创建完成后，为虚拟机配置 IP 地址，并使用远程工具连接，成功连接后代码显示如下：

```
Last login:Thu Oct 21 11:17:24 2021
[root@ localhost ~]#
```

连接成功后，自行将该虚拟机的主机名修改为 kvm。

2. 基础环境安装

在 KVM 虚拟机启动前，还需要安装一些基础组件，KVM 服务才能正常使用，具体操作如下。

首先，关闭防火墙与 SELinux，命令如下：

```
[root@ kvm ~]# setenforce 0
[root@ kvm ~]# systemctl stop firewalld
```

使用 setenforce 0 命令和 stop 命令临时关闭 SELinux 和 Firewalld 防火墙服务。如果需要永久关闭，在 SELinux 配置文件中设置 SELinux 的状态为 disabled，并重启服务；Firewalld 关闭之后还需要使用“systemctl disable firewalld”命令设置开机不自启。

其次，配置 Yum 源。将使用提供的 CentOS-7-x86_64-DVD-1804. iso 镜像文件上传至虚拟机节点的/root 目录下，然后进行挂载操作，命令如下：

```
[root@ kvm ~]# mount CentOS-7-x86_64-DVD-1804. iso /mnt/
mount: /dev/loop0 is write-protected, mounting read-only
```

挂载完成后，将系统原有的 repo 文件移除，命令如下：

```
[root@ kvm ~]# mv /etc/yum. repos. d/*  /media/
```

创建 local. repo 文件，命令如下：

```
[root@ kvm ~]# vi /etc/yum. repos. d/local. repo
```

local. repo 文件内容如下：

```
[centos]
name = centos
baseurl = file:///mnt
gpgcheck = 0
enabled = 1
```

编辑完 local. repo 文件后，保存并退出。查看 Yum 源是否配置成功，命令如下：

```
[root@ kvm ~]# yum clean all
[root@ kvm ~]# yum repolist
... ...
repolist: 3,971
```

显示 repolist 为 3971，即为配置成功。

最后，安装基础组件。在安装 KVM 需要的软件包之前，先来查看该主机是否支持虚拟化，命令如下：

```
[root@ kvm ~]# egrep -c ' (vmx |svm)'  /proc/cpuinfo
2
```

如果执行这条命令的返回结果为 0，则表示 CPU 不支持虚拟化；如果返回结果为 1 或者大于 1 的数字，则表示 CPU 支持虚拟化。其中 vmx 为 Intel 的 CPU 指令集，svm 为 AMD 的 CPU 指令集。

使用 Yum 安装 KVM 的主要组件及工具，命令如下：

```
[root@ kvm ~]# yum install qemu-kvm openssl libvirt -y
```

启动 libvirtd 服务，命令如下：

```
[root@ kvm ~]# systemctl start libvirtd
```

将/usr/libexec/qemu-kvm 链接为/usr/bin/qemu-kvm，命令如下：

```
[root@ kvm ~]# ln -s /usr/libexec/qemu-kvm /usr/bin/qemu-kvm
```

至此，KVM 服务相关的基础组件已安装完毕，接下来使用 KVM 技术启动虚拟机。

3. KVM 虚拟机启动

将提供的 cirros-0. 3. 4-x86_64-disk. img 和 qemu-ifup-NAT 上传至 KVM 节点的/root 目录下。为脚本 qemu-ifup-NAT 赋予执行权限，命令如下：

```
[root@ kvm ~]# chmod +x /root/qemu-ifup-NAT
```

通过 qemu-kvm 命令启动 KVM 虚拟机，命令如下：

```
[root@ kvm ~]# qemu-kvm -m 1024 -drive file = /root/cirros-0. 3. 4-x86_64-disk. img,if =
virtio -net nic,model = virtio -net tap,script = /root/qemu-ifup-NAT -nographic -vnc:1
```

在等待一小段时间后，cirros 虚拟机启动，代码显示如下：

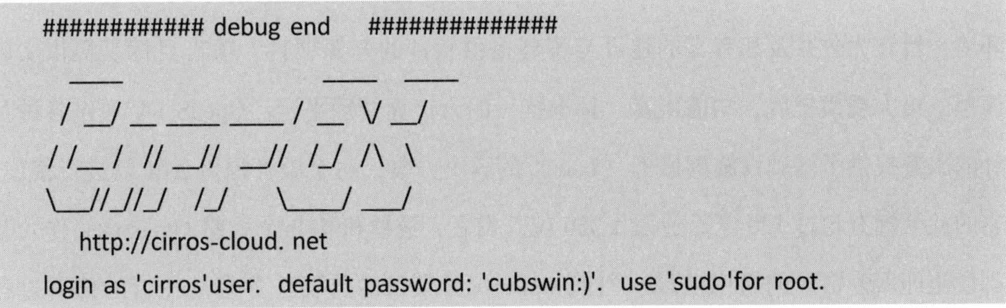

```
############ debug end    ##############
  ____               ____  ____
 / __/ __ ____ ____ / __ \/ __/
/ /__ / // __// __// /_/ /\ \
\___//_//_/  /_/   \____/___/
   http://cirros-cloud. net
login as 'cirros'user.  default password: 'cubswin:)'.  use 'sudo'for root.
```

使用用户名为 cirros，密码为“cubswin：）”登录虚拟机，登录后显示如下：

```
cirros login: cirros
Password:
$
```

此时，就可以使用这个 cirros 虚拟机了。因为环境限制，这里使用的是 cirros 测试镜像，感兴趣的读者可以使用物理服务器，CentOS 系统镜像进行实验。在使用 KVM 虚拟机的时候，发现虽然可以使用，但是虚拟机并不好管理。这时 OpenStack 云计算管理平台就应运而生了。

OpenStack 是云计算管理平台，其本身并不提供虚拟化功能，真正的虚拟化能力是由底层的 Hypervisor（如 KVM、Qemu、Xen 等）提供。所谓管理平台，就是为了方便使用而已。如果没有 OpenStack，一样可以通过 virsh（命令行）、virt-manager（图形化管理工具）来实现创建虚拟机的操作，只不过使用命令行进行操作难度较大，不适合普通用户使用。

二、 OpenStack 云计算平台简介

目前国内外有许多成熟的开源项目和商业化云计算平台。商业化项目有全球第一

大公有云厂商亚马逊提供的亚马逊云、VMWare 平台、国内的阿里云、华为云、腾讯云等。开源项目有 OpenStack、CloudStack、OpenNebula、CloudFoundry 等。其中 OpenStack 无疑是当今最具影响力的云计算管理工具。

OpenStack 是一个由 NASA 和 Rackspace 合作研发并发起的，以 Apache 许可证授权的自由软件和开放源代码项目。OpenStack 是一个开源的云计算管理平台项目，它不是一个软件，而是由几个主要的组件组合起来完成具体工作。它支持几乎所有类型的云环境，旨在为公共及私有云的建设与管理提供软件的开源项目，项目目标是提供实施简单、可大规模扩展、功能丰富、标准统一的云计算管理平台。OpenStack 通过各种互补的服务提供了基础设施即服务（IaaS）的解决方案，每个服务提供 API 以进行集成。它的社区拥有超过 130 家企业及 1 350 位开发者，这些机构与个人将 OpenStack 作为基础设施即服务资源的通用前端。当前 OpenStack 项目的首要任务是简化云的部署过程并为其带来良好的可扩展性。

一个典型的 OpenStack 云计算平台部署拓扑基本是包含控制节点、计算节点和存储节点（存储节点包括块存储和对象存储），必要的时候可以将对象存储节点和块存储节点分离，如果在租户网络内部路由方面有比较多的需求，也可以将网络节点从控制节点中剥离单独部署。从技术层面上来讲，所有节点都可以分离部署或者合并部署，可以根据实际需求调整。

下面将介绍 OpenStack 的几个主要组件。

（一）身份服务（Keystone）

Keystone 是 OpenStack 的组件之一，用于为 OpenStack 家族中的其他组件成员提供统一的认证服务，包括身份验证、令牌的发放和校验、服务列表、用户权限的定义等。云环境中所有的服务之间的授权和认证都需要经过 Keystone，因此 Keystone 是云计算平台中第一个需要安装的服务。

（二）计算服务（Nova）

Nova 负责维护和管理云环境的计算资源。Nova 这个组件很重要，可以说是 OpenStack 最核心的服务组件之一，以至于在 OpenStack 的初期版本里大部分的云系统

管理功能都是由该组件负责管理的，只不过后来为了减轻该“车间主任”的压力，也便于功能分配管理，才把虚拟存储、网络等部分分离出来，使该组件主要负责云实例的生成、监测、终止等管理功能。

（三）镜像服务（Glance）

该组件提供云计算平台上的镜像（Image）功能，可以把它看成车间里的模具生产部门，其功能包括虚拟机镜像的查找、注册、检索等。该模具最基本的使用方式就是为云实例提供安装操作系统的安装，比如 RedHat Linux、Ubuntu、Windows 等。同时管理员也可以使用已经生成或者个性化安装后的云实例来生成自定义的镜像，这样以后就可以根据该自定义镜像直接生成所需的虚拟机实例。

（四）网络服务（Neutron）

该组件提供 OpenStack 虚拟网络服务，也是 OpenStack 重要的核心组件之一。该组件最开始是 Nova 的一部分，叫 Nova-network，后来从 Nova 中分离出来，开始名字为 Quantum，后来由于商业名称权的原因改为了 Neutron。该组件之所以重要是因为如果没有虚拟网络服务，OpenStack 就变为单纯提供虚拟机实例和虚拟存储服务的平台，这就违背了提供分布式虚拟服务的云计算核心价值。该组件不仅提供基本的创建子网、路由和为虚拟机实例分配 IP 地址的功能，还同时支持多种物理网络类型，支持 Linux Bridge、Hyper-V 和 OVS bridge 计算节点共存。

（五）UI 界面（Horizon）

Horizon 为 OpenStack 提供一个 Web 前端的管理界面，通过 Horizon 所提供的 Dashboard 服务，管理员可以通过 Web UI 对 OpenStack 整体云环境进行管理，并可直观查看各种操作结果与运行状态。

（六）对象存储（Swift）

该组件提供 OpenStack 对象存储，存储的是一些资源文件，如图片、代码等。对象存储服务是 OpenStack 最早期的两个服务之一（另一个是计算服务），在 OpenStack 平台中，任何数据都是一个对象。

（七）块存储（Cinder）

该组件提供 OpenStack 存储服务，该管理模块原来也为 Nova 的一部分，即 Nova-volume，之后从 Folsom 版本开始使用 Cinder 块存储服务。存储的分配和消耗是由块存储驱动器决定的。驱动程序包含 NAS、SAN、NFS、ISCSI、Ceph 等。

三、 OpenStack 云计算平台环境准备

搭建一个控制节点和一个计算节点的小规模云计算平台，每个节点安装的服务见表 2-1。

表 2-1　每个节点需要部署的服务

节点类型	部署服务
控制节点	所有组件的 API 服务、Keystone 服务、Glance 服务、Nova-controller 服务、Neutron 服务、Dashboard 服务、Cinder 服务、Swift 服务、所有的后台服务
计算节点	Nova-compute 服务、Neutron 服务、Cinder 服务、Swift 服务

（一）服务器环境准备

准备两台物理服务器或者使用 VMWare 软件准备两台虚拟机，其最低配置要求如下：

- 控制节点：2 CPU/8 GB 内存/100 GB 硬盘。
- 计算节点：2 CPU/8 GB 内存/100 GB 硬盘（计算节点需预留至少 50 GB 的硬盘空间，用于块存储与对象存储使用）。

（二）操作系统准备

在两个节点上均安装 CentOS 7. 5 系统，使用 CentOS-7-x86_64-DVD-1804. iso 镜像文件进行最小化安装。

（三）网络环境准备

每个节点需要两个网络，若使用物理服务器，需要三层交换机配合使用。交换机上需要划分两个 VLAN，为了方便记忆，第一个 VLAN 可以配置成 192. 168. 100. 0/24 网段；第二个 VALN 可以配置成 192. 168. 200. 0/24 网段。两个节点的第一个网口连接

到交换机的第一个 VLAN；两个节点的第二个网口连接到交换机的第二个 VLAN。两个节点只配置第一块网卡，例如控制节点配置 IP 为 192.168.100.10，计算节点配置 IP 为 192.168.100.20，两个节点的第二块网卡不需要做配置。

若使用 VMWare 环境，虚拟机的第一块网卡使用仅主机模式，第二块网卡使用 NAT 模式。在 VMWare 工具的虚拟网络编辑器中，配置仅主机和 NAT 网络模式的网段，如图 2-48 所示，并给两个节点的第一个网卡配置 IP，控制节点配置为 192.168.100.10；计算节点 IP 配置为 192.168.100.20。

虚拟网络编辑器

名称	类型	外部连接	主机连接	DHCP	子网地址
VMnet0	桥接模式	自动桥接	-	-	-
VMnet1	仅主机...	-	已连接	已启用	192.168.100.0
VMnet8	NAT 模式	NAT 模式	已连接	已启用	192.168.200.0

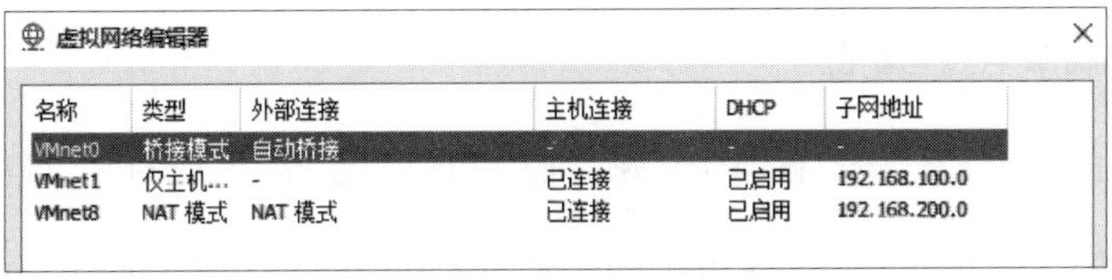

图 2-48　虚拟网络配置

（四）基础环境配置

此处使用虚拟机环境进行云计算平台的搭建，利用 VMWare 工具按照要求创建两台虚拟机，在配置虚拟机处理器时，勾选虚拟化引擎选项，如图 2-49 所示。

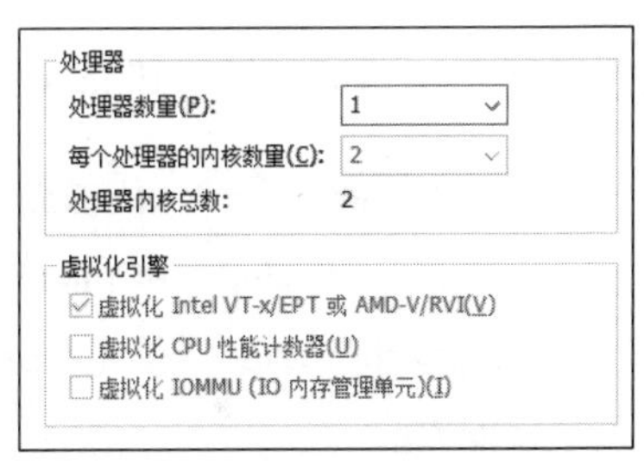

图 2-49　VMWare 中基础环境配置

在按照要求配置和启动虚拟机后，分别配置两个节点的虚拟机的 IP 地址为 192.168.100.10、192.168.100.20，使用远程连接工具进行连接。成功连接后，进行如下操作。

1. 修改主机名

分别修改两个节点的主机名分别为 controller 和 compute（修改命令不再赘述）。修改完查看两个节点的主机名，命令如下：

```
[root@ controller ~]# hostnamectl
   Static hostname: controller
... ...
```

修改计算节点的主机名为 compute，命令如下：

```
[root@ compute ~]# hostnamectl
   Static hostname: compute
... ...
```

2. 关闭防火墙与 SELinux

将两个节点的防火墙和 SELinux 服务关闭，命令如下：

```
# systemctl stop firewalld
# setenforce 0
```

3. 配置控制节点 Yum 源

使用提供的 ISO 镜像配置 Yum 源，使用远程连接工具自带的传输工具，将 CentOS-7-x86_64-DVD-1804. iso 和 IaaS-OpenStack-x86-64_v1. 0. iso 两个镜像包上传至 Controller 节点的/root 目录下。然后在 Controller 节点创建 ISO 镜像的挂载目录，在/opt 目录下创建 centos 目录和 iaas 目录，命令如下：

```
[root@ controller ~]# mkdir /opt/centos
[root@ controller ~]# mkdir /opt/iaas
[root@ controller ~]# ll /opt/
total 0
drwxr-xr-x. 2 root root 6 May 12 08:09 centos
drwxr-xr-x. 2 root root 6 May 12 08:09 iaas
```

挂载上传的两个镜像到创建的两个目录，命令如下：

```
[root@ controller ~]# mount CentOS-7-x86_64-DVD-1804. iso /opt/centos/
mount: /dev/loop0 is write-protected, mounting read-only
[root@ controller ~]# mount IaaS-OpenStack-x86_64_v1. 0. iso /opt/iaas/
mount: /dev/loop1 is write-protected, mounting read-only
```

镜像挂载后，需要编辑 Yum 源的配置文件，首先将默认 Yum 源移动到其他目录，命令如下：

```
[root@ controller ~]# mv /etc/yum. repos. d/*   /media/
```

创建并编辑本地 Yum 源文件 local. repo 并编辑，命令及文件内容如下：

```
[root@ controller ~]# vi /etc/yum. repos. d/local. repo
[root@ controller ~]# cat /etc/yum. repos. d/local. repo
[centos]
name = centos
baseurl = file:///opt/centos
gpgcheck = 0
enabled = 1
[iaas]
name = iaas
baseurl = file:///opt/iaas/iaas-repo
gpgcheck = 0
enabled = 1
```

编辑完 Yum 源配置文件后，查看配置的 Yum 源是否可用，命令如下：

```
[root@ controller ~]# yum repolist
... ...
repolist: 7,201
```

此时发现 repolist 数量为 7201，代表配置的 Yum 源正确，接下来可以使用该 Yum 源安装服务。

4. 安装 FTP 服务

在 Controller 节点安装 FTP 服务，命令如下：

```
[root@ controller ~]# yum install vsftpd -y
... ...
Installed:
vsftpd. x86_64 0:3. 0. 2- 22. el7

Complete!
```

安装完之后，设置 Controller 节点的/opt 目录为 FTP 服务的共享目录，在 FTP 服务配置文件的最上方添加一行代码，具体如下。

打开并编辑 FTP 服务的主配置文件，命令如下：

```
[root@ controller ~]# vi /etc/vsftpd/vsftpd. conf
```

在该配置文件的最上方添加一行代码如下：

```
anon_root=/opt
```

编辑完成后，保存并退出该配置文件，启动 FTP 服务，命令如下：

```
[root@controller ~]# systemctl start vsftpd
```

5. 配置计算节点 Yum 源

安装完 FTP 服务后，继续配置计算节点的 Yum 源，可以使用和 Controller 节点一样的方式配置 Compute 节点的 Yum 源。为了方便演示，计算节点使用 FTP 的方式（随着计算节点的增加，如果都按照 Controller 节点方式配置，效率就大大降低）。

回到计算节点，将默认的 Yum 源移动到其他目录，命令如下：

```
[root@compute ~]# mv /etc/yum.repos.d/*  /media/
```

创建并编辑远程的 Yum 源文件 ftp. repo 并编辑，命令及文件内容如下：

```
[root@compute ~]# vi /etc/yum.repos.d/ftp.repo
[root@compute ~]# cat /etc/yum.repos.d/ftp.repo
[centos]
name=centos
baseurl=ftp://192.168.100.10/centos
gpgcheck=0
enabled=1
[iaas]
name=iaas
baseurl=ftp://192.168.100.10/iaas/iaas-repo
gpgcheck=0
enabled=1
```

编辑完 Yum 配置文件后，查看配置的 Yum 源是否可用，命令如下：

```
[root@compute ~]# yum repolist
... ...
repolist: 7,201
```

可以发现 repolist 数量为 7201，至此两个节点的 Yum 源配置完毕。

6. 计算节点分区

因为要安装 Cinder 块存储和 Swift 对象存储服务，需要在 Compute 节点上分两个区作为块存储和对象存储的后端存储。在 Compute 节点，使用分区工具对空闲的硬盘进行分区（在环境准备时，已经预留了 50 GB 的空闲硬盘），命令如下：

```
[root@ compute ~]# fdisk /dev/sdb
Welcome to fdisk (util-linux 2. 23. 2).
... ...
Command (m for help): n                          #按 n 进行分区
Partition type:
   p    primary (0 primary, 0 extended, 4 free)
   e    extended
Select (default p):                              #直接按 Enter 键默认选择主分区
Using default response p
Partition number (1-4, default 1):               #直接按 Enter 键默认选择 1
First sector (2048-104857599, default 2048):     #直接按 Enter 键从默认扇区开始
Using default value 2048
Last sector, +sectors or +size{K,M,G} (2048-104857599, default 104857599): +20G
                                                 #输入+20G 分出大小为 20GB 的分区
Partition 1 of type Linux and of size 20 GiB is set

Command (m for help): n                          #按 n 进行分区
Partition type:
   p    primary (1 primary, 0 extended, 3 free)
   e    extended
Select (default p):                              #直接按 Enter 键默认选择主分区
Using default response p
Partition number (2-4, default 2):               #直接按 Enter 键默认选择 2
First sector (41945088-104857599, default 41945088):
#直接按 Enter 键从默认扇区开始
Using default value 41945088
Last sector, +sectors or +size{K,M,G} (41945088-104857599, default 104857599): +20G
                                                 #输入+20G 分出大小为 20GB 的分区
Partition 2 of type Linux and of size 20 GiB is set

Command (m for help): w                          #按 W 键保存并退出
```

```
The partition table has been altered!

Calling ioctl() to re-read partition table.
Syncing disks.
```

分区完毕后，可以使用命令查看当前分区，命令如下：

```
[root@compute ~]# lsblk
NAME          MAJ:MIN RM  SIZE RO  TYPE MOUNTPOINT
sdb             8:16    0  50G  0  disk
├─sdb1          8:17    0  20G  0  part
└─sdb2          8:18    0  20G  0  part
```

可以发现当前存在 sdb1 和 sdb2 两个分区，接下来可以进行云计算平台的环境变量配置与基础服务安装操作。

四、 OpenStack 云计算平台基础服务安装与配置

在完成准备工作以后，可以进行 OpenStack 云计算平台的安装工作，如果纯手动安装 OpenStack 云计算平台，费时费力还容易出错，下面的案例已经将云计算平台所有安装配置的步骤写成了脚本。使用脚本安装，可以大大提高运维工程师的工作效率。

（一）安装基础包

在两个节点分别安装 iaas-openstack 基础软件包，命令如下：

```
# yum install iaas-openstack -y
... ...
Installed:
  iaas-openstack. x86_64 0:2. 4- 2
Complete!
```

（二）配置环境变量

两个节点安装完 iaas-openstack 基础包之后，配置两个节点的环境变量文件/etc/iaas-openstack/openrc. sh（该文件在安装完 iaas-openstack 之后，会自动生成），配置完之后的 openrc. sh 文件如下所示（只展示有效行）：

```
# cat /etc/iaas-openstack/openrc. sh
HOST_IP = 192. 168. 100. 10
HOST_PASS = 000000
HOST_NAME = controller
HOST_IP_NODE = 192. 168. 100. 20
HOST_PASS_NODE = 000000
HOST_NAME_NODE = compute
network_segment_IP = 192. 168. 100. 0/24
RABBIT_USER = openstack
RABBIT_PASS = 000000
DB_PASS = 000000
DOMAIN_NAME = demo
ADMIN_PASS = 000000
DEMO_PASS = 000000
KEYSTONE_DBPASS = 000000
GLANCE_DBPASS = 000000
GLANCE_PASS = 000000
NOVA_DBPASS = 000000
NOVA_PASS = 000000
NEUTRON_DBPASS = 000000
NEUTRON_PASS = 000000
METADATA_SECRET = 000000
INTERFACE_IP = 192. 168. 100. 10
INTERFACE_NAME = ens37
Physical_NAME = provider
minvlan = 1
maxvlan = 1000
CINDER_DBPASS = 000000
CINDER_PASS = 000000
BLOCK_DISK = sdb1
SWIFT_PASS = 000000
OBJECT_DISK = sdb2
STORAGE_LOCAL_NET_IP = 192. 168. 100. 20
```

（三）安装基础服务

两个节点配置完环境变量文件之后，均执行 iaas-pre-host. sh 脚本安装云计算平台的基本服务，命令如下：

```
# iaas-pre-host. sh
```

执行该脚本会安装云计算平台的一些基础服务如 openstack-utils、openstack-selinux、python-openstackclient 等。还会配置两个节点服务器的时间同步。当两个节点都成功执行完 iaas-pre-host. sh 脚本后，就可以进行云计算平台的后续搭建。

（四）安装数据库服务

在控制节点，执行 iaas-install-mysql. sh 安装脚本，完成数据库、RabbitMQ、Memcached 等服务的安装，命令如下：

```
[root@ controller ~]# iaas-install-mysql. sh
```

执行完数据库安装脚本，会完成下列任务：

第一，安装数据库服务并进行初始化。

第二，安装 RabbitMQ 服务并创建用户与配置权限。

第三，安装 Memcached 服务并启动。

第四，安装 etcd 服务并配置启动。

（五）安装 Keystone 服务

在控制节点，执行 iaas-install-keystone. sh 安装脚本，完成 Keystone 服务的安装与配置，命令如下：

```
[root@ controller ~]# iaas-install-keystone. sh
```

执行完 Keystone 安装脚本，会完成下列任务：

第一，安装 Keystone 服务相关组件。

第二，创建 Keystone 数据库并配置相关权限。

第三，配置 Keystone 数据库的连接。

第四，在 Keystone 数据库中创建相应的表。

第五，创建令牌、签名密钥与证书。

第六，创建 admin 用户的环境变量文件并生效。

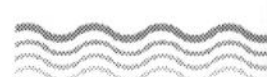

（六）Glance 服务安装

在控制节点，执行 iaas-install-glance. sh 安装脚本，完成 Glance 服务的安装与配置，命令如下：

```
[root@ controller ~]# iaas-install-glance. sh
```

执行完 Glance 安装脚本，会完成下列任务：

第一，安装 Glance 服务相关组件。

第二，创建 Glance 数据库并配置相关权限。

第三，配置 Glance 数据库的连接。

第四，在 Glance 数据库中创建相应的表。

第五，创建 Glance 用户并赋予角色权限。

第六，配置 Glance 服务的配置文件。

第七，创建 Endpoint 和 API 端点。

第八，启动 Glance 镜像服务。

（七）Nova 服务安装

在控制节点，执行 iaas-install-nova-controller. sh 安装脚本，完成控制节点 Nova 服务的安装与配置，命令如下：

```
[root@ controller ~]# iaas-install-nova-controller. sh
```

执行完 iaas-install-nova-controller. sh 安装脚本，会完成下列任务：

第一，安装控制节点 Nova 服务相关组件。

第二，创建 Nova 数据库并配置相关权限。

第三，配置 Nova 数据库的连接。

第四，在 Nova 数据库中创建相应的表。

第五，创建 Nova 用户并赋予角色权限。

第六，配置 Nova 服务的配置文件。

第七，创建 Endpoint 和 API 端点。

第八，启动 Nova 计算服务。

在计算节点，执行 iaas-install-nova-compute. sh 安装脚本，完成计算节点 Nova 服务的安装与配置，命令如下：

```
[root@ compute ~]# iaas-install-nova-compute. sh
```

执行完 iaas-install-nova-compute. sh 安装脚本，会完成下列任务：

第一，安装计算节点 Nova 服务相关组件。

第二，配置 Nova 计算服务的配置文件。

第三，启动 Nova 计算服务。

第四，添加 Compute 节点为 Nova 的计算节点。

（八）Neutron 服务安装

在控制节点，执行 iaas-install-neutron-controller. sh 安装脚本，完成控制节点 Neutron 服务的安装与配置，命令如下：

```
[root@ controller ~]# iaas-install-neutron-controller. sh
```

执行完 iaas-install-neutron-controller. sh 安装脚本，会完成下列任务：

第一，安装控制节点 Neutron 服务相关组件。

第二，创建 Neutron 数据库并配置相关权限。

第三，创建 Neutron 用户并赋予角色权限。

第四，创建 Endpoint 和 API 端点。

第五，配置 Neutron 控制节点服务的配置文件。

第六，创建 Neutron 数据库连接。

第七，启动 Neutron 服务与创建网桥。

在计算节点，执行 iaas-install-neutron-compute. sh 安装脚本，完成计算节点 Neutron 服务的安装与配置，命令如下：

```
[root@ compute ~]# iaas-install-neutron-compute. sh
```

执行完 iaas-install-neutron-compute. sh 安装脚本，会完成下列任务：

第一，安装计算节点 Neutron 服务相关组件。

第二，配置 Neutron 计算节点服务的配置文件。

第三，启动 Neutron 服务与创建网桥。

（九）Dashboard 服务安装

在控制节点，执行 iaas-install-dashboard. sh 安装脚本，完成 Dashboard 服务的安装与配置，命令如下：

```
[root@ controller ~]# iaas-install-dashboard. sh
```

执行完 iaas-install-dashboard. sh 安装脚本，会完成下列任务：

第一，安装 Dashboard 服务相关组件。

第二，修改 Dashboard 相关配置文件。

第三，启动 Dashboard 相关服务。

在安装完 Dashboard 服务后，可以通过网页访问云计算平台。打开浏览器，访问 http：//192. 168. 100. 10/dashboard，进入云计算平台登录界面，如图 2-50 所示。

图 2-50　云计算平台登录界面

其中，Domain 使用 demo、用户名使用 admin、密码使用 000000 进行登录，登录后如图 2-51 所示。

图 2-51　用户登录

（十）Cinder 服务安装

在控制节点，执行 iaas-install-cinder-controller. sh 服务安装脚本，完成控制节点

Cinder 服务的安装与配置，命令如下：

```
[root@ controller ~]# iaas-install-cinder-controller. sh
```

执行完 iaas-install-cinder-controller. sh 安装脚本，会完成下列任务：

第一，安装控制节点 Cinder 服务相关组件。

第二，创建 Cinder 数据库并配置相关权限。

第三，创建 Cinder 用户并赋予角色权限。

第四，创建 Endpoint 和 API 端点。

第五，配置 Cinder 控制节点服务的配置文件。

第六，导入 Cinder 数据库数据。

第七，启动 Cinder 服务。

在计算节点，执行 iaas-install-cinder-compute. sh 安装脚本，完成计算节点 Cinder 服务的安装与配置，命令如下：

```
[root@ compute ~]# iaas-install-cinder-compute. sh
```

执行完 iaas-install-cinder-compute. sh 安装脚本，会完成下列任务：

第一，安装计算节点 Cinder 服务相关组件。

第二，修改 Cinder 计算节点配置文件。

第三，启动 Cinder 服务。

（十一）Swift 服务安装

在控制节点，执行 iaas-install-swift-controller. sh 安装脚本，完成控制节点 Swift 服务的安装与配置，命令如下：

```
[root@ controller ~]# iaas-install-swift-controller. sh
```

执行完 iaas-install-swift-controller. sh 安装脚本，会完成下列任务：

第一，安装控制节点 Swift 服务相关组件。

第二，创建 Swift 用户并赋予角色权限。

第三，创建 Endpoint 和 API 端点。

第四，创建账号、容器与对象。

第五，启动 Swift 服务并调整 Swift 后端存储的权限。

在计算节点，执行 iaas-install-swift-compute. sh 安装脚本，完成计算节点 Swift 服务的安装与配置，命令如下：

```
[root@ compute ~]# iaas-install-swift-compute. sh
```

执行完 iaas-install-swift-compute. sh 安装脚本，会完成下列任务：

第一，安装计算节点 Swift 服务相关组件。

第二，配置 rsnyc 同步。

第三，配置账号、容器和对象。

第四，修改计算节点 Swift 配置文件。

第五，启动 Swift 服务并调整文件及存储的权限。

至此，云计算平台的基础服务均已安装完毕，此时云计算平台就可以正常使用了。

五、 OpenStack 云计算平台初始化

在安装完 OpenStack 云计算平台后，还需要修改一些必要的配置，才能使云计算平台正常使用，这些操作称为云计算平台的初始化。下面的案例介绍如何初始化和使用云计算平台。

（一）修改必要配置文件

在计算节点修改/etc/nova/nova. conf 配置文件，将 nova. conf 中的 virt_ type 一行从原来的 kvm 修改为 qemu（因为实验环境为虚拟机，需要将虚拟化类型由 kvm 改为 qemu，如果实验环境为物理服务器，则不需要修改该配置文件），并取消注释，修改之后，重启 Nova-compute 服务，命令如下：

```
[root@ compute ~]# systemctl restart openstack-nova-compute
```

（二）镜像上传

将提供的 cirros-0. 3. 4-x86_64-disk. img 镜像上传至控制节点的/root 目录下，并将该镜像上传到云计算平台中，命令如下：

```
[root@controller ~]# source /etc/keystone/admin-openrc. sh
[root @ controller ~ ] # glance image-create --namecirros --disk-format qcow2
--container-format bare --progress < cirros-0. 3. 4-x86_64-disk. img
[============================= >] 100%
```

上传之后的镜像名为 cirros，disk-format 使用 QCOW2 格式，container-format 使用 bare 格式，procress 为显示进度条。从返回信息可以发现镜像的状态为 active，代表上传镜像成功。还可以使用 OpenStack 的相关命令查询镜像的状态，命令如下：

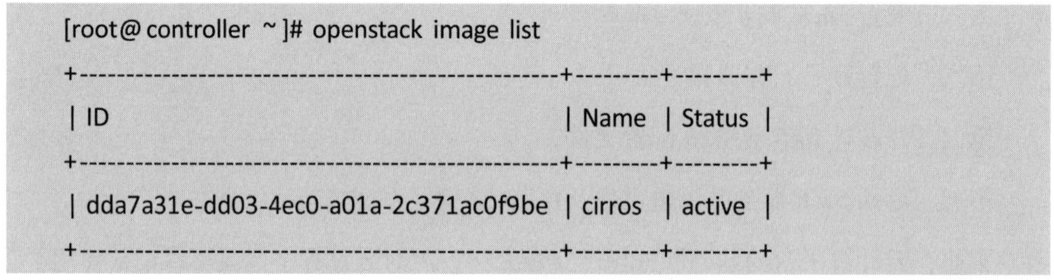

```
[root@controller ~]# openstack image list
+--------------------------------------------------+---------+---------+
| ID                                               | Name    | Status  |
+--------------------------------------------------+---------+---------+
| dda7a31e-dd03-4ec0-a01a-2c371ac0f9be             | cirros  | active  |
+--------------------------------------------------+---------+---------+
```

（三）创建网络

登录云计算平台的 Dashboard 界面，在左侧导航栏选择“管理员→网络→网络”菜单命令，进入创建网络界面，如图 2-52 所示。

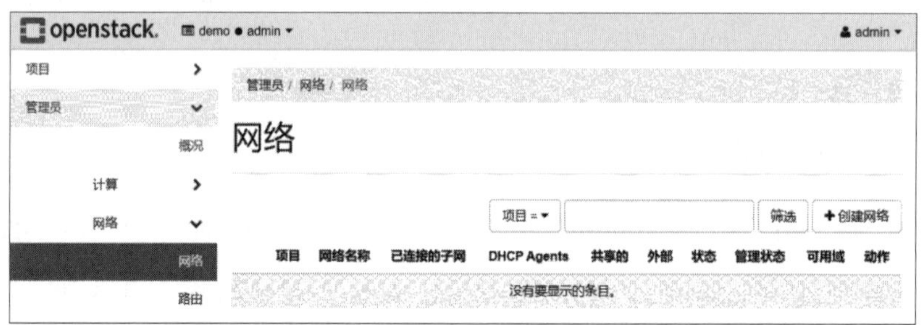

图 2-52 创建网络界面

在该界面，单击右侧“创建网络”按钮，进行网络的创建，在弹出页面填写如下信息，如图 2-53 所示。

信息填写完毕后，单击右下方“下一步”按钮，进入子网创建界面，如图 2-54 所示。

网络地址填写 NAT 网卡的网段，网关需要查看 VMWare 中 NAT 网络的网关，一般

创建网络

网络 * 子网 子网详情

名称

net-test

项目 *

admin

供应商网络类型 *

Flat

物理网络 *

provider

☑ 启用管理员状态

☐ 共享的

☐ 外部网络

☑ 创建子网

可用域提示

nova

创建一个新的网络。额外地，网络中的子网可以在向导的下一步中创建。

取消 « 返回 下一步 »

图 2-53　创建网络

创建网络

网络 * 子网 子网详情

子网名称

subnet-test

网络地址

192.168.200.0/24

IP版本

IPv4

网关IP

192.168.200.2

☐ 禁用网关

创建关联到这个网络的子网。您必须输入有效的"网络地址"和"网关IP"。如果您不输入"网关IP"，将默认使用该网络的第一个IP地址。如果您不想使用网关，请勾选"禁用网关"复选框。点击"子网详情"标签可进行高级配置。

取消 « 返回 下一步 »

图 2-54　创建子网

为 192.168.200.2。填写完毕后，单击右下角“下一步”按钮，进入子网详情配置界面，如图 2-55 所示。在该界面，可以配置子网的详情，包括分配地址池的范围、是否开启 DHCP 服务等，一般不用做任何修改，直接单击右下角“已创建”按钮完成网络的创建。

创建网络

网络 * 子网 子网详情

激活DHCP

为子网指定扩展属性

分配地址池

DNS服务器

主机路由

取消 « 返回 已创建

图 2-55 子网详情设置

创建完毕后，可以在界面上查看到创建的网络，如图 2-56 所示。

图 2-56 网络创建完成

（四）创建云主机类型

回到云计算平台首页，在左侧导航栏选择“管理员→计算→实例类型”菜单命令，进入创建实例类型界面，如图 2-57 所示。

在创建实例类型界面，单击界面右侧的“创建实例类型”按钮，进行实例类型创建，填写如下信息，如图 2-58 所示。

填写完信息之后，单击右下方“创建实例类型”按钮，创建云主机类型。创建完成之后，可以在界面上查看到创建的云主机类型，如图 2-59 所示。

openstack. demo ● admin ▾　　admin ▾

项目
管理员
概况
计算
虚拟机管理器
主机聚合
实例
实例类型
镜像

管理员 / 计算 / 实例类型

实例类型

筛选　　+ 创建实例类型

实例类型名称	VCPU数量	内存	根磁盘	临时磁盘	Swap磁盘	RX/TX 因子	ID	公有	元数据	动作
没有要显示的条目。										

图 2-57　创建实例类型界面

创建实例类型

实例类型信息 *　　实例类型使用权

名称 *
test

ID
auto

VCPU数量 *
1

内存 (MB) *
1024

根磁盘(GB) *
10

临时磁盘(GB)
0

Swap磁盘(MB)
0

RX/TX 因子
1

实例类型定义了RAM和磁盘的大小、CPU数，以及其他资源，用户在部署实例的时候可选用。

取消　　创建实例类型

图 2-58　创建实例类型

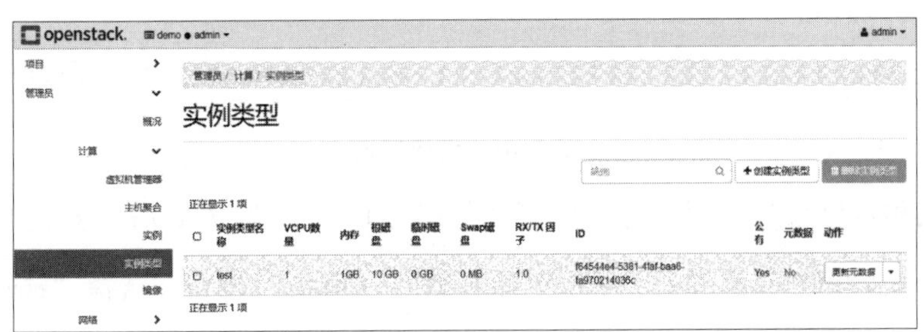

图 2-59　创建云主机类型

在上传完镜像、创建完网络、创建完云主机类型之后，接下来就可以创建云主机了。

（五）创建云主机

回到云计算平台首页，在左侧导航栏选择“项目→计算→实例”菜单命令，进入创建实例界面，如图 2-60 所示。

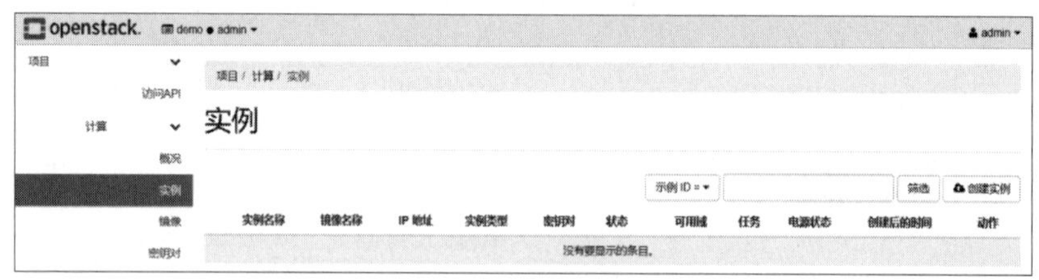

图 2-60　创建实例界面

单击界面右侧“创建实例”按钮，进行实例创建，在弹出的界面填写必要信息，如图 2-61 所示。

图 2-61　创建实例

实例名称可以自行填写，这里的实例名称为 test，填写完之后单击右下方“下一项”按钮，跳转至选择源界面，单击镜像右侧的“箭头”按钮，选择“cirros”镜像，如图 2-62 所示。

选择完镜像后，单击界面右下方的“下一项”按钮，跳转至选择实例类型界面，

图 2-62　选择源

在该界面，选择“test”实例右侧的“箭头”按钮，如图 2-63 所示。

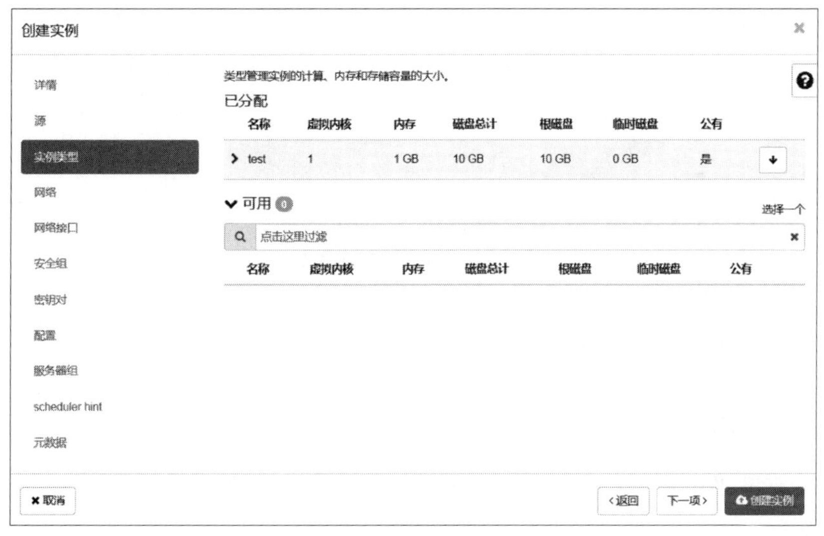

图 2-63　选择实例类型

选择完实例类型后，单击右下方“下一项”按钮，跳转至选择网络界面，因为目前只有一个网络，平台会默认选择该网络，如图 2-64 所示。

在所有信息都填写完毕后，单击右下角“创建实例”按钮，进行实例创建，如图 2-65 所示。

图 2-64　选择网络

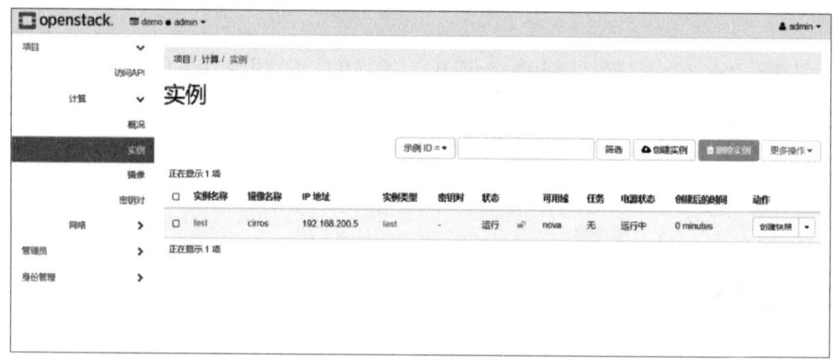

图 2-65　创建实例完成

在等待几秒钟之后，实例创建成功。

（六）安全组配置

回到云计算平台首页，在左侧导航栏选择“项目→网络→安全组”菜单命令，进入安全组管理规则设置界面，如图 2-66 所示。

单击“default”安全组右侧的“管理规则”按钮，进入安全组规则设置界面，如图 2-67 所示。

在该界面，单击右侧“添加规则”按钮，在弹出框中选择“所有 ICMP 协议”“所有 TCP 协议”“所有 UDP 协议”的入口和出口规则，添加完之后，如图 2-68、图 2-69 所示。

图 2-66　安全组管理规程设置界面

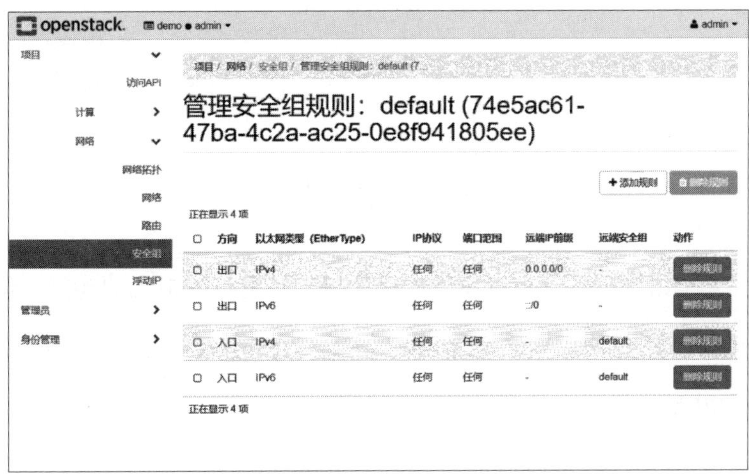

图 2-67　安全组规则设置界面

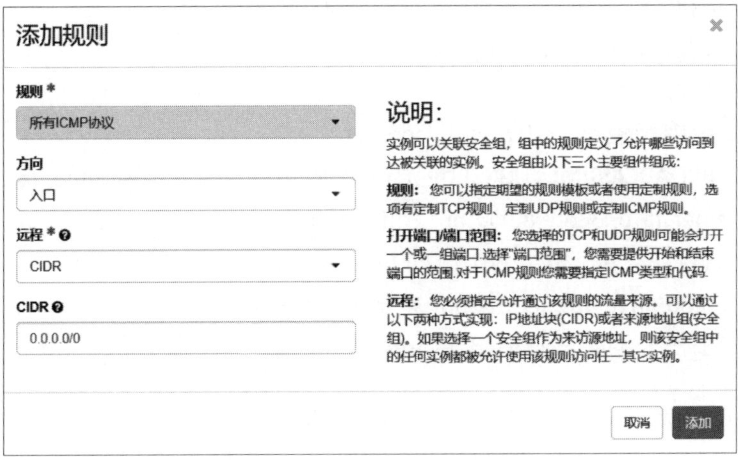

添加规则

规则 *

所有ICMP协议

方向

入口

远程 *

CIDR

CIDR

0.0.0.0/0

说明：

实例可以关联安全组，组中的规则定义了允许哪些访问到达被关联的实例。安全组由以下三个主要组件组成：

规则： 您可以指定期望的规则模板或者使用定制规则，选项有定制TCP规则、定制UDP规则或定制ICMP规则。

打开端口/端口范围： 您选择的TCP和UDP规则可能会打开一个或一组端口.选择"端口范围"，您需要提供开始和结束端口的范围.对于ICMP规则您需要指定ICMP类型和代码.

远程： 您必须指定允许通过该规则的流量来源。可以通过以下两种方式实现：IP地址块(CIDR)或者来源地址组(安全组)。如果选择一个安全组作为来访源地址，则该安全组中的任何实例都被允许使用该规则访问任一其它实例。

取消　添加

图 2-68　添加入口和出口规则

☐	方向	以太网类型（EtherType）	IP协议	端口范围	远端IP前缀	远端安全组	动作
☐	出口	IPv4	任何	任何	0.0.0.0/0	-	删除规则
☐	出口	IPv4	ICMP	任何	0.0.0.0/0	-	删除规则
☐	出口	IPv4	TCP	1 - 65535	0.0.0.0/0	-	删除规则
☐	出口	IPv4	UDP	1 - 65535	0.0.0.0/0	-	删除规则
☐	出口	IPv6	任何	任何	::/0	-	删除规则
☐	入口	IPv4	任何	任何	-	default	删除规则
☐	入口	IPv4	ICMP	任何	0.0.0.0/0	-	删除规则
☐	入口	IPv4	TCP	1 - 65535	0.0.0.0/0	-	删除规则
☐	入口	IPv4	UDP	1 - 65535	0.0.0.0/0	-	删除规则
☐	入口	IPv6	任何	任何	-	default	删除规则

正在显示 10 项

图 2-69　规则明细

在添加完安全组规则后，可以使用远程连接工具进行虚拟机的连接，使用的 cirros 镜像是测试镜像，登录的用户名为 cirros，密码为“cubswin：）”，使用工具连接后，查看虚拟机的 IP 地址，命令如下：

```
$ ip a
1: lo: <LOOPBACK,UP,LOWER_UP>mtu 16436 qdisc noqueue
    link/loopback 00:00:00:00:00:00 brd 00:00:00:00:00:00
    inet 127. 0. 0. 1/8 scope host lo
    inet6 ::1/128 scope host
      valid_lft forever preferred_lft forever
2: eth0: <BROADCAST,MULTICAST,UP,LOWER_UP>mtu 1500 qdisc pfifo_fast qlen 1000
    link/ether fa:16:3e:de:83:00 brd ff:ff:ff:ff:ff:ff
    inet 192. 168. 200. 5/24 brd 192. 168. 200. 255 scope global eth0
    inet6 fe80::f816:3eff:fede:8300/64 scope link
      valid_lft forever preferred_lft forever
```

该虚拟机为最小化测试镜像，许多基础命令不能使用，读者可以自行尝试操作。至此云计算平台的初始化与基本使用介绍完毕。

通过本节内容的学习，读者了解了 KVM 虚拟化技术、OpenStack 的几个主要组件，

掌握了 OpenStack 云计算平台的安装、配置、初始化与基本使用。云计算平台的功能不止创建云主机供他人使用，它还集成了其他有用的功能，例如对象存储、编排等，感兴趣的读者可以进行深入学习。

第四节　Kubernetes 云平台搭建与使用

考核知识点及能力要求：

- 了解容器云平台的使用场景。
- 了解容器云平台的优势。
- 掌握容器云平台的安装与使用。
- 能够搭建容器云平台并使用容器部署应用服务。

一、 Kubernetes 容器云平台介绍

不管是私有云还是容器云，都是为了运行业务，所有的平台都在发展。在未来，业务都会运行在云上，容器是走向 DevOps（Development 和 Operations 的组合）、Cloud Native（云原生）的标准工具，而 Kubernetes 的编排能力，让容器能够落地到业务应用中，目前 Docker、Mesos、OpenStack 以及很多公有云、私有云服务商，都在支持 Kubernetes，他们都加入了 CNCF（云原生计算基金会）。Kubernetes 是面向未来的架构，也是发展趋势。

（一）Kubernetes 简介

Kubernetes 这个单词来自希腊语，含义是舵手或领航员。K8s 是它的缩写，用

“8”字替代了“ubernete”这 8 个字符。Kubernetes 是一个可移植的、可扩展的开源平台，用于管理云平台中多个主机上的容器化应用，可以促进声明式配置和自动化。Kubernetes 拥有一个庞大且快速增长的生态系统，其目标是让部署容器化的应用简单且高效。Kubernetes 提供了应用部署、规划、更新、维护的一种机制。

Kubernetes 的一个核心特点就是能够自主地管理容器来保证云平台中的容器按照用户的期望状态运行（如果用户想让 Apache 一直运行，用户不需要关心怎么去做，Kubernetes 会自动去监控、重启和新建。总之，让 Apache 一直提供服务），管理员可以加载一个微型服务，让规划器来找到合适的位置，同时，Kubernetes 在系统提升工具以及人性化方面，让用户能够方便、快捷地部署自己的应用。

现在 Kubernetes 着重于不间断的服务状态（比如 Web 服务器或者缓存服务器）和原生云平台应用，在不久的将来会支持各种生产云平台中的各项服务，例如，分批、工作流以及传统数据库。

在 Kubernetes 中，不会直接对容器进行操作，而是把容器包装成 Pod 再进行管理，Pod 的翻译是豌豆荚，可以把容器想象成豆荚里的豆子，把一个或多个关系紧密的豆子包在一起就是豆荚（一个 Pod）。Pod 是运行服务的基础。

（二）Kubernetes 与 OpenStack 的区别

Kubernetes 面向应用层，改变的是业务架构，而 OpenStack 面向资源层，改变的是资源供给模式。

Kubernetes 是搭建容器集群和进行容器编排的主流开源项目，适合搭建 PaaS 平台。容器是 Kubernetes 管理的核心目标对象，Kubernetes 和容器的关系就好比 OpenStack 和虚拟机之间的关系。

OpenStack 被广泛认为是最佳的 IaaS 解决方案，其中物理资源池（如 CPU、内存、网络和存储）在不同用户之间分配和共享。它使用传统的基于硬件的虚拟化实现用户之间的隔离。

IaaS 产品输出的是基础设施。其创建后，支持和管理基础设施的服务并不多。在一定程度上，OpenStack 建立的底层基础架构（如服务器和 IP 地址）成为管理工作的

重中之重。一个众所周知的结果是虚拟机的无序蔓延，而同样的情况也出现于网络、加密密钥和存储卷方面。这样，开发人员建立和维护应用程序的时间就更少了。

Kubernetes 像其他基于集群的解决方案一样，以单个服务器级别的方式运行，以实现水平缩放。它可以轻松添加新的服务器，并立即在新硬件上安排工作。类似地，当服务器没有被有效利用或者需要维护时，可以从集群中删除服务器。Kubernetes 可以自动处理其他任务的编排活动，如工作调度、健康监测和维护高可用性。

（三）Kubernetes 优势

Kubernetes 被称为容器调度平台，所以其拥有容器的天然优势。容器具有被放宽的隔离属性，可以在应用程序之间共享操作系统（OS），轻量级并且具有自己的文件系统、CPU、内存、进程空间等，同时由于与基础架构分离，因此可以跨云和 OS 发行版本进行移植。简单总结容器的优势有以下六个方面：

1. 跨平台

使用 Kubernetes 平台，部署任何应用都会显得非常简单。只要应用可以打包进容器，Kubernetes 就一定能启动它。不管什么语言什么框架写的应用（Java、Python、Node. js），不管是物理服务器、虚拟机、云环境，Kubernetes 都可以启动它。

2. 无缝迁移

如果用户有换云环境的需求，例如从 OpenStack 到 AWS，使用 Kubernetes 的话，用户就不用担心会出现任何问题。Kubernetes 完全兼容各种云服务提供商，例如 Google Cloud、Amazon、Microsoft Azure，还可以工作在 CloudStack、OpenStack、oVirt、Photon、VSphere 等环境。

3. 高效地利用资源

Kubernetes 如果发现有节点工作不饱和，便会重新分配 Pod，帮助用户节省开销，高效地利用内存、处理器等资源。如果一个节点宕机了，Kubernetes 会在其他节点上自动重新创建并运行宕机节点上的 Pod。

4. 自动缩放能力

Kubernetes 拥有网络、负载均衡、复制等特性。Kubernetes 中的 Pod 是无状态运行的，任何时候有 Pod 宕掉了，立即会有其他 Pod 接替它的工作，用户完全感觉不到。如果用户量突然暴增，现有的 Pod 规模不足了，Kubernetes 就会自动创建出一批新的 Pod，以适应当前的需求。反之亦然，当负载降下来的时候，Kubernetes 也会自动缩减 Pod 的数量。

5. 使 CI/CD（持续集成/持续交付）更加简单

用户不必精通于 Chef 和 Ansible 这类工具，只需要对 CI 服务写个简单的脚本然后运行它，就会使用脚本代码创建一个新的 Pod，并部署到 Kubernetes 集群里面。应用打包在容器中使其可以安全地运行在任何地方，例如 PC 物理机或者一个云服务器，使得测试极其简单。

6. 可靠性

Kubernetes 如此流行的一个重要原因是：应用会一直顺利运行，不会被 Pod 或者节点的故障所中断。如果出现故障，Kubernetes 会创建必要数量的应用镜像，并分配到健康的 Pod 或者节点中，直到系统恢复，而且用户不会感到任何不适。一个容器化的基础设施是有自愈能力的，可以提供应用程序的不间断操作，即使一部分基础设施出现故障。

二、 Kubernetes 容器云平台安装

一个 Kubernetes 系统，通常称为一个 Kubernetes 集群（Cluster），这个集群主要包括两个部分：一个 Master 节点（主节点）和一群 Node 节点（计算节点）。Master 节点主要负责管理和控制。Node 节点是工作负载节点，里面是具体的容器。下面从 Kubernetes 的部署架构、部署流程、部署方法介绍 Kubernetes 集群的安装。

（一）部署架构

Kubernetes 集群中有管理节点（Master）与工作节点（Node）两种类型，部署架构如图 2-70 所示。

从图 2-70 可以看到，一般部署 Kubernetes 集群会部署一个 Master 节点和若干个 Node 节点，Master 节点主要负责 Kubernetes 集群管理、集群中各节点间的信息交互、

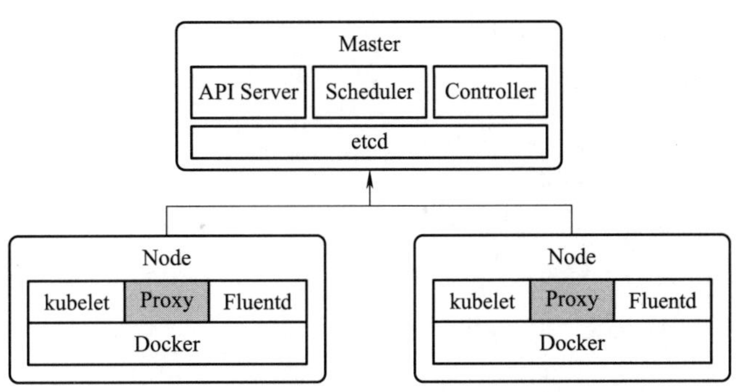

图 2-70　Kubernetes 部署架构

任务调度，还负责容器、Pod、NameSpaces、PV 等生命周期的管理。Node 节点主要为容器和 Pod 提供计算资源，Pod 及容器全部运行在 Node 节点上，Node 节点通过 kubelet 服务与管理节点通信以管理容器的生命周期，并与集群其他节点进行通信。

（二）环境准备

可以直接使用物理服务器或者虚拟机进行 Kubernetes 集群的部署，考虑到环境准备的便捷性，使用 VMWare Workstation 进行实验。考虑到 PC 机的配置，使用单节点安装 Kubernetes 服务，即将 Master 节点和 Node 节点安装在一个节点上（此时 Master 节点既是 Master 也是 Node），其节点规划见表 2-2。

表 2-2　　节点规划

节点角色	主机名	内存（GB）	硬盘（GB）	IP 地址
Master/Node	master	12	100	192. 168. 200. 19

此次安装 Kubernetes 服务的系统为 CentOS7. 5-1804；Docker 版本为 docker-ce-19. 03. 13；Kubernetes 版本为 1. 18. 1。

（三）安装 Docker 并部署 Harbor

1. 基础设置

使用远程连接工具 SSH 到 192. 168. 200. 19 节点，修改主机名为 master，并关闭该节点的 SELinux 和防火墙服务，关于如何修改主机名和关闭 SELinux 和防火墙服务，此处不再赘述。修改完之后，查看修改结果，命令如下：

```
[root@ master ~]# hostnamectl
    Static hostname: master
... ...
         Architecture: x86- 64
[root@ master ~]# getenforce
Disabled
[root@ master ~]# systemctl status firewalld
... ...
    Active: inactive (dead)
       Docs: man:firewalld(1)
... ...
```

可以看到 SELinux 处于 Disable 状态，防火墙也是 inactive。

2. 删除防火墙规则

将 Master 节点的 iptables 规则清除，命令如下：

```
[root@ master ~]# iptables -F
[root@ master ~]# iptables -X
[root@ master ~]# iptables -Z
[root@ master ~]# /usr/sbin/iptables-save
```

3. 配置 Yum 源

将提供的 CentOS-7-x86_64-DVD-1804. iso 和 PaaS-Kubernetes-x86-64. iso 镜像文件上传至 Master 节点的/root 目录下，把 CentOS-7-x86_64-DVD-1804. iso 挂载到/opt/centos 目录下，将 PaaS-Kubernetes-x86-64. iso 挂载到/mnt 下，并将/mnt 目录下的所有文件及软件包复制至/opt 目录下，做完上述操作后，创建本地 Yum 源文件 local. repo，文件内容如下所示：

```
[root@ master ~]# cat /etc/yum. repos. d/local. repo
[k8s]
name = k8s
baseurl = file:///opt/kubernetes-repo
gpgcheck = 0
enabled = 1
[centos]
```

```
name = centos
baseurl = file:///opt/centos
gpgcheck = 0
enabled = 1
```

4. 安装 Docker 及 Harbor

进入/opt 目录，安装 Docker 服务和 Harbor 镜像仓库的操作均已整理成脚本 k8s_harbor_install. sh，在 Master 节点执行脚本 k8s_harbor_install. sh 即可完成 Docker 与 Harbor 仓库的搭建，命令如下：

```
[root@ master opt]# . /k8s_harbor_install. sh
```

等待一段时间以后，Docker 服务与 Harbor 仓库安装完毕，登录 http://192. 168. 200. 19 访问 Harbor 仓库界面（登录用户为 admin，密码为 Harbor12345），如图 2-71 所示。

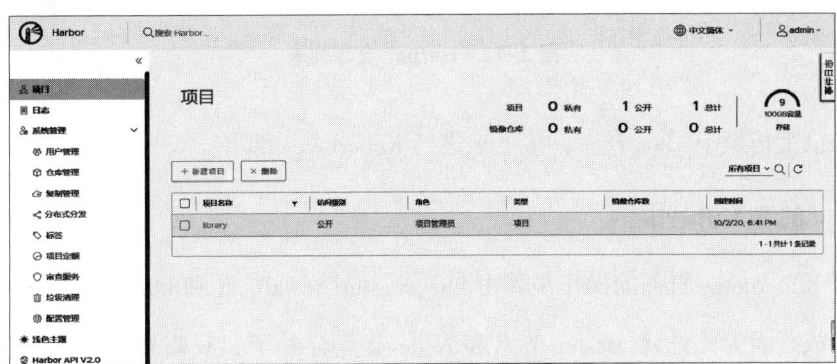

图 2-71　Harbor 仓库界面

至此，Docker 环境与 Harbor 镜像仓库安装完毕，接下来需要将部署 Kubernetes 用到的镜像上传至 Harbor 镜像仓库中。

（四）上传镜像

上传镜像的操作也整理成了脚本 k8s_image_push. sh，执行该脚本，上传镜像，命令如下：

```
[root@ master opt]# . /k8s_image_push. sh
```

```
输入镜像仓库地址(不加 http/https): 192. 168. 200. 19
输入镜像仓库用户名: admin
输入镜像仓库用户密码: Harbor12345
您设置的仓库地址为: 192. 168. 200. 19,用户名: admin,密码: xxx
是否确认(Y/N): Y
```

进入 Harbor 仓库 library 项目查看镜像列表，如图 2-72 所示。

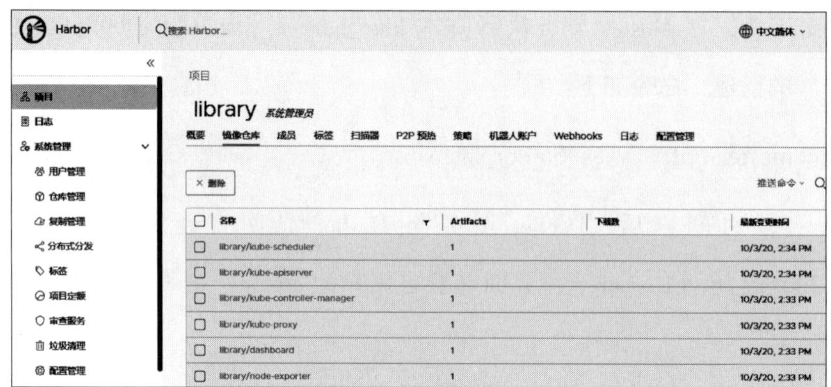

图 2-72　Harbor 仓库列表

镜像已上传至 Harbor 仓库，接下来进行 Kubernetes 部署。

(五) 部署 Kubernetes

部署 Kubernetes 服务的操作步骤由 k8s_ master_ install. sh 和 k8s_ node_ install. sh 两个脚本组成。因为此处将 Master 节点和 Node 节点合并了，只需要执行 k8s_ master_ install. sh 一个脚本，命令如下：

```
[root@ master opt]# . /k8s_master_install. sh
```

等待一段时间后，Kubernetes 安装完毕。在平时的工作中，出于安全考虑，默认配置下 Kubernetes 不会将 Pod 调度到 Master 节点上，但此时因为资源的管理，将 Master 和 Node 两个节点都安装在了一起，所以需要在 Master 节点执行删除污点操作，这样 Master 节点也能当做 Node 节点使用了。删除污点操作命令如下（该命令已写在安装脚本中，此处只做介绍，可以不用执行）：

```
# kubectl taint node master node-role. kubernetes. io/master-
```

在 Master 节点，查看节点的状态，命令如下：

```
[root@master opt]# kubectl get nodes
NAME      STATUS    ROLES     AGE    VERSION
master    Ready     master    98d    v1. 18. 1
```

至此，Kubernetes 服务安装完毕，接下来将介绍 Kubernetes 常用的命令。

三、 Kubernetes 容器云平台使用

在安装完成的 Kubernetes 平台上，通过 Kubernetes 常用命令和模块的使用来学习 Kubernetes 中的几个重要概念，如 Deployment、Namespace、Pod、ReplicaSet、Service 等。

（一）常用命令体验

获取 Kubernetes 集群下 Namespace 的信息，命令如下：

```
[root@master ~]# kubectl get namespace
NAME               STATUS   AGE
default            Active   102d
kube-node-lease    Active   102d
kube-public        Active   102d
kube-system        Active   102d
```

“kubectl get namespace” 命令等同于 “kubectl get ns” 命令。查看命名空间下的所有信息，命令如下：

```
[root@master ~]# kubectl get all
NAME                 TYPE        CLUSTER-IP    EXTERNAL-IP   PORT(S)   AGE
service/kubernetes   ClusterIP   10. 96. 0. 1  <none>        443/TCP   102d
```

“kubectl get all” 命令等同于 “kubectl get pod, svc, deployment, rs”。all 包括所有 “pod, svc, deployment, rs”。因为在默认的 Namespace 下没有其他的 Pod、Deployment 和 rs，所以就只显示了 Service。

可以查看某个 Namespace 中的所有信息，比如查看 kube-system 下所有的信息，命令如下：

```
[root@ master ~]# kubectl get all -n kube-system
NAME                                    READY   STATUS    RESTARTS   AGE
pod/coredns-666749ccb9-bw9m4            1/1     Running   2          102d
pod/coredns-666749ccb9-rvxjg            1/1     Running   2          102d
pod/etcd-master                         1/1     Running   2          102d
pod/kube-apiserver-master               1/1     Running   2          102d
pod/kube-controller-manager-master      1/1     Running   3          102d
pod/kube-flannel-ds-zzsdx               1/1     Running   3          102d
pod/kube-proxy-8dbbb                    1/1     Running   2          102d
pod/kube-scheduler-master               1/1     Running   3          102d
... ...
```

查看某项资源，比如查看 Pod，命令如下：

```
[root@ master ~]# kubectl get pods
No resources found in default namespace.
```

可以发现当前的 default 这个 Namespace 下没有 Pod，查看该命名空间 kube-system 下的 Pod，命令如下：

```
[root@ master ~]# kubectl get pods -n kube-system
NAME                                READY   STATUS    RESTARTS   AGE
coredns-666749ccb9-bw9m4            1/1     Running   2          102d
coredns-666749ccb9-rvxjg            1/1     Running   2          102d
etcd-master                         1/1     Running   2          102d
kube-apiserver-master               1/1     Running   2          102d
kube-controller-manager-master      1/1     Running   3          102d
kube-flannel-ds-zzsdx               1/1     Running   3          102d
kube-proxy-8dbbb                    1/1     Running   2          102d
kube-scheduler-master               1/1     Running   3          102d
```

还可以在命令后面加上“-o wide”查看更多的信息。

常用创建资源的命令，命令如下：

```
# kubectl create -f /path/to/deployment. yaml //通过文件创建一个 Deployment
# kubectl apply -f /path/to/deployment. yaml //现在一般更常用这条命令来创建资源
# kubectl run nginx_app --image=nginx:1. 9. 1 --replicas=3    //用 kubectl 命令直接创建
```

关于 Kubernetes 中常用的命令就介绍到这里，接下来通过几个小案例更深入地学习 Kubernetes 高级命令、特性、作用与功能。

（二）Kubernetes 部署应用

下面通过一个简单的应用部署案例，介绍 Kubernetes 常用模块及其使用方法、模块的依赖关系、工作流程与配置。

1. Kubernetes 模块

一旦运行了 Kubernetes 集群，就可以在其上部署容器化的应用程序了。为此，需要创建 Kubernetes Deployment 配置。Deployment 指挥 Kubernetes 如何创建和更新应用程序的实例。创建 Deployment 后，Kubernetes Master 将应用程序实例调度到集群中的各个节点上。

在 Kubernetes 中不会直接对容器进行操作，Pod 是 Kubernetes 应用程序的基本执行单元，是最小并且最简单的 Kubernetes 对象，这个简单的对象其实就能够独立启动一个后端进程并在集群的内部为调用方提供服务，即 Pod 表示在集群上运行的进程。除了要了解 Pod，还需要掌握 ReplicaSet、Deployment、Service 的概念。Pod、ReplicaSet、Deployment、Service 之间的关系，如图 2-73 所示。

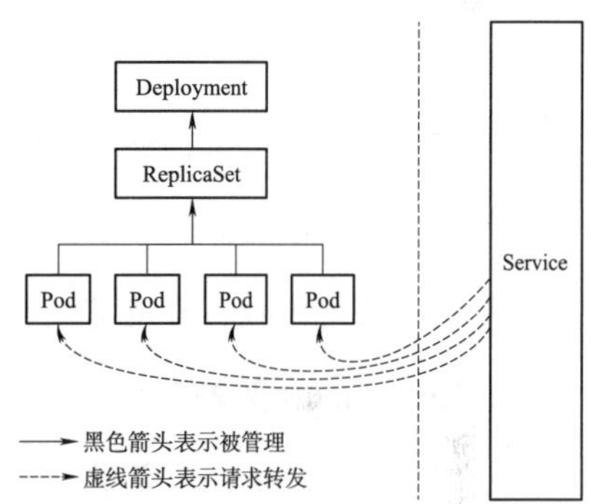

图 2-73 Kubernetes 常用概念关系

（1）Pod。Pod 是一个或多个容器的组合，这些容器共享存储、网络和命名空间，以及运行规范。

（2）ReplicaSet。在介绍 ReplicaSet 之前，先看 Replication Controller。Replication Controller 的作用是确保 Pod 以指定的副本个数运行。ReplicaSet 是 Replication Controller 的升级版。ReplicaSet 和 Replication Controller 之间的唯一区别是对 Selector（选择器）的不同支持。Replication Controller 只支持基于等式的 Selector，但 ReplicaSet 还支持新的、基于集合的 Selector。

在 Yaml 文件中通过 spec. replicas 声明 Pod 的副本数。

（3）Deployment。Deployment 用于管理 Pod、ReplicaSet，可实现滚动升级和回滚应用、扩容和缩容。

（4）Service。ReplicaSet 定义了 Pod 的数量是 2，当一个 Pod 由于某种原因停止了，ReplicaSet 会新建一个 Pod，以确保运行中的 Pod 数量始终是 2。但每个 Pod 都有自己的 IP，前端请求不知道这个新 Pod 的 IP 是什么，那前端的请求如何发送到新 Pod 中呢？

答案是使用 Service，Kubernetes 的 Service 定义了一个服务的访问入口地址，前端的应用通过这个入口地址访问其背后的一组由 Pod 副本组成的集群实例，来自外部的访问请求被负载均衡到后端的各个容器应用上。Service 与其后端 Pod 副本集群之间则是通过 Label Selector 实现关联。

通俗地讲就是前端请求不是直接发送给 Pod，而是发送到 Service，Service 再将请求转发给 Pod。

总结：Pod 被 ReplicaSet 管理，ReplicaSet 控制 Pod 的数量；ReplicaSet 被 Deployment 管理，Deployment 控制 Pod 应用的升级、回滚，当然也能控制 Pod 的数量。Service 提供一个统一固定入口，负责将前端请求转发给 Pod。

2. Kubernetes 部署应用

使用 Kubernetes 命令部署一个 Nginx 应用，命令如下：

```
[root@ master ~]# kubectl run nginx --image=192. 168. 200. 19/library/nginx:latest
pod/nginx created
```

在之前的版本，使用“kubectl run”命令，系统会先创建一个 Deployment，然后再由控制器去创建 Nginx 的 Pod，但是在新版本中，使用“kubectl run”命令，只会单独创建一个 Pod，并不会创建 Deployment。

查看 Nginx 的 Pod 和查看 Deployment，命令如下：

```
[root@ master ~]# kubectl get pods
NAME     READY    STATUS     RESTARTS    AGE
nginx    1/1      Running    0           14s
[root@ master ~]# kubectl get deployment
No resources found in default namespace.
```

除了 Pod 被创建之外，Deployment 并没有被创建。如果要访问 Nginx 服务，只能宿主机进行访问，外部访问不到 Nginx 服务。

查看 Pod 的 IP 地址，命令如下：

```
[root@master ~]# kubectl get pods -o wide
NAME    READY STATUS    RESTARTS AGE   IP              NODE    NOMINATED NODE
     READINESS GATES
nginx   1/1     Running  0          12m   10. 224. 0. 34  master  <none>
     <none>
```

通过“kubectl get pods -o wide”命令获取 Pod 的 IP 是一个虚拟的 IP 地址，外部是访问不到的，在 Master 节点，使用 curl 命令查看 Pod 地址，命令如下：

```
[root@master ~]# curl http://10. 244. 0. 34
<! DOCTYPE html>
... ...
<h1>Welcome tonginx! </h1>
... ...
</html>
```

部署的 Nginx 应用只能在内部访问，那么怎样才能实现外部访问呢？Service 是 Kubernetes 中用于服务发现的，下面将介绍使用 Deployment 和 Service 部署应用与服务发现。

3. 使用 Deployment 部署应用

使用 Deployment 的方式部署 Nginx 应用，使用命令如下：

```
    [root@master ~]# kubectl create deployment nginx--image=192. 168. 200. 19/library/
nginx:latest
    deployment. apps/nginx created
```

通过返回信息可知，可以看到一个名叫 nginx 的 Deployment 被创建。

查看 Deployment 列表，命令如下：

```
[root@master ~]# kubectl get deployment
NAME      READY    UP-TO-DATE    AVAILABLE     AGE
nginx     1/1      1             1             35s
```

查看 Pod，命令如下：

```
[root@ master ~]# kubectl get pods
NAME                      READY   STATUS    RESTARTS   AGE
nginx                     1/1     Running   0          42m
nginx-86d8d488f6-pkmcb    1/1     Running   0          81s
```

通过返回信息可知，创建 Deployment 会自动创建一个 Pod。这时，Nginx 应用也只能内部访问，不能通过外网访问。还需要做 Service 发现或者叫端口开放，才能进行外网访问。

设置 Nginx 应用端口开放，命令如下：

```
[root@ master ~]# kubectl expose deployment nginx --port=80 --type=NodePort
service/nginx exposed
```

查看 Service，命令如下：

```
[root@ master ~]# kubectl get svc
NAME         TYPE        CLUSTER-IP     EXTERNAL-IP   PORT(S)          AGE
kubernetes   ClusterIP   10.96.0.1      <none>        443/TCP          99d
nginx        NodePort    10.99.28.34    <none>        80:30209/TCP     3s
```

可以看到 Nginx 的 80 端口被映射到 30209 端口，这个时候，就可以从外部访问 Nginx 应用了。使用计算机的浏览器访问 http://192.168.200.19:30209，如图 2-74 所示。

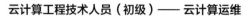

Welcome to nginx!

If you see this page, the nginx web server is successfully installed and working. Further configuration is required.

For online documentation and support please refer to nginx.org.
Commercial support is available at nginx.com.

Thank you for using nginx.

图 2-74　Nginx 首页

这个案例中，使用 Deployment 管理 Pod，使用 Service 用户服务发现，没有使用 ReplicaSet 控制器定义副本的数量。在实际的工作中，不会通过执行命令来部署应用，

一般会在 Kubernetes 中编写 Yaml 模板文件编排部署应用，下面尝试使用 Yaml 文件编排部署应用。

4. 使用 Yaml 模板部署应用

使用 Yaml 文件来部署 Nginx 服务，要求使用 Deployment 管理 Pod，使用 ReplicaSet 控制器定义副本的数量为 2。

首先创建 Yaml 文件，命令如下：

```
[root@ master ~]# vi nginx-deployment. yaml
```

其中，nginx-deployment. yaml 文件内容如下所示：

```
# API 版本号
apiVersion: apps/v1
# 类型,如:Pod/ReplicationController/Deployment/Service/Ingress
kind: Deployment
metadata:
  # Kind 的名称
  name:nginx-app
spec:
  selector:
    matchLabels:
      # 容器标签的名字,发布 Service 时,Selector 需要与之对应
      app:nginx
  # 部署的实例数量
  replicas: 2
  template:
    metadata:
      labels:
        app:nginx
    spec:
      # 配置容器,数组类型,说明可以配置多个容器
      containers:
      # 容器名称
      - name:nginx
        # 容器镜像
```

```
        image: 192.168.200.19/library/nginx:latest
        # 只有镜像不存在时，才会进行镜像拉取
        imagePullPolicy: IfNotPresent
        ports:
        # Pod 端口
        - containerPort: 80
```

执行 nginx-deployment. yaml 文件，命令如下：

```
[root@master ~]# kubectl apply -f nginx-deployment.yaml
deployment.apps/nginx-app created
```

查看运行的 Pod，命令如下（此处已将上面案例中创建的 Pod 和 Deployment 删除）：

```
[root@master ~]# kubectl get pods
NAME                          READY   STATUS    RESTARTS   AGE
nginx-app-7bd9c4cb95-dkw8r    1/1     Running   0          48s
nginx-app-7bd9c4cb95-dl5b7    1/1     Running   0          48s
```

查看运行的 Deployment，命令如下：

```
[root@master ~]# kubectl get deployment
NAME        READY   UP-TO-DATE   AVAILABLE   AGE
nginx-app   2/2     2            2           2m25s
```

可以看到当前 Pod 中显示 2 个正在运行的 Pod，Deployment 中的 Nginx 数量也是 2/2。这里只是使用了 Deployment 管理 Pod，使用 ReplicaSet 控制器设置了副本的数量为 2，此时依然不能通过外部网络访问 Nginx 应用，还需要做 Service 发现。

创建 Service 的 Yaml 文件，命令如下：

```
[root@master ~]# vi nginx-service.yaml
```

编辑 nginx-service. yaml 文件的内容及命令如下：

```
[root@master ~]# catnginx-service.yaml
apiVersion: v1
# 类型，如：Pod/ReplicationController/Deployment/Service/Ingress
kind: Service
metadata:
  # Kind 的名称
```

```
    name:nginx-service
spec:
    selector:
        app:nginx
    ports:
    - port: 80
        protocol: TCP
        targetPort: 80
    type:NodePort
```

执行 nginx-service. yaml 文件，命令如下：

```
[root@ master ~]# kubectl apply -f nginx-service. yaml
service/nginx-service created
```

查看创建的 Service，命令如下：

```
[root@ master ~]# kubectl get svc
NAME            TYPE        CLUSTER-IP       EXTERNAL-IP   PORT(S)        AGE
kubernetes      ClusterIP   10. 96. 0. 1     <none>        443/TCP        101d
nginx-service   NodePort    10. 102. 105. 232 <none>       80:31526/TCP 19s
```

此时，Nginx 的 80 端口被映射到 31526 端口，通过宿主机的浏览器访问 http://宿主机 IP: 30209，如图 2-74 所示。

模拟其中一个 Nginx 服务挂掉，查看是否会影响服务正常运行。

首先查看 Pods，命令如下：

```
[root@ master ~]# kubectl get pods
NAME                           READY   STATUS    RESTARTS   AGE
nginx-app-7bd9c4cb95-dkw8r     1/1     Running   0          15m
nginx-app-7bd9c4cb95-dl5b7     1/1     Running   0          15m
```

当前存在两个 Pod，删除启动一个 Pod，命令如下：

```
[root@ master ~]# kubectl delete pods nginx-app-7bd9c4cb95-dkw8r
pod "nginx-app-7bd9c4cb95-dkw8r" deleted
```

删除完之后，通过网页查看 Nginx 服务的首页，发现服务不受影响，继续查看 Pod 数量，命令如下：

```
[root@master ~]# kubectl get pods
NAME                           READY   STATUS    RESTARTS   AGE
nginx-app-7bd9c4cb95-dl5b7     1/1     Running   0          15m
nginx-app-7bd9c4cb95-zsw4n     1/1     Running   0          4s
```

可以看到 Pod 的数量是 2，因为在启动应用时，使用了 ReplicaSet 控制器，定义了副本数量为 2。如果有一个 Nginx 服务挂掉，会自动切换 Pod，而且后台也会重新生成新的 Pod，保证副本数一直是 2。

通过这个实验案例，相信读者了解了 Kubernetes 相关知识，掌握了 Kubernetes 容器云平台的安装和使用，掌握了 Pod、Deployment、ReplicaSet、Service 的日常应用，能使用 Yaml 模板部署常见应用。

思考题

1. 一个阵列卡是否可以创建两个或两个以上的磁盘阵列？如果可以创建两个磁盘阵列，是否可以在这两个磁盘阵列上都安装操作系统呢？

2. 根据云计算平台搭建提供的脚本，自行修改完成一键部署脚本。

3. 尝试使用不同的网络模式创建云主机，不同的网络模式与交换机配置是否有关？

4. 云计算平台中的 KVM 和 QEMU 参数有什么区别？为什么使用虚拟机搭建的云计算平台要使用 QEMU 参数？

5. Kubernetes 平台安装在 OpenStack 平台上与直接安装在物理机上各有什么优劣？

6. Kubernetes 平台能直接取代 OpenStack 平台吗？阐述这两个平台各自的优点与缺点。

第三章　机房管理

机房管理是云计算数据中心运维的一个重要环节。机房管理的工作内容包括日常硬件设备的巡检、软件与网络系统的检查、建立数据中心机房的台账机制。云计算数据中心的机房管理是保证数据中心稳定运行的基石，建立完善的机房管理制度能大大减轻数据中心运维的人力与物力压力。掌握机房管理方法是云计算工程技术人员必须具备的能力。

- **职业功能**：云计算平台搭建（机房管理）。
- **工作内容**：对机房进行日常巡检管理，定期检查网络设备、服务器等硬件的状态，填写机房环境巡查情况登记表。
- **专业能力要求**：能够根据机房管理要求，定期检查网络、电力、空调、消防、安防等硬件设备的运行状态；能够根据机房巡检要求，定期查看服务器运行状态，包括内存、硬盘、CPU、网络等系统资源状态；能够根据网络管理需求，定期查看网络运行状态；能够根据机房管理要求，填写机房环境巡查情况登记表。
- **相关知识要求**：熟悉机房管理知识和运行机制；掌握服务器运行参数知识；掌握网络运行参数知识。

第一节　硬件设备与系统检查

考核知识点及能力要求：

- 了解机房的硬件与设备组成。
- 了解机房硬件设备的正常运行状态。
- 掌握机房硬件设备检查的要点。
- 掌握机房服务器、网络等设备检查的方法。
- 能对机房设备进行日常巡检，确保机房设备的正常运行。

一、数据中心机房

数据中心是全球协作的特定设备网络，用来在 Internet 网络基础设施上传递、加速、展示、计算、存储数据信息。一般数据中心由中心机房、供电系统、防雷系统、空调系统、照明系统等组成，数据中心的正常运行需要各个系统的通力合作。数据中心的各子系统介绍如下。

（一）中心机房

中心机房由主机房和辅助房间组成。主机房放置各类服务器、主要网络设备、网络配线架（机柜）等。辅助房间配备包括 UPS 电源间、专用空调控制室、灭火钢瓶间、监控室、信息管理人员办公室和维修室。主机房必须是专用房间，辅助房间可根据实际情况适当合并。

（二）供电系统

数据中心机房为保证服务器、网络设备及辅助设备安全稳定运行，计算机供电系统必须达到一类供电标准（共四类供电标准），即必须建立 UPS 不间断供电系统。信息系统设备的供电系统必须与动力、照明系统分开。

（三）接地、防雷系统

机房内各个系统都有独自的接地要求，按功能分有交流地、安全保护地、静电地、屏蔽地、直流地、防雷地等。中心机房的接地系统必须安装室外的独立接地体；直流地、防静电地采用独立接地；交流工作地、安全保护地采用电力系统接地；不得共用接地线缆，所有机柜必须接地。

（四）空调系统

通过该系统保持机房内相对稳定的温度和湿度，使机房内的各类设备保持良好的运行环境，确保系统可靠、稳定运行。中心机房必须采用专业空调，备份用的机房可以采用民用空调。

（五）照明系统

保持机房内良好的光线照度，方便机房管理员管理维护。机房必须有应急照明系统，由专线或者电池供电，应急照明灯具的完好率应保证达到 100%。

（六）消防系统

机房物理环境中房屋的结构、材料、配置设施必须满足保温、隔热、防火等要求。机房要有温感、烟感报警器等装置和消防设备，要有防水害措施，确保机房安全运行。

（七）安防系统

机房安防系统由实时监视摄像系统和其他安全设施组成，全方位监控机房总体运行状况。

（八）网络系统

机房的综合布线是开放式结构，能够满足所支持的数据系统的传输速率要求。有主干线路或者新建综合布线系统的机房，主干线路要有冗余。

二、硬件设备巡检要求

数据中心的正常运行离不开机房运维工作人员的日常巡检，机房中任何一个小问题都可能导致数据中心的瘫痪，所以数据中心的日常巡检尤为重要。机房日常巡检内容和巡检要求如下。

（一）供配电系统巡检

供配电系统是指通过电源由多种配电设备（或元件）和配电设施所组成的直接向终端用户分配电能的一个电力网络系统。它是对低压配电柜、UPS 系统等的统称。

1. 供配电系统日常巡检内容

第一，检查卫生环境、洁净度，注意有无异味、异常声响等。

第二，查看各个开关的仪表，确保显示正常。

第三，查看各个开关状态，确认无误。

第四，检查各个开关有无异常声响、变形。

第五，检查 UPS 运行状态，记录各种运行数据，包括电压、电流、频率、功率、带载率等。

第六，观察 UPS 风扇有无异响，运行是否正常。

第七，观察 UPS 主机内部有无异响、震动。

第八，观察 UPS 输入、输出柜各进出线开关状态。

第九，观察电池外观有无明显鼓胀、渗液或者开裂。

2. 巡检注意事项

第一，巡检时必须严格遵守各项安全运行工作制度。

第二，巡检时应禁止戴手表、手链等金属物件。

第三，巡检时应携带对讲设备以保持通信畅通。

第四，巡检应两人进行，巡检完成后应向机房运维岗位负责人汇报巡检情况。

第五，巡检时必须严格执行门禁管理方面的规定，只能在授权区域内进行巡检。

第六，在巡检中发现设施或者设备工作异常时，应立即向机房运维岗位负责人汇报并按照机房运维岗位负责人的安排进行处理，协助机房运维岗位负责人或相关人员填写相关报告。

（二）空调系统巡检

机房精密空调是针对现代电子设备机房设计的专用空调，它的工作精度和可靠性较高，可满足机房 7×24 h 的工作。

1. 空调系统日常巡检内容

第一，查看设备机房内的温度、湿度是否在正常范围内，正常机房温度为（23±3）℃，湿度为 35%～75%。

第二，查看空调机有无异响。

2. 空调系统巡检要求

第一，擦拭机组外壳（不要用强腐蚀物或者强化学物质，可用干净的纱布沾上中性洗涤剂擦拭）。

第二，检查室外风机有无抱死、破损，运转情况是否正常，并清除积灰（确保每周检查一次，每月清灰一次）。

第三，清洗空气过滤网（空气过滤网不要等到报警后再更换，应根据机房中空气质量状况定期进行更换）。

（三）消防系统巡检

火灾自动报警系统是由触发器件、火灾报警装置以及具有其他辅助功能的装置组成的火灾报警系统。一般火灾自动报警系统和自动灭火系统、防排烟系统、通风系统、空调系统、防火门等相关设备联动，自动或者手动发出指令，可以启动相应的装置。

1. 消防系统日常巡检内容

第一，查看消防灭火系统的工作状态。

第二，查看消防通道、消防安全疏散指示牌与应急照明设施是否正常。

第三，查看消防器材的状态。

2. 消防系统巡检要求

第一，气体灭火系统巡查，查看是否有火灾报警、设备故障报警、未处理事件等非正常情况。

第二，检查疏散通道、安全出口是否保持畅通，严禁占用疏散通道，严禁在安全出口或者疏散通道处摆放杂物。

第三，检查消防安全疏散指示标志和应急照明设施是否正常。

第四，保持防火门、消防安全疏散指示标志、应急照明、机械排烟送风机等设施处于正常状态。

第五，检查烟感和温感报警器，查看是否有报警、设备故障报警、未处理事项等非正常情况。

第六，检查灭火器、消防箱、防火栓、手动报警器、玻璃状态（是否破碎），应保持设施的完整性，查看是否处于正常工作状态。

三、服务器系统检查

在机房可以使用 KVM 设备对机柜内的服务器进行相关检查，KVM 是键盘（Keyboard）、显示器（Video）和鼠标（Mouse）的缩写。利用 KVM 多主机切换系统，就可以通过一套 KVM 在多个不同操作系统的主机或服务器之间进行切换。

（一）CPU 使用率检查

top 命令是 Linux 下常用的性能分析工具，能够实时显示系统中各个进程的资源占用状况，类似于 Windows 的任务管理器。

使用 top 命令查看服务器 CPU 使用情况，命令如下：

```
[root@ controller ~]# top
```

如图 3-1 所示，输入 top 命令会展示很多信息，包括 CPU 使用、内存使用、进程数量等，下面对于 top 命令的返回信息，进行详细的讲解。

1. 第一行代码解析

- top-09：17：20：表示系统当前的时间。
- up 6 days，16：13：表示系统已经运行 6 d 16 h 13 min 没有重启。
- 1 user：表示当前有一个用户登录系统。

```
top - 09:17:20 up 6 days, 16:13,  1 user,  load average: 0.13, 0.12, 0.19
Tasks: 406 total,   3 running, 403 sleeping,   0 stopped,   0 zombie
%Cpu(s):  2.1 us,  0.1 sy,  0.0 ni, 97.7 id,  0.0 wa,  0.0 hi,  0.0 si,  0.0 st
KiB Mem : 65388880 total, 45456284 free, 13019868 used,  6912728 buff/cache
KiB Swap: 32833532 total, 32833532 free,        0 used. 51657348 avail Mem

   PID USER      PR  NI    VIRT    RES    SHR S  %CPU %MEM     TIME+ COMMAND
446655 keystone  20   0  619588 103336   7616 S  11.2  0.2   0:44.11 httpd
  2670 neutron   20   0  424144 109088   2196 S   2.6  0.2  54:52.21 neutron-server
  1658 mysql     20   0   10.7g   1.1g  11848 S   2.3  1.8 102:52.24 mysqld
  1233 nova      20   0  429380 123576   6872 S   2.0  0.2 177:55.79 nova-api
  1251 nova      20   0  373428  93020   5912 S   2.0  0.1 172:19.69 nova-conductor
  2708 nova      20   0  394092 110252   2320 S   2.0  0.2  31:51.45 nova-conductor
  2725 nova      20   0  393948 110112   2312 S   2.0  0.2  31:52.16 nova-conductor
  2669 neutron   20   0  445564 130612   2224 S   1.7  0.2  60:47.67 neutron-server
  1232 glance    20   0  426828 107944   7912 S   1.3  0.2 133:00.25 glance-api
  1234 etcd      20   0   11.9g  33908  10896 S   1.3  0.1  97:40.28 etcd
  1247 rabbitmq  20   0   12.4g 418960   4388 S   1.3  0.6  70:19.13 beam.smp
  1257 neutron   20   0  375932  90896   6188 S   1.3  0.1  93:16.17 neutron-dhcp-ag
  2704 nova      20   0  395508 111480   2320 S   1.3  0.2  33:37.90 nova-conductor
  2720 nova      20   0  396368 112444   2324 S   1.3  0.2  33:16.47 nova-conductor
  2724 nova      20   0  395492 111676   2320 S   1.3  0.2  34:19.04 nova-conductor
  2701 nova      20   0  395636 111784   2320 S   1.0  0.2  33:51.87 nova-conductor
  2712 nova      20   0  392856 108948   2312 S   1.0  0.2  31:43.26 nova-conductor
  2715 nova      20   0  393072 109204   2312 S   1.0  0.2  31:47.53 nova-conductor
  2716 nova      20   0  394248 110328   2312 S   1.0  0.2  31:58.04 nova-conductor
  2696 nova      20   0  393992 110144   2312 S   0.7  0.2  31:52.55 nova-conductor
  2698 nova      20   0  393220 109400   2312 S   0.7  0.2  32:06.08 nova-conductor
```

图 3-1　top 命令

- load average：0. 13，0. 12，0. 19：表示系统 1 min、5 min、15 min 前到现在的负载情况。

2. 第二行代码解析

- Tasks：表示任务（进程）。
- 406 total：表示系统现在共有 406 个进程。
- 3 running：表示处于运行中的进程有 3 个。
- 403 sleeping：表示处于休眠（sleeping）状态的进程有 403 个。
- 0 stopped：表示停止状态的进程有 0 个。
- 0 zombie：表示僵尸状态的进程有 0 个。

3. 第三行代码解析

- %Cpu（s）：表示该行显示的内容是 CPU 的状态。
- 2. 1 us：用户空间占用 CPU 的百分比。
- 0. 1 sy：内核空间占用 CPU 的百分比。
- 0. 0 ni：改变过优先级的进程占用 CPU 的百分比。
- 97. 7 id：空闲 CPU 百分比。

- 0.0 wa：IO 等待占用 CPU 的百分比。
- 0.0 hi：硬中断（Hardware IRQ）占用 CPU 的百分比。
- 0.0 si：软中断（Software Interrupts）占用 CPU 的百分比。
- 0.0 st：被虚拟机使用的 CPU。

注意：97.7 id，表示空闲 CPU，即 CPU 未使用率，100%-97.7%=2.3%，即系统的 CPU 使用率为 2.3%。

4. 第四、第五行代码解析

- KiB Mem：表示物理内存统计。
- total：表示物理内存的总量。
- free：表示空闲内存的总量。
- used：表示使用的物理内存总量。
- buff/cache：表示用作内核缓存的内存量。
- KiB Swap：表示交换区统计。
- total：表示交换区总量。
- free：表示空闲交换区总量。
- used：表示使用的交换区总量。
- avail Mem：表示可用交换分区量。

5. 第七行（进程信息）代码解析

- PID：进程的 ID。
- USER：进程所有者的用户名。
- PR：优先级。
- NI：nice 值。负值表示高优先级，正值表示低优先级。
- VIRT：进程使用的虚拟内存总量（VIRT=SWAP+RES），单位为 KB。
- RES：进程使用的、未被换出的物理内存大小（RES=CODE+DATA），单位为 KB。
- SHR：共享内存大小，单位为 KB。
- S：进程状态。D 为不可中断的睡眠状态，R 指运行，S 指睡眠，T 指跟踪/停

止，Z 为僵尸进程。

- %CPU：上次更新到现在的 CPU 时间占用百分比。
- %MEM：进程使用的物理内存百分比。
- TIME+：进程使用的 CPU 时间总计，单位为 0.01 s。
- COMMAND：命令名或命令行。

在日常服务器系统巡检过程中，检查 CPU 使用率是很常见的操作，通常情况下，CPU 使用率在 0%～75%之间是正常的。但是 CPU 使用率要是经常在 90%以上，甚至 99.9%或者 100%，那就不正常了。需要记录此现象，并上报主管处理。

（二）内存使用率检查

使用 top 命令可以查看服务器内存的使用情况，但是更常用的是 free 命令。free 命令可以显示系统使用和空闲的内存情况，包括物理内存、交互区内存（Swap）和内核缓冲区内存。

free 命令默认是显示单位 KB，可以采用“free -m”或“free -g”命令查看，分别表示 MB 和 GB。另外，“free -h”会自动选择适合的容量单位显示，命令如下：

```
[root@ controller ~]# free
        total     used      free      shared  buff/cache  available
Mem     65388880  13827232  44630236  10388   6931412     50848040
Swap    32833532  0         32833532
[root@ controller ~]# free -g
        total     used      free      shared  buff/cache  available
Mem     62        13        42        0       6           48
Swap    31        0         31
[root@ controller ~]# free -m
        total     used      free      shared  buff/cache  available
Mem     63856     13503     43584     10      6769        49656
Swap    32063     0         32063
[root@ controller ~]# free – h
        total     used      free      shared  buff/cache  available
Mem     62G       13G       42G       10M     6. 6G       48G
Swap    31G       0B        31G
```

执行结果每列的含义解析如下。

• Mem：表示物理内存统计，如果机器剩余内存非常小，一般小于总内存的 20%，则判断为系统物理内存不够。

• Swap：表示硬盘上交换分区的使用情况。如剩余空间较小，需要留意当前系统内存使用情况及负载。当 Swap 的 used 值大于 0 时，则表示操作系统物理内存不够，已经开始使用硬盘内存了。

• total：62 G 表示当前系统的物理内存总量。

• used：13 G 表示总计分配给缓存（包含 buffers 与 cache）使用的数量，但其中可能部分缓存并未实际使用。

• free：42 G 表示未被分配的内存。

• shared：10 M 表示进程共享的内存。

• buff/cache：6.6 G 表示被 buffers 和 cache 使用的物理内存大小。

• available：48 G 表示可用的物理内存大小。

在 free 命令的输出中，可以发现有 free 和 available 两列，这两者到底有什么不同呢？free 是真正尚未被使用的物理内存数量，而 available 是从应用程序的角度发现的可用内存数量。Linux 内核为了提升磁盘操作的性能，会消耗一部分内存去缓存磁盘数据。所以对于内核来说，buffers 和 cache 都属于已经被使用的内存。当应用程序需要内存时，如果没有足够的 free 内存可以使用，内核就会从 buffers 和 cache 中回收内存来满足应用程序的请求，所以从应用程序的角度来说：

$$\text{available}=\text{free}+\frac{\text{buffers}}{\text{cache}}$$

注意：这只是一个很理想的计算方式，实际中的数据往往有较大的误差。

（三）硬盘使用率检查

在服务器日常管理中，df 命令用于查看磁盘分区上的磁盘空间，包括使用了多少，还剩多少，默认单位是 KB。为了方便阅读显示，在使用 df 命令的时候会加上参数 h，命令如下：

```
[root@controller ~]# df - h
Filesystem                  Size   Used  Avail  Use%   Mounted on
/dev/mapper/centos-root     850G    70G   781G    9%   /
devtmpfs                     32G      0    32G    0%   /dev
tmpfs                        32G      0    32G    0%   /dev/shm
tmpfs                        32G    11M    32G    1%   /run
tmpfs                        32G      0    32G    0%   /sys/fs/cgroup
/dev/sda1                  1014M   143M   872M   15%   /boot
tmpfs                       6. 3G      0   6. 3G    0%   /run/user/0
```

执行结果每列的含义解析如下。

- Filesystem：表示磁盘分区。
- Size：表示磁盘分区的大小。
- Used：表示已使用的空间。
- Avail：表示可用的空间。
- Use%：表示已使用的百分比。
- Mounted on：表示挂载点。

从上述代码中可以发现当前的系统分区大小为 850 GB，已用空间是 70 GB，可用空间是 781 GB，使用率是 9%，挂载点是根目录。当磁盘使用率过大时，需要查看是哪个目录或文件占用了磁盘空间，此时可以使用 du 命令。

以当前系统为例，目前使用了 70 GB 左右的大小，使用 du 命令查看根目录下文件大小，命令如下：

```
[root@controller ~]# du -sh /*
0       /bin
110M    /boot
0       /dev
37M     /etc
0       /home
0       /lib
0       /lib64
0       /media
0       /mnt
18G     /opt
```

```
0       /proc
4. 0K   /project. sh. bak
39G     /root
11M     /run
0       /sbin
0       /srv
0       /sys
4. 0K   /tmp
1. 8G   /usr
12G     /var
```

可以发现占用空间大的目录为/opt（18 GB）、/root 目录（39 GB）和/var 目录（12 GB），继续进入到/root 目录下查看，命令如下：

```
[root@controller ~]# du -sh *
4. 0K   1. sh
9. 6G   c73cb9fd-bfa6- 44a6-a689- 6e8376a70155
895M    CentOS-7- 1811. qcow2
1. 1    Gcentos7. 5_nossh. qcow2
484M    CentOS7. 5_nossh. qcow2
5. 0    Gcentos7. 5-paas. qcow2
4. 2    GCentOS-7-x86_64-DVD-1804. iso
873M    ChinaSkill-IaaS-All. qcow2
3. 6G   chinaskills_cloud_iaas. iso
2. 8G   chinaskills_system_server-1. qcow2
2. 7G   chinaskills_system_server-2. qcow2
2. 7G   chinaskills_system_server-3. qcow2
3. 0G   chinaskill_system_v1. 0. qcow2
4. 0K   cscc. sh
924M    error1. qcow2
886M    error2. qcow2
4. 0K   openstack_base_image. sh
8. 0K   openstack_base_instance. sh
4. 0K   project. sh
16K     roach
164K    user
4. 0K   user-list. txt
```

可以发现/root目录下存在大量的ISO镜像文件与快照，当系统磁盘使用过多时，在确认备份后，可以将不用的镜像文件删除，释放磁盘空间。通过df和du命令的组合使用，运维人员可以快速定位，找到系统中哪里占用的磁盘空间比较多。

四、网络系统检查

一般来说网络设备在机房建设的时候，都已按照要求规范配置并上架使用，在日常的巡检过程中，网络设备巡检主要分两块内容，一个是外观检查，包括检查设备指示灯是否正常、交换机端口连线是否正常、设备电源是否正常、设备标签标识是否清晰牢固等。第二个就是系统检查，系统检查需要连接网络设备。首先将PC的IP地址设置成设备同网段地址（保证能Ping通网络设备），再使用远程连接工具连接设备，然后使用常用的巡检命令，查看网络设备的状态。以下以华为H3C设备为例来模拟系统检查。

（一）查看CPU使用率

```
<sw008>sys
System View: return to User View with Ctrl+Z .
[sw008]display cpu-usage
Slot 1   CPU   0   CPU   usage:
         8%    in  last  5 seconds
         8%    in  last  1 minute
         8%    in  last  5 minutes
```

如上述代码所示，可以看见三条数据，分别是5 s、1 min、5 min到现在的CPU负载，一般正常交换机CPU平均利用率小于40%。如果超过40%，则表示CPU负载过高。

（二）查看设备温度

```
[sw008]displayenvironment
Syetem    temperature    information (degree centigrade):
--------------------------------------------------------------------------------------
Slot   Sensor      Temperature   Lower   Warning    Alarm   Shutdown
1      hotspot 1   38            0       65         70      NA
```

如上述代码所示，可以发现当前设备温度为38 ℃，如果超过65 ℃系统会警告，超过70 ℃系统会报警。

（三）查看内存使用率

```
[sw008]display memory
Memory statistics are measured in KB:
Slot 1:
                Total     Used      Free   Shared  Buffers    Cached  FreeRatio
Mem           2002120   356452   1645668        0     1544    112320     82. 2%
 -/+ Buffers/Cache:     242588   1759532
Swap                0        0         0
LowMem:   1477832   154068   1323764       --       --        --     89. 6%
HighMem:   524288   202384    321904       --       --        --     61. 4%
```

如上述代码可以很直观地发现，空闲的内存有80%以上，网络设备的内存使用率不高于60%～80%都是正常现象。通过上述三个方面的检查，可以很快地判断网络设备是否有异常，如果发现异常情况，需要记录现象并上报处理。

通过本节内容的学习，读者可以了解数据中心机房的组成，也可以知悉机房中硬件设备、服务器、网络设备等的巡检内容和要求。

第二节　机房巡检记录

考核知识点及能力要求：

- 了解机房的基本规章制度。
- 掌握机房巡检内容与要求。
- 掌握机房巡检记录表填写格式与规范。
- 能够对进出机房的人员进行登记，并及时记录机房巡检结果。

一、机房出入登记

机房出入登记的目的是加强机房管理，保障各项设备运行的安全与稳定。非机房工作人员进入机房应征得机房负责人同意，填写机房出入登记表，方可进入。进入机房后，必须有机房工作人员陪同，并服从机房工作人员的安排。机房出入登记表示例见表 3–1。

表 3–1　数据中心机房外来人员登记表

日期	单位	进入时间	离开时间	事由	签字	陪同人员	备注

二、机房巡检记录

根据本章第一节中描述的硬件设备巡检要求，机房管理人员在巡检完机房后要做相应的记录并留底，方便管理和后期查阅。机房巡检记录表示例见表 3–2。

表 3–2　机房巡检记录表

编号		1	2	3	4	5	6
检查项目		供电系统	空调系统	消防系统	服务器设备	网络设备	卫生环境
巡检时间	异常描述	市电正常输入，UPS 正常输出，指示灯正常显示	空调正常运行	消防工具摆放正确，指示灯正常显示	电源风扇正常运行，指示灯显示正确	电源风扇正常运行，指示灯显示正确	设备摆放整齐，线缆整齐，标签齐全，地面卫生
		正常　异常	温度：　湿度：	正常　异常	正常　异常	正常　异常	正常　异常
		正常　异常	温度：　湿度：	正常　异常	正常　异常	正常　异常	正常　异常
		正常　异常	温度：　湿度：	正常　异常	正常　异常	正常　异常	正常　异常
		正常　异常	温度：　湿度：	正常　异常	正常　异常	正常　异常	正常　异常
		正常　异常	温度：　湿度：	正常　异常	正常　异常	正常　异常	正常　异常
		正常　异常	温度：　湿度：	正常　异常	正常　异常	正常　异常	正常　异常
		正常　异常	温度：　湿度：	正常　异常	正常　异常	正常　异常	正常　异常

通过本节内容的学习，机房工作人员需要按照上述表格执行机房人员出入登记与机房日常巡检登记。这是机房管理台账的一部分，在出现问题的时候可以及时追溯和定位。

思考题

1. 数据中心机房是否需要每天都检查服务器的运行状态？

2. 为什么在机房中做的每一件事情都需要记录？请阐述原因。

3. 在数据中心机房中涉及服务器的操作是直接操作服务器，还是需要通过其他方式操作？

4. 数据中心机房是否可以开窗、开门进行通风？

5. 假如数据中心机房发生突发事件，如何应对各种突发事件？

第二篇 云计算平台运维

云计算是一种新型的业务交付模式，同时也是新型的 IT 基础设施管理方法。通过新型的业务交付模式，用户将通过网络充分利用优化后的硬件、软件、存储和网络资源，并以此为基础提供创新的业务服务。新型的 IT 基础设施管理方法让 IT 部门可以把海量资源作为一个统一的大资源池进行管理，支持 IT 部门在大量增加资源的同时无须显著增加相应人员依然能实现日常维护和管理。

云计算系统运维就是能够掌握云计算平台组件及服务的应用场景，掌握云计算系统的使用方法；能够监控云计算系统的状态与技术参数，定位云计算系统问题，以便快速恢复系统；能对云计算系统中的数据、服务、应用进行备份，以防数据丢失和硬件损坏而造成不可估量的损失。

第四章　云计算平台管理

云计算平台管理是云计算平台运行过程中的基础操作。云计算平台管理包括云计算平台各个组件的使用、云资源管理、网络的规划等。单一的云计算平台将逐渐走向细分领域，提供专一的服务，而企业云用户对云计算平台的需求将逐渐增大。通过云计算平台管理异构的硬件资源、虚拟化将是企业最终的选择，也是对云计算工程技术人员极大的挑战。

- **职业功能**：云计算平台运维（云计算平台管理）。
- **工作内容**：能够熟练使用云计算平台各个基础组件服务，并能根据使用需求规划云资源配额和创建云计算平台虚拟网络。
- **专业能力要求**：能操作云计算平台各组件，完成云计算平台的维护和管理；能根据配额需求，合理调配云资源，并划分权限；能根据网络使用需求，创建不同种类的云计算平台网络。
- **相关知识要求**：了解云计算平台组件的主要功能；掌握云计算平台常用运维操作的知识；掌握云资源配额管理知识；掌握云资源整合知识。

第一节　OpenStack 云计算平台组件使用

考核知识点及能力要求：

- 了解云计算平台各个组件的使用场景。
- 掌握云计算平台各个组件的使用方法。
- 能利用云计算平台各个组件完成日常运维，提供服务解决相应需求。

一、身份服务（Keystone）

Keystone（OpenStack Identity Service）是 OpenStack 框架中负责管理身份验证、服务访问规则和服务令牌功能的组件。用户访问资源需要验证用户的身份与权限，服务执行操作也需要进行权限检测，这些都需要通过 Keystone 来处理。Keystone 类似一个服务总线，或者说是整个 OpenStack 框架的注册表。OpenStack 服务通过 Keystone 来注册其 Endpoint（服务访问的 URL），任何服务之间的相互调用，都需要先经过 Keystone 的身份验证，获得目标服务的 Endpoint，然后才能调用。

（一）Keystone 主要功能

Keystone 作为 OpenStack 的 Identity Service，提供了用户信息管理，完成各个模块认证服务。Keystone 的主要功能总结如下：

- 身份认证（Authentication）：令牌的发放和校验。
- 用户授权（Authorization）：授予用户在一个服务中所拥有的权限。

- 用户管理（Account）：管理用户账户。
- 服务目录（Service Catalog）：提供可用服务的 API 端点。

（二）Keystone 基本概念

1. User（用户）

User 即用户，指的是使用 OpenStack Service 的用户，可以是人、服务、系统，也就是说只要是访问 OpenStack Service 的对象都可以称为 User。

2. Credentials（凭证）

Credentials 可以简单地理解为用户和密码。

3. Service（服务）

Service 即服务，如 Nova、Glance、Swift、Heat、Ceilometer 等。Nova 提供云计算服务，Glance 提供镜像管理服务，Swift 提供对象存储服务，Heat 提供资源编排服务，Ceilometer 提供报警计费服务，Keystone 提供认证服务。

4. Token（令牌）

Token 是一串数字字符串，是当用户访问资源时需要使用的凭证，在 Keystone 中引入令牌机制主要是为了保护用户对资源的访问，同时引入 PKI、PKIZ、fernet、UUID 其中一个随机加密产生一串数字，对令牌加以保护。Token 并不是长久有效的，它具有时效性，规定了可以访问资源的有效时间。

5. Role（角色）

Role 即角色，可以理解为 VIP 等级，用户的 Role 越高，在 OpenStack 中能访问的服务和资源就越多。

6. Project/Tenant（租户）

Project/Tenant（租户）是一个人或服务所拥有的资源集合。不同的 Project 之间资源是隔离的，资源可以设置配额，一个租户中可以有多个 User，每一个 User 会根据权限的划分来使用租户中的资源。

User 在使用租户的资源前，必须与这个租户关联，并且指定 User 在租户下的 Role，形成一个 Assignment（关联），即 Project-User-Role。

7. Endpoint（端点）

在 OpenStack 中 Service 显得太抽象笼统，Endpoint 则是具体化的 Service。Endpoint 翻译为"端点"，可以理解它是一个服务暴露出来的访问点，如果需要访问一个服务，则必须知道它的 Endpoint，而 Endpoint 一般以 URL 的形式呈现，知道了服务的 URL，就可以通过 URL 访问这个 Service。

Endpoint 的 URL 具有 public、internal 和 admin 这三种权限。public URL 可以被全局访问，internal URL 只能被局域网访问，admin URL 只能被 admin 用户访问。

如果把宾馆比作 OpenStack，那么宾馆的中央管理系统就是 Keystone，入住宾馆的人就是 User。在宾馆中拥有很多不同的房间，每个房间提供了不同的服务（Service）。在入住宾馆前，User 需要出示身份证（Credential），中央管理系统（Keystone）在确认 User 的身份后（Authentication），会给 User 一个房卡（Token）和导航地图（Endpoint）。不同 VIP（Role）级别的 User，拥有不同权限的房卡，如果用户 VIP 等级高，User 可以享受到豪华的总统套房。User 拿着房卡和地图，就可以进入特定的房间去享受不同的服务。

（三）Keystone 基本命令

通过学习，读者了解了 Keystone 服务的主要功能和基本概念，下面通过 Keystone 常用命令的学习，使读者更加深入地掌握 Keystone 服务的使用和日常运维操作。

1. 查询用户列表

在已安装完成的云计算平台，使用 OpenStack 命令查询平台中用户列表，命令如下：

```
[root@openstack ~]# source /etc/keystone/admin-openrc. sh
[root@openstack ~]# openstack user list
+----------------------------------------------+------------------------+
| ID                                           | Name                   |
+----------------------------------------------+------------------------+
| 0f8782af6a654d77b587e25a32f91f28             | cinder                 |
| 1ab30f77400448eba6b2d47e55084540             | demo                   |
| 2550fa93b1fe4cb582f1f46353b836d8             | ceilometer             |
```

```
| 2d2a345336184b1ebbdf022f710084e8    | neutron            |
| 48b816f9db9541b4bd9ca49ad453574c    | glance             |
| 765a16c99d7d42a4b69ff941f7791b54    | aodh               |
| 788efa329f324b91a431ad56cd7b9a14    | nova               |
| 7ecae98d16d54483b964c9c2548fd7bc    | swift              |
| 962612a3e7784df38d0c98fea1f30320    | heat               |
| 9ee4731c00c24f659b8790be6b77bc8a    | admin              |
| d6fdd1e5e1a348e0b6c5b8c7f33ba5fa    | placement          |
| d957a578fed2452ab91bc651f2f1fb97    | heat_domain_admin |
| e91070fa751e49689963b566db999bee    | gnocchi            |
+----------------------------------+-------------------+
```

通过返回信息可以看到当前平台存在很多用户，例如 cinder、nova、swift 等，因为这些服务在被安装的时候，也会在 Keystone 中创建相应的用户。

2. 创建用户

创建用户 test，并设置用户的密码为 123456，创建完之后查询用户列表，命令如下：

```
[root@openstack ~]# openstack user create test --domain demo --password 123456
[root@openstack ~]# openstack user list
+----------------------------------+-------------------+
| ID                               | Name              |
+----------------------------------+-------------------+
| 0f8782af6a654d77b587e25a32f91f28 | cinder            |
| 1ab30f77400448eba6b2d47e55084540 | demo              |
| 2550fa93b1fe4cb582f1f46353b836d8 | ceilometer        |
| 2d2a345336184b1ebbdf022f710084e8 | neutron           |
| 48b816f9db9541b4bd9ca49ad453574c | glance            |
| 765a16c99d7d42a4b69ff941f7791b54 | aodh              |
| 788efa329f324b91a431ad56cd7b9a14 | nova              |
| 7ecae98d16d54483b964c9c2548fd7bc | swift             |
| 962612a3e7784df38d0c98fea1f30320 | heat              |
| 9ee4731c00c24f659b8790be6b77bc8a | admin             |
| 4bd4e834b8404342b43f779c8e754588 | test              |
| d6fdd1e5e1a348e0b6c5b8c7f33ba5fa | placement         |
```

```
| d957a578fed2452ab91bc651f2f1fb97   | heat_domain_admin |
| e91070fa751e49689963b566db999bee  | gnocchi            |
+------------------------------------------+------------------------+
```

通过返回信息可以看到 test 用户被成功创建。使用“openstack user delete”命令可以删除 test 用户，读者可自行尝试。

3. 创建项目 Project

在日常使用云计算平台时，不同部门之间需要做到资源隔离，这时候需要创建租户（Project）来实现这一场景。

创建部门一（dep1）的租户，并查看租户列表，命令如下：

```
[root@openstack ~]# openstack project create --domain demo dep1
[root@openstack ~]# openstack project list
+------------------------------------------+-----------+
| ID                                       | Name      |
+------------------------------------------+-----------+
| 0dd87985eb314fed828e6888aed4880d | demo      |
| 2a628ca81c874394a94ca43ae53b0bcb  | dep1      |
| 55b50cbb4dd4459b873cb15a8b03db43 | admin     |
| a184a157399043c2a40abc52df0459a2  | service   |
+------------------------------------------+-----------+
```

通过返回信息可以看到 dep1 租户创建成功。

4. 查看角色列表

一个角色是应用于某个租户的使用权限集合，以允许某个指定用户访问或使用特定操作。角色是使用权限的逻辑分组，它使得通用的权限可以简单地分组并绑定到与某个指定租户相关的用户。

使用 OpenStack 命令查询平台中角色列表，命令如下：

```
[root@openstack ~]# openstack role list
+------------------------------------------+---------------+
| ID                                       | Name          |
+------------------------------------------+---------------+
| 55b50cbb4dd4459b873cb15a8b03db43 | admin         |
```

```
| 6280f11c992f4b94a9d04e349150a14f   | user            |
+-----------------------------------------------+----------------+
```

使用“openstack role create”命令可以创建新的角色，读者可自行尝试。

5. 用户赋予角色

在 Keystone 基本概念中提到，User 在使用租户的资源前，必须与这个租户关联，并且指定 User 在租户下的 Role，形成一个 Assignment（关联），即 Project-User-Role。

在 dep1 租户下添加 test 用户，并为该用户赋予普通用户权限（即 user 角色），命令如下：

```
[root@openstack ~]# openstack role add --project dep1 --user test user
```

查看 test 用户、dep1 租户和角色 user 的绑定结果，命令如下：

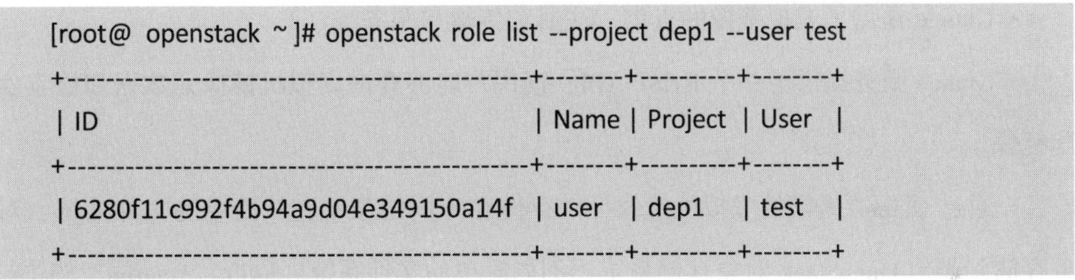

```
[root@ openstack ~]# openstack role list --project dep1 --user test
+-----------------------------------------------+--------+----------+--------+
| ID                                            | Name | Project | User  |
+-----------------------------------------------+--------+----------+--------+
| 6280f11c992f4b94a9d04e349150a14f  | user   | dep1     | test   |
+-----------------------------------------------+--------+----------+--------+
```

查看 dep1 租户下的用户，命令如下：

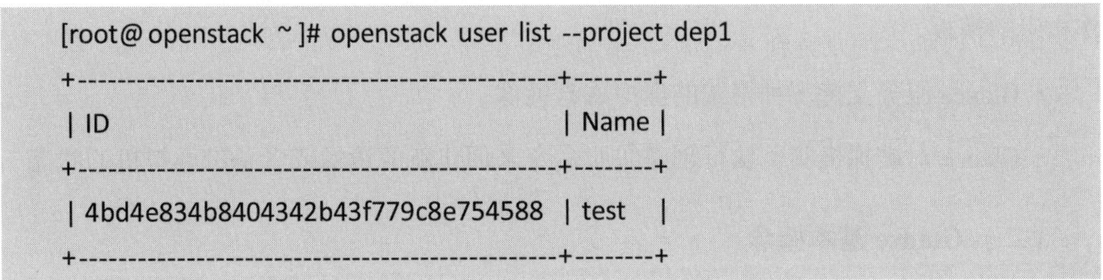

```
[root@openstack ~]# openstack user list --project dep1
+-----------------------------------------------+--------+
| ID                                            | Name |
+-----------------------------------------------+--------+
| 4bd4e834b8404342b43f779c8e754588  | test   |
+-----------------------------------------------+--------+
```

也可以通过 Dashboard 界面中身份管理→项目→dep1 的管理成员看到，dep1 项目的成员为 test 用户，角色为 user（普通用户），如图 4-1 所示。

图 4-1　项目成员

以上就是关于 Keystone 服务命令的基本使用和日常运维操作，关于 Keystone 服务的更多使用方法，感兴趣的读者可以自行查找资料学习。

二、镜像服务（Glance）

Glance（OpenStack Image Service）是 OpenStack 镜像服务，用来查询、注册和传输虚拟机镜像。Glance 本身并不实现对镜像的存储功能。Glance 只是一个代理，它充当了镜像存储服务与 OpenStack 的其他组件之间的纽带。

Glance 共支持两种镜像存储机制：简单文件系统和 Swift 存储机制。简单文件系统是指将镜像保存在 Glance 节点的文件系统中。这种机制相对比较简单，其缺点是文件系统没有备份机制，当文件系统损伤将导致所有的镜像不可用。Swift 存储机制，是指将镜像以对象的形式保存在 Swift 对象存储服务器中。

（一）Glance 主要功能

- Glance 提供了虚拟镜像的查询、注册和传输等服务。
- Glance 服务提供了一个 REST API，使用户能够查询虚拟机镜像元数据和检索实际镜像。
- 通过 Glance 提供的虚拟机镜像可以存储在不同的位置，从简单的文件系统、对象存储到类似 OpenStack 对象存储系统，例如简单的文件系统、Swift、Amazon、S3 等。
- Glance 提供了在虚拟机部署时镜像的管理功能，包含镜像的导入、格式以及制作相应的模板。
- Glance 服务支持多种格式的虚拟磁盘镜像。
- Glance 对虚拟机实例执行创建快照命令来创建新的镜像或者备份虚拟机的状态。

（二）Glance 基本概念

1. Image Identifiers（镜像标识）

Image Identifiers 就是 Image 的 URL 路径，格式为“<Glance Server Location>/images/<ID>”，该标识是全局唯一的。

2. Image Status（镜像状态）

镜像在上传或使用过程中，会存在很多不同的状态，具体如下。

- Queued：这是一种初始化状态，镜像文件刚被创建，在 Glance 数据库只有其元

数据，镜像数据还没有上传至数据库中。

• Saving：镜像的原始数据在上传到数据库过程中的一种过渡状态，表示镜像正在上传。

• Active：镜像数据成功上传完毕，成为 Glance 数据库中可用的镜像。

• Killed：镜像上传过程中发生错误，镜像损坏或者不可用。

• Deleted：镜像将在不久后自动删除，该镜像不可再用，但是目前 Glance 数据库中仍然保留该镜像的相关信息和原始数据。

3. Disk Format（磁盘格式）

• RAW：即常说的裸格式，就是没有格式，最大的特点就是简单，数据写入什么就是什么，不做任何修饰，所以在性能方面很不错，甚至不需要启动这个镜像的虚拟机，只需要文件挂载即可直接读写内部数据。由于 RAW 格式简单，因此 RAW 和其他格式之间的转换也更容易。在 KVM 的虚拟化环境下，有很多使用 RAW 格式的虚拟机。

• VHD：一种通用的磁盘格式。微软公司的 Virtual PC 和 Hyper-V 使用的就是 VHD 格式，VirtualBox 也提供了对 VHD 的支持。如果要在 OpenStack 上使用 Hyper-V 的虚拟化，就应该上传 VHD 格式的镜像文件。

• VMDK：VMware 创建的一个虚拟机磁盘格式，目前也是一个开放的通用格式，除了 VMware 自家的产品外，QEMU 和 VirtualBox 也提供了对 VMDK 格式的支持。

• VDI：由 VirtualBox 虚拟机监控程序和 QEMU 仿真器支持的磁盘格式。

• ISO：用于光盘（CD-ROM）数据内容的档案格式，是常见的镜像模式。

• QCOW2：由 QEMU 仿真支持，支持写时复制（Copy on Write），是可动态扩展的磁盘格式。譬如，创建一个 10 GB 的虚拟机，实际虚拟机内部只用了 5 GB，那么初始的 QCOW2 磁盘文件大小就是 5 GB。与 RAW 相比，使用这种格式可以节省一部分空间资源。

• AKI、ARI、AMI：Amazon（亚马逊）公司的 AWS 所使用的镜像格式。

4. Container Format（容器格式）

• BARE：没有容器的一种镜像元数据格式。

- OVF：开放虚拟化格式。
- OVA：开放虚拟化设备格式。
- AKI、ARI：Amazon 公司的 AWS 所使用的镜像格式。

注意：一般在 OpenStack 上传镜像的命令操作中使用 BARE 格式。

（三）Glance 基本命令

通过学习，读者可以了解 Glance 服务的主要功能和基本概念。接下来通过 Glance 常用命令的学习，使读者更加深入地掌握 Glance 服务的使用和日常运维。

1. 上传镜像

在已经安装完成的云计算平台，使用 Glance 命令上传镜像 cirros-0. 3. 4-x86_64-disk. img 至云计算平台，并命名为 cirros（上传前确保 cirros-0. 3. 4-x86_64-disk. img 镜像文件已上传至云计算平台控制节点的/root 目录下了），命令如下：

```
[root@ openstack ~]# source /etc/keystone/admin-openrc. sh
[root@ openstack ~]# glance image-create --name "cirros" --disk-format qcow2 --container-format bare --file /root/cirros-0. 3. 4-x86_64-disk. img
```

2. 查询镜像列表

查询镜像列表，命令如下：

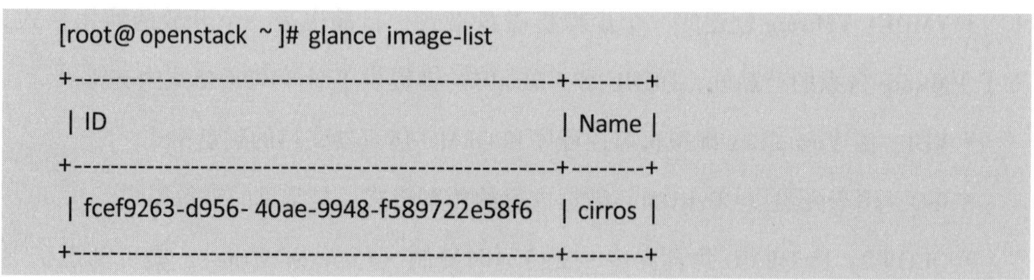

```
[root@ openstack ~]# glance image-list
+--------------------------------------------------+--------+
| ID                                               | Name |
+--------------------------------------------------+--------+
| fcef9263-d956- 40ae-9948-f589722e58f6             | cirros |
+--------------------------------------------------+--------+
```

通过返回信息可以看到已经在云计算平台中上传了镜像 cirros，还能使用“glance image-delete fcef9263-d956−40ae-9948-f589722e58f6”命令删除该镜像，感兴趣的读者可以自行执行命令尝试删除镜像，此处不再赘述。

在日常使用 Glance 服务的时候，最常用到的命令就是镜像上传、查询和删除。这是 Glance 最常用的命令，关于 Glance 其他命令的学习，感兴趣的读者可以自行查找资料学习。

三、计算服务（Nova）

Nova（OpenStack Compute Service）是 OpenStack 最核心的服务，负责维护和管理云环境的计算资源。OpenStack 作为 IaaS 的云操作系统，虚拟机生命周期管理也就是通过 Nova 来实现的。

Nova 和 Swift 是 OpenStack 最早的两个组件，Nova 分为控制节点和计算节点。计算节点通过 Nova-compute 创建虚拟机，即通过 libvirt 调用 KVM 创建虚拟机，Nova 之间通过 RabbitMQ 队列进行通信。Nova 位于 OpenStack 架构的中心，其他服务或者组件（如 Glance、Cinder、Neutron 等）对它提供支持，另外它本身的架构也比较复杂。

（一）Nova 主要功能

Nova 主要功能包括如下四点：管理实例的生命周期、维护和管理计算资源、维护和管理网络和存储、提供计算服务。

（二）Nova 基本概念

1. Nova-api（Nova 接口）

Nova-api 实现了 RESTful API 功能，是外部访问 Nova 的唯一途径。接收外部的请求并通过 Message Queue（消息队列）将请求发送给其他的服务组件，同时也兼容 EC2 API（亚马逊云主机 API），所以也可以使用 EC2 的管理工具对 Nova 进行日常管理。

2. Nova-scheduler（Nova 调度器）

Nova-scheduler 决策虚拟机创建在哪个主机（计算节点）上。决策一个虚拟机应该调度到某个物理节点，需要分为两个步骤。

• 过滤（filter）：过滤出可以创建虚拟机的主机。

• 计算权值（weight）：根据权重大小进行分配，默认根据资源可用空间进行权重排序。

3. Nova-compute（Nova 计算）

Nova-compute 负责虚拟机的生命周期管理，创建并终止虚拟机实例工作的后台程序。Nova-compute 一般运行在计算节点上，通过消息队列接收并管理虚拟机的生命周期。

4. Nova-conductor（Nova 中间件）

Nova-conductor 是 Nova-compute 计算节点访问数据库的中间件，它消除了虚拟机对数据库的直接访问。这主要是从两方面考虑，一是数据库安全，传统情况下每个 Nova-compute 所运行的主机都能访问数据库，一旦某个主机被攻破，则数据库也就直接暴露了，对于数据库来说很不安全。二是 Nova-compute 与数据库解耦更有利于 Nova-compute 的后续升级。

5. Nova-consoleauth（Nova 控制台）

Nova-consoleauth 用于控制台的授权验证，负责对访问虚拟机控制台请求提供 Token 认证。

（三）Nova 基本命令

通过学习，读者可以了解 Nova 服务的主要功能和基本概念，接下来通过 Nova 常用命令的学习，使读者更加深入地掌握 Nova 服务的使用和日常运维。

1. 查看 Nova 服务列表

在已经安装完成的云计算平台，查询平台中服务列表，命令如下：

```
# source /etc/keystone/admin-openrc. sh
# nova service-list
+---------------------+---------------+-----------+----------+---------+
| Binary              | Host          | Zone      | Status   | State   |
+---------------------+---------------+-----------+----------+---------+
| nova-scheduler      | openstack     | internal  | enabled  | up      |
| nova-conductor      | openstack     | internal  | enabled  | up      |
| nova-sconsoleauth   | openstack     | internal  | enabled  | up      |
| nova-compute        | openstack     | nova      | enabled  | up      |
+---------------------+---------------+-----------+----------+---------+
```

2. 创建 Flavor

Flavor 即云主机类型，在创建云主机的时候，一定要选择 Flavor。Flavor 也就是云主机的配置，设置云主机使用多少核 CPU、多少内存、多少硬盘。

创建一个名为 test，ID 为 1234，内存为 2 048 MB，磁盘为 20 GB，VCPU 数量为 2

的云主机类型，命令如下：

```
# nova flavor-create test 1234 2048 20 2
```

执行结果如下：

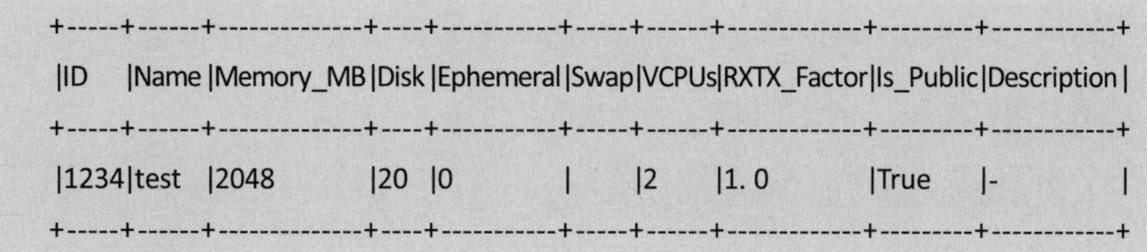

```
+-----+------+-------------+----+----------+-----+------+------------+---------+-----------+
|ID   |Name |Memory_MB|Disk |Ephemeral|Swap|VCPUs|RXTX_Factor|Is_Public|Description|
+-----+------+-------------+----+----------+-----+------+------------+---------+-----------+
|1234|test  |2048         |20  |0         |     |2     |1. 0        |True     |-          |
+-----+------+-------------+----+----------+-----+------+------------+---------+-----------+
```

创建完 Flavor 之后，查询所创建的云主机类型 test 详细信息，命令如下：

```
# nova flavor-show test
+----------------------------------+---------+
| Property                         | Value   |
+----------------------------------+---------+
| OS-FLV-DISABLED:disabled         | False   |
| OS-FLV-EXT-DATA:ephemeral        | 0       |
| description                      | -       |
| disk                             | 20      |
| extra_specs                      | {}      |
| id                               | 1234    |
| name                             | test    |
| os-flavor-access:is_public       | True    |
| ram                              | 2048    |
| rxtx_factor                      | 1. 0    |
| swap                             |         |
| vcpus                            | 2       |
+----------------------------------+---------+
```

通过返回信息可以查询到所创建 Flavor 的详细信息。

3. 查看虚拟机

查看平台中虚拟机列表，命令如下：

```
[root@openstack ~]# nova list
```

```
+------------------------+--------+--------+------------+-------------+--------------+
|ID                      |Name    |Status  |Task State  |Power State  |Networks      |
+------------------------+--------+--------+------------+-------------+--------------+
|95e2c417-c2af-4710-     |cirros  |ACTIVE  |-           |Runing       |net=192.168.  |
|aead-694f6fd64055       |        |        |            |             |200.16        |
+------------------------+--------+--------+------------+-------------+--------------+
```

查看虚拟机 cirros 的详细信息，命令如下：

```
[root@openstack ~]# nova show 95e2c417-c2af-4710-aead-694f6fd64055
+--------------------------------------------+------------------------------------------------+
|Property                                    |Value                                           |
+--------------------------------------------+------------------------------------------------+
|OS-DCF:diskConfig                           | AUTO                                           |
|OS-EXT-AZ:availability_zone                 | nova                                           |
|OS-EXT-SRV-ATTR:host                        | openstack                                      |
|OS-EXT-SRV-ATTR:hostname                    | cirros                                         |
|OS-EXT-SRV-ATTR:hypervisor_hostname         | openstack                                      |
|OS-EXT-SRV-ATTR:instance_name               | instance-0000002                               |
|OS-EXT-SRV-ATTR:kernel_id                   |                                                |
|OS-EXT-SRV-ATTR:launch_index                | 0                                              |
|OS-EXT-SRV-ATTR:ramdisk_id                  |                                                |
|OS-EXT-SRV-ATTR:reservation_id              | r-uzorv6a7                                     |
|OS-EXT-SRV-ATTR:root_device_name            | /dev/vda                                       |
|OS-EXT-SRV-ATTR:user_data                   | -                                              |
|OS-EXT-STS:power_state                      | 1                                              |
|OS-EXT-STS:task_state                       | -                                              |
|OS-EXT-STS:vm_state                         | active                                         |
|OS-SRV-USG:launched_at                      | 2021-08-26T07:47:47.000000                     |
|OS-SRV-USG:terminated_at                    | -                                              |
|accessIPv4                                  |                                                |
|accessIPv6                                  |                                                |
|config_drive                                |                                                |
|created                                     | 2021-08-26T07:47:37Z                           |
|description                                 | -                                              |
|flavor:disk                                 | 10                                             |
```

```
|flavor:ephemeral                         | 0                                    |
|flavor:extra_specs                       | {}                                   |
|flavor:original_name                     | 1V_1G_10G                            |
|flavor:ram                               | 1024                                 |
|flavor:swap                              | 0                                    |
|flavor:vcpus                             | 1                                    |
|hostId                                   | 50cafafa6fabb3c75391e2ba450d3442919de |
|                                         | 8507dbe7b471fd2100a                  |
|host_status                              | UP                                   |
|id                                       | 95e2c417-c2af-4710-aead-694f6fd64055 |
|image                                    | cirros(09c4e82f-a342-4970-867d-9720775cd978)|
|key_name                                 | -                                    |
|locked                                   | False                                |
|metadata                                 | {}                                   |
|name                                     | cirros                               |
|net network                              | 192. 168. 200. 16                    |
|os-extended-volumes:volumes_attached| []                                   |
|progress                                 | 0                                    |
|security_groups                          | default                              |
|status                                   | ACTIVE                               |
|tags                                     | []                                   |
|tenant_id                                | 55b50cbb4dd59b873cb15a8b03db43       |
|updated                                  | 2021-08-26T07:47:48Z                 |
|user_id                                  | 9ee4731c00c24f659b8790be6b77bc8a     |
```

通过 show 命令可以查看具体虚拟机的详细信息，通常情况下不直接使用 Nova 命令，因为 OpenStack 提供的 Dashboard 界面能满足绝大部分的功能。Nova 除了常用的基础命令外，还有其他的命令，如创建云主机、创建安全组、创建快照等，但是使用 Dashboard 界面操作会比用这些命令更方便。感兴趣的读者可以自行查找资料深入学习 Nova 操作命令。

四、网络服务（Neutron）

传统的网络管理方式很大程度上依赖于管理员手工配置和维护各种网络硬件设备。而云环境下的网络已经变得非常复杂，特别是在多租户场景里，用户随时都可能需要创建、修改和删除网络，网络的连通性和隔离已经不太可能通过手工配置来保证了。如何快速响应业务的需求对网络管理提出了更高的要求。传统的网络管理方式已经很难胜任这项工作，而软件定义网络（SDN，Software Defined Networking）所具有的灵活性和自动化优势使其成为云时代网络管理的主流。Neutron 的设计目标是实现网络即服务（NaaS，Networking as a Service）。为了达到这一目标，在设计上遵循基于 SDN 实现网络虚拟化的原则，在实现上充分利用 Linux 系统各种网络相关的技术。通过使用 Neutron 服务，网络管理员和云计算操作员可以通过程序来动态定义虚拟网络设备。OpenStack 网络中的 SDN 组件就是 Quantum，但因为版权问题而改名为 Neutron。

Neutron 管理的网络资源包括 network、subnet 和 port。

• network：一个隔离的二层广播域。Neutron 支持多种类型的 network，包括 Local、Flat、VLAN、VXLAN 和 GRE。

• subnet：一个 IPv4 或者 IPv6 地址段。instance 的 IP 从 subnet 中分配。每个 subnet 需要定义 IP 地址的范围和掩码。network 与 subnet 是一对多关系。一个 subnet 只能属于某个 network，一个 network 可以有多个 subnet，这些 subnet 可以是不同的 IP 段，但不能重叠。

• port：虚拟交换机上的一个端口。port 上定义了 MAC 地址和 IP 地址，当 instance 的虚拟网卡 VIF（Virtual Interface）绑定到 port 时，port 会将 MAC 和 IP 分配给 VIF。subnet 与 port 是一对多关系。一个 port 必须属于某个 subnet，一个 subnet 可以有多个 port。

（一）Neutron 主要功能

下面介绍 Neutron 网络组件的主要功能。

1. 二层交换

Neutron 支持多种虚拟交换机，一般使用 Linux Bridge 和 Openv Switch 创建传统的

VLAN 网络，以及基于隧道技术的 Overlay 网络，如 VXLAN 和 GRE（Linux Bridge 目前只支持 VXLAN）。

2. 三层路由

Neutron 从 Juno 版开始正式加入 DVR（Distributed Virtual Router）服务，它将原本集中在网络节点的部分服务分散到了计算节点上。可以通过 Namespace 中使用 ip route 或者 iptables 实现路由或 NAT，也可以通过 OpenFlow 给 Open vSwitch 下发流表来实现。

3. 负载均衡

OpenStack 在 Grizzly 版本第一次引入了 LBaaS（Load Balancing as a Service），提供了将负载分发到多个虚拟机的能力。LBaaS 支持多种负载均衡产品和方案，不同的实现以 Plugin 的形式集成到 Neutron，默认通过 HAProxy 来实现。

4. 防火墙

Neutron 有两种方式来保障云主机实例和网络的安全性，分别是安全组以及防火墙功能，均可以通过 iptables 来实现，前者是限制进出云主机实例的网络包，后者是进出虚拟路由器的网络包。

（二）Neutron 基本概念

下面介绍 Neutron 网络组件的一些基本概念，帮助读者更详细地了解 Neutron。

1. Local 网络模式

Local 网络与其他网络和节点隔离。Local 网络中的 instance 只能与位于同一节点上同一网络的 instance 通信，主要用于单机测试。

2. Flat 网络模式

Flat 网络是无 VLAN Tagging（虚拟局域网标签）的网络。Flat 网络中的 instance 能与位于同一网络的 instance 通信，并且可以跨多个节点。

3. VLAN 网络模式

VLAN 网络是具有 802. 1Q Tagging 的网络，是一个二层的广播域，同一 VLAN 中的 instance 可以通信，不同 VLAN 只能通过 Router 通信。VLAN 网络可跨节点，是应用最广泛的网络类型。

4. VXLAN 网络模式

VXLAN 是基于隧道技术的 Overlay 网络。VXLAN 网络通过唯一的 Segmentation ID（也叫 VNI）与其他 VXLAN 网络区分。VXLAN 中数据包会通过 VNI（VXLAN Network Identifier，VXLAN 的标识）封装成 UDP 包进行传输。因为二层的包通过封装在三层传输，能够克服 VLAN 和物理网络基础设施的限制。

5. GRE 网络模式

GRE 是与 VXLAN 类似的一种 Overlay 网络，主要区别在于 GRE 使用 IP 包而非 UDP 进行封装。

（三）基本命令

通过上面的学习，读者了解了 Neutron 服务的主要功能和基本概念，接下来通过 Neutron 常用命令的学习，使读者更加深入地掌握 Neutron 服务的使用和日常运维。

1. 查询网络列表

在已经安装完成的云计算平台，查询平台中的网络列表，命令如下：

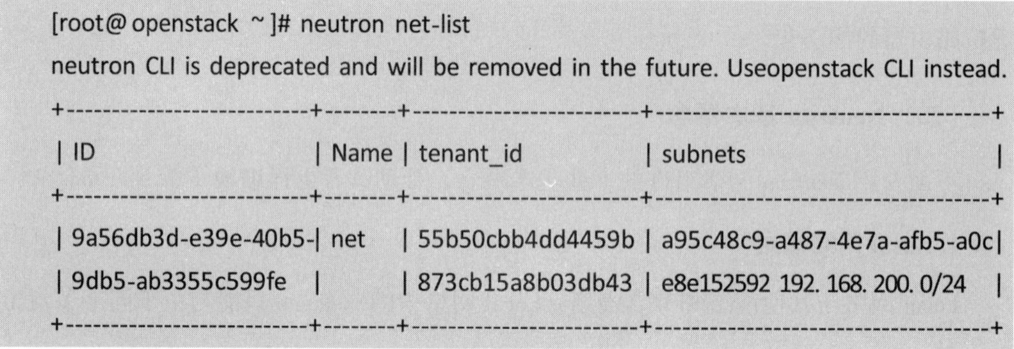

```
[root@ openstack ~]# neutron net-list
neutron CLI is deprecated and will be removed in the future. Useopenstack CLI instead.
+-------------------------+--------+----------------------+----------------------------------+
| ID                      | Name | tenant_id            | subnets                          |
+-------------------------+--------+----------------------+----------------------------------+
| 9a56db3d-e39e-40b5-| net   | 55b50cbb4dd4459b | a95c48c9-a487-4e7a-afb5-a0c|
| 9db5-ab3355c599fe   |       | 873cb15a8b03db43 | e8e152592 192. 168. 200. 0/24   |
+-------------------------+--------+----------------------+----------------------------------+
```

2. 查看 agent 列表

查询 Neutron 的 agent 列表，命令如下：

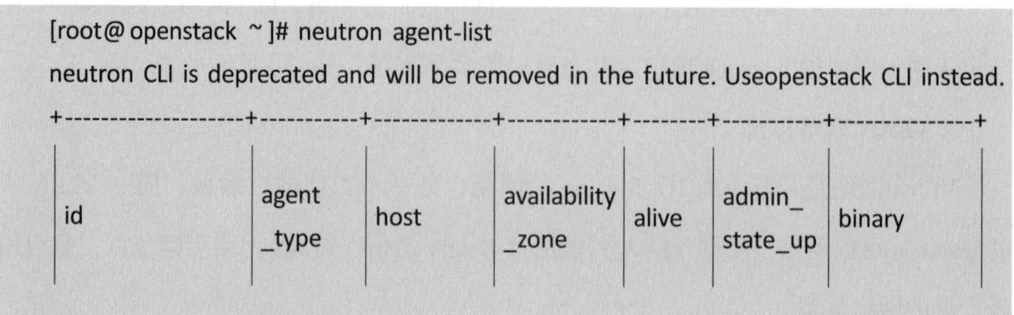

```
[root@ openstack ~]# neutron agent-list
neutron CLI is deprecated and will be removed in the future. Useopenstack CLI instead.
+------------------+-----------+------------+------------+--------+----------+--------------+
| id | agent_type | host | availability_zone | alive | admin_state_up | binary |
```

```
+------------------+----------+------------+-----------+--------+----------+--------------+
|16e95fb0-4alb-    |L3-agent  |openstack   |nova       |:-)     |True      |neutron-      |
|4e9c-9b13-        |          |            |           |        |          |l3-agent      |
|1c218b49428f      |          |            |           |        |          |              |
|560b7f95-6ef5-    |Metadata  |openstack   |           |:-)     |True      |neutron-      |
|4a52-b3ca-        |agent     |            |           |        |          |metadata-     |
|399bba0b2696      |          |            |           |        |          |agent         |
|591c5ce4-56ff-    |Linux     |            |           |:-)     |True      |neutron-      |
|4409-8f2e-        |bridge    |            |           |        |          |linuxbridge-  |
|887adf92a5a7      |agent     |            |           |        |          |agent         |
|949e11a2-c4e2-    |DHCP      |            |nova       |:-)     |True      |neutron-      |
|4d2a-8713-        |agent     |            |           |        |          |dhcp-agent    |
|0ab9a78af20b      |          |            |           |        |          |              |
+------------------+----------+------------+-----------+--------+----------+--------------+
```

3. 创建网络

创建名为 public，物理网络为 provider，网络类型为 VLAN 的网络，命令及执行结果如下：

```
# neutron net-create public --provider:network_type vlan
+-------------------------------+---------------------------------------------+
|Field                          |Value                                        |
+-------------------------------+---------------------------------------------+
|admin_state_up                 |True                                         |
|avai1abi1ity_zone_hints        |                                             |
|availabi1ity_zones             |2021-06-23T00:57:04z                         |
|created_at                     |cirros                                       |
|description                    |                                             |
|id                             |54e2e2da-2283-4f73-80a0-ccb5e8d4122f         |
|ipv4_address_scope             |                                             |
|ipv6_address_scope             |                                             |
|is_default                     |False                                        |
|mtu                            |1500                                         |
```

```
|name                        |public                            |
|port_security_enabled       |True                              |
|project_id                  |55b50cbb4dd4459b873cb15a8b03db43  |
|provider:network_type       |vlan                              |
|provider:physical_network   |provider                          |
|provider:segmentation_id    |23                                |
|revision_number             |2                                 |
|router:external             |False                             |
|shared                      |False                             |
|status                      |ACTIVE                            |
|subnets                     |                                  |
|tags                        |                                  |
|tenant_id                   |55b50cbb4dd4459b873cb15a8b03db43  |
|updated_at                  |2021-06-23T00:57:04z              |
+----------------------------+----------------------------------+
```

在 OpenStack 云计算平台的日常使用中，网络服务更多使用 Dashboard 界面进行操作，因为网络服务一旦创建，不需要经常改动。感兴趣的读者可以自行查找资料进一步学习更多的 Neutron 操作命令。

五、 UI 界面（Horizon）

Horizon 为 OpenStack 提供一个 Web 前端的管理界面（UI 服务）。通过 Horizon 所提供的 Dashboard 服务，管理员可以使用通过 Web UI 对 OpenStack 整体的云环境进行管理，并可直观地看到各种操作结果与运行状态。Horizon UI 组件包含区域（Region）、可用性区域（AZ）、Host Aggregates 和 Cell，其组件架构如图 4-2 所示。

（一）区域（Region）

• 此处的区域是地理上的概念，可以理解为一个独立的数据中心，每个所定义的区域有自己独立的 Endpoint。

• 区域之间是完全隔离的，但多个区域之间共享同一个 Keystone 和 Dashboard（目前 OpenStack 中的 Dashboard 还不支持多个区域）。

• 除了提供隔离功能，区域的设计更多侧重地理位置，用户选择不同的区域主要

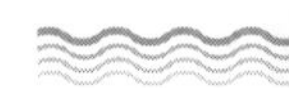

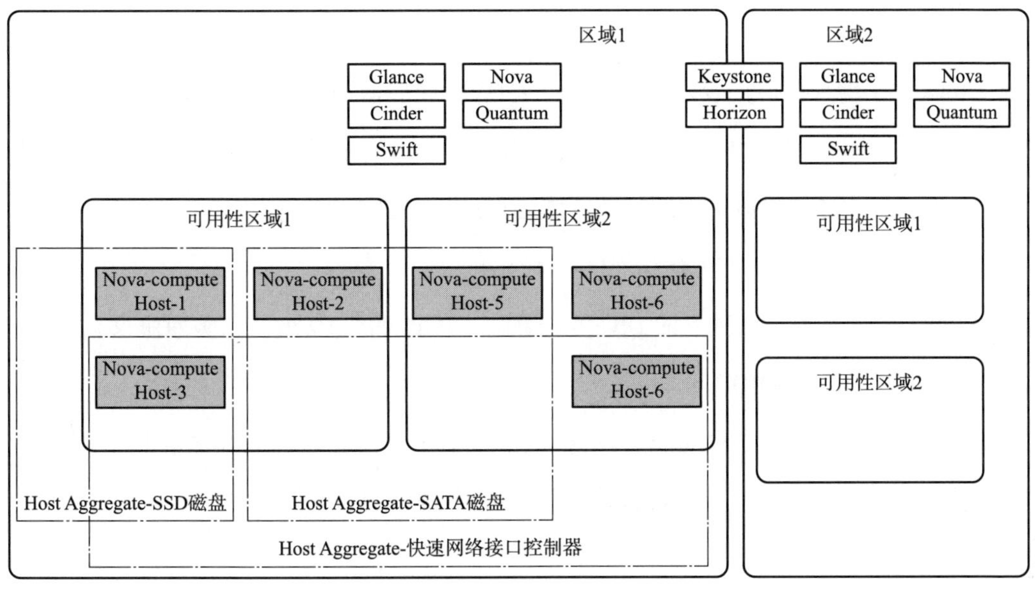

图 4-2　Horizon 组件架构

是考虑哪个区域更靠近自己，如用户在美国，可以选择离美国更近的区域。

- 区域的概念是由亚马逊在 AWS 中提出的，主要是解决容错能力和可靠性。

（二）可用性区域（AZ，Availability Zone）

- AZ 是在 Region 范围内的再次切分。例如可以把一个机架上的服务器划分为一个 AZ，划分 AZ 是为了提高容灾能力和提供廉价的隔离服务。

- AZ 主要是通过冗余来解决可用性问题，在亚马逊的声明中，instance 不可用是指用户所有 AZ 中的同一个 instance 都不可达才表明不可用。

- AZ 是用户可见的一个概念，并可选择，是物理隔离的，一个 AZ 不可用不会影响其他的 AZ。用户在创建 instance 的时候可以选择创建到哪些 AZ 中。

（三）HostAggregates

它是一组具有共同属性的节点集合。如以 CPU 作为区分类型的一个属性，以磁盘（SSD \ SAS \ SATA）作为区分类型的一个属性，以 OS（Windows \ Linux）作为区分类型的一个属性。

（四）Cell

Nova 为了增加横向扩展以及分布式、大规模（地理位置级别）部署的能力，同时又不增加数据库和消息中间件的复杂度，引入了 Cell 的概念，并引入了 Nova-cell 服务。引入 Cell 主要解决以下问题，其具体运行过程如图 4–3 所示。

- 解决 OpenStack 的扩展性和规模瓶颈问题。
- 每个 Cell 都有自己独立的 DB（数据库）和 AMQP（高级消息队列协议），不与其他模块共用 DB 和 AMQP，解决了大规模环境中 DB 和 AMQP 的瓶颈问题。
- Cell 实现了树形结构（通过消息路由）和分级调度（过滤算法和权重算法），Cell 之间通过 RPC 通信（远程过程调用），解决了扩展性问题。

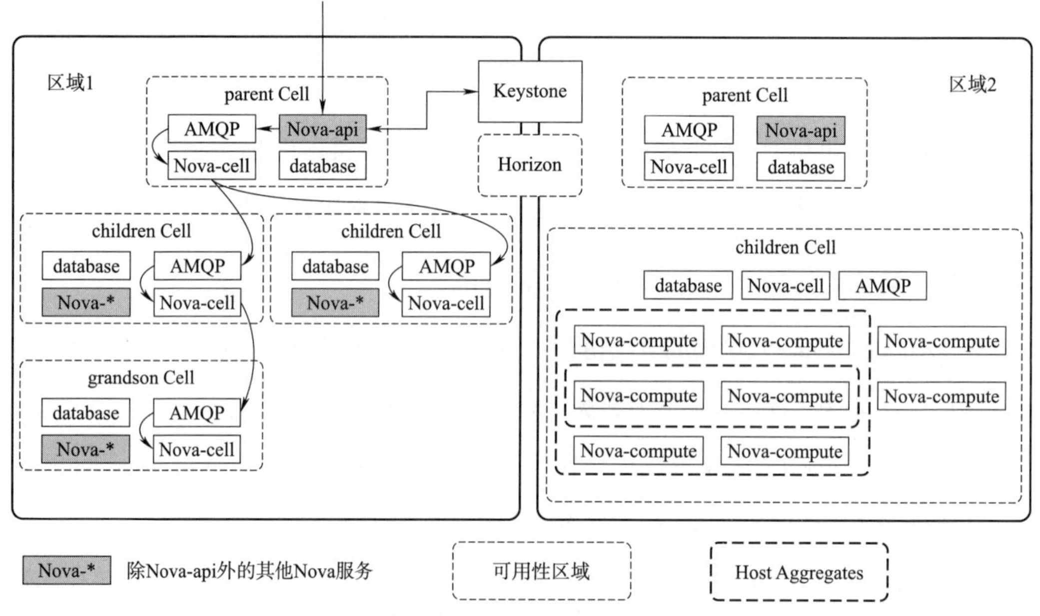

图 4–3　Cell 解决问题的过程

通过本节内容的学习，读者了解了云计算平台核心服务的主要功能、基本概念与常用操作命令。OpenStack 平台中还有很多服务，例如，Swift、Cinder、Heat、Ceilometer 等，感兴趣的读者可以自行学习。

第二节　OpenStack 云计算平台资源配额管理

考核知识点及能力要求：

- 了解云资源管理层次。
- 掌握云计算平台组件的资源管理方法。
- 能够根据工作需求，调整云计算平台的资源配额。

一、云资源管理层次模型

OpenStack 有三种资源视图，分别为用户视图、OpenStack 视图以及系统视图，这几个资源视图经常容易混淆。下面介绍三种视图的对比。

（一）用户视图

用户视图是站在用户的视角所看到的资源，位于资源抽象的最顶端。对于用户来说，底层是个无限量的巨大抽象资源池，所能使用的资源仅仅受管理员的配额限制。用户视图的资源也称为逻辑资源，它的资源量通常与底层物理资源没有关系，因为底层资源对用户是透明的。用户视图的资源在其所在的租户内是封闭的，与其他租户的资源完全隔离并且无感知。

用户视图资源使用量在 OpenStack 中通常称为 quota usage，用户可以通过 OpenStack 的 API 获取资源的使用量，以块存储资源 Cinder 为例，查看其 quota usage，命令如下：

```
[root@ openstack ~]# cinder quota-usage admin
+--------------------------+---------+-----------+-------+------------+
|Type                      | In_use | Reserved | Limit | Allocated |
+--------------------------+---------+-----------+-------+------------+
|backup_gigabytes          |0       |0         |1000  |            |
|backups                   |0       |0         |10    |            |
|gigabytes                 |0       |0         |1000  |            |
|gigabytes_luks            |0       |0         |-1    |            |
|groups                    |0       |0         |10    |            |
|per_volume_gigabytes      |0       |0         |-1    |            |
|snapshots                 |0       |0         |10    |            |
|snapshots_luks            |0       |0         |-1    |            |
|volumes                   |0       |0         |10    |            |
|volumes_luks              |0       |0         |-1    |            |
+--------------------------+---------+-----------+-------+------------+
```

其中 Limit 就是配额的上限，即允许用户申请的最大资源量，-1 表示无限制。

quota usage 包含三个阈值。

• Limit：用户允许使用的最大资源上限，即允许用户申请的最大资源量，-1 表示无限制。当用户超出 Limit 资源时请求将直接被拒回。

• Reserved：预留资源，即已分配资源给用户但资源尚未被使用，比如用户申请虚拟机，虚拟机已经完成调度但还未创建完成。

• In_use：用户已经使用的资源量。

以上三个数值关系满足当 Limit 不等于-1 时，In_use+Reserved 小于或等于 Limit。

Limit 由管理员设置，当管理员创建一个新的租户时，默认继承 default quota class 的值，创建完成后管理员可以根据需要修改配额值。

（二）OpenStack 视图

前面的用户视图资源是以租户为单位划分的，而 OpenStack 视图是全局资源的概念，统计了 OpenStack 所纳管资源的总量和使用量，因此 OpenStack 视图的资源通常又称为物理资源。OpenStack 基于该资源使用以及分布情况进行调度。当资源不足时，将导致虚拟机调度失败，用户请求不会报错，但虚拟机状态为 ERROR。

但是需要注意的是，OpenStack 视图的资源是按分配量计算的，而不是按照实际使用量统计。比如用户申请了一台 2 CPU、4 GB 的云主机，但该云主机关机了，此时云主机实际上并不占用任何 CPU 和内存，但 OpenStack 在统计中还是需要减去 2 CPU、4 GB 资源。对于 OpenStack 来说，已经分配的资源，不管用户究竟有没有在使用，除非删除，否则不会被回收，也不能被其他虚拟机抢占。

OpenStack 统计的资源总量在不超售的情况下等于所有物理资源总和，但如果设置了超售，OpenStack 实际分配的资源可能大于资源总量。

OpenStack Nova 通过 hypervisor-stats 查看整个集群的资源使用情况，命令如下：

```
[root@openstack ~]# nova hypervisor-stats
+--------------------------+-----------+
| Property                 | Value     |
+--------------------------+-----------+
| count                    | 1         |
| current_workload         | 0         |
| disk_available_least     | 36        |
| free_disk_gb             | 39        |
| free_ram_mb              | 10751     |
| local_gb                 | 49        |
| local_gb_used            | 10        |
| memory_mb                | 12287     |
| memory_mb_us             | 1536      |
| running_vms              | 1         |
| vcups                    | 4         |
| vcups_used               | 1         |
+--------------------------+-----------+
```

注意：以上统计的是整个集群的物理资源，而不是单个计算节点的资源，这意味着并不是总量满足请求资源就可以调度，可能存在资源碎片导致调度虚拟机失败。比如，假设有 20 台计算节点，每个计算节点剩余 2 GB 内存，统计内存剩余量为 2 GB×20=40 GB，但用户若申请一台 4 GB 内存的虚拟机调度仍然会失败，原因是没有任何一个计算节点满足内存资源。

（三）系统视图

系统视图是指资源供给者（provider）的资源统计，这是操作系统级别的统计，包括了宿主机的进程以及虚拟机所占用的资源。用户可以通过 free 命令查看内存使用情况。OpenStack 通过 Ceilometer 收集宿主机的资源使用情况。需要注意的是，OpenStack 调度时不会考虑计算节点的实时系统资源，而只考虑 OpenStack 视图下的分配资源。

二、使用云计算平台模拟企业私有云

下面的案例使用 OpenStack 云计算平台模拟企业私有云计算平台，为不同的部门划分 Project（租户），并为不同的部门设置不同的资源配额，达到部门间的资源隔离，实现按需分配资源的要求。

（一）需求分析

某小型公司构建私有云计算平台，由于各部门的职能不同，为了满足资源的合理分配，要求不同部门按表 4–1 分配不同的资源配额。

表 4–1　　企业各部门资源配额规划

部门名称	VCPU	云主机	内存（GB）	网络
DeptA	50	25	1 000	10
DeptB	100	50	2 000	20

（二）案例实施

下面的案例介绍如何创建项目与用户，并根据不同的需求，合理分配资源配额。

1. 创建项目 DeptA

在已经安装好的云计算平台上，通过 Horizon 页面使用管理员账户登录 OpenStack 私有云管理平台，选择页面左侧导航栏“身份管理→项目→创建项目”菜单命令，创建项目 DeptA，并根据表 4–1 调整配额，调整完成后单击“创建项目”按钮，如图 4–4 和图 4–5 所示。

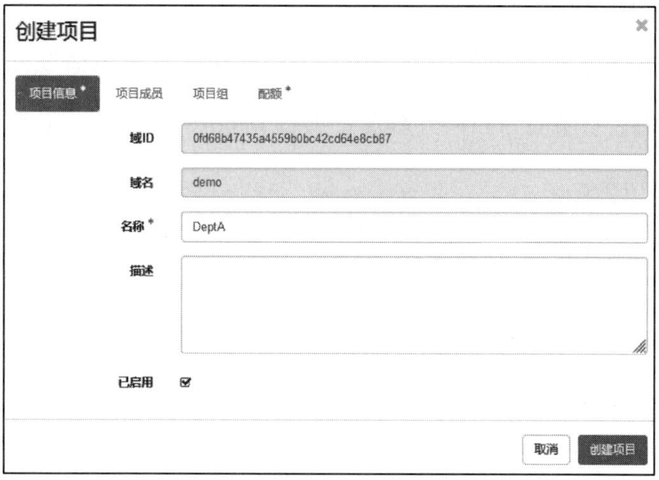

创建项目

项目信息* 项目成员 项目组 配额*

域ID 0fd68b47435a4559b0bc42cd64e8cb87

域名 demo

名称* DeptA

描述

已启用

取消 创建项目

图 4-4　创建项目 DeptA

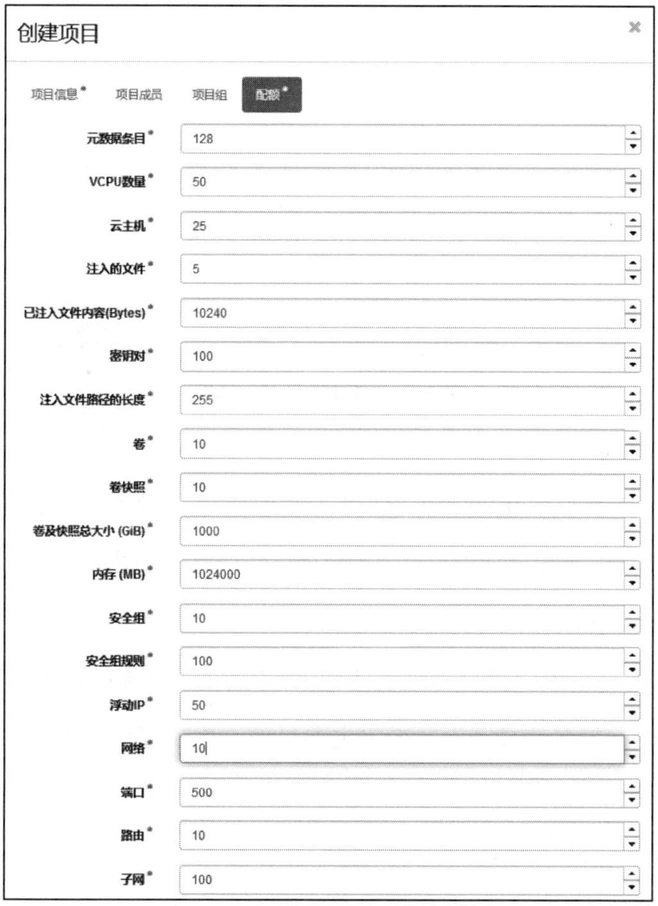

创建项目

项目信息* 项目成员 项目组 配额*

元数据条目*	128
VCPU数量*	50
云主机*	25
注入的文件*	5
已注入文件内容(Bytes)*	10240
密钥对*	100
注入文件路径的长度*	255
卷*	10
卷快照*	10
卷及快照总大小 (GiB)*	1000
内存 (MB)*	1024000
安全组*	10
安全组规则*	100
浮动IP*	50
网络*	10
端口*	500
路由*	10
子网*	100

图 4-5　调整配额

2. 创建用户 DeptA01

选择页面左侧导航栏“身份管理→用户→创建用户”菜单命令，创建项目 DeptA 下的用户 DeptA01，设置登录密码并绑定主项目 DeptA，配置完成后单击“创建用户”按钮，如图 4-6 所示。

图 4-6　创建用户 DeptA01

3. 创建项目 DeptB

选择页面左侧导航栏“身份管理→项目→创建项目”菜单命令，创建项目 DeptB，并根据表 4-1 调整配额，调整完成后单击“创建项目”按钮，如图 4-7 和图 4-8 所示。

4. 创建用户 DeptB01

选择页面左侧导航栏“身份管理→用户→创建用户”菜单命令，创建项目 DeptB 下的用户 DeptB01，设置登录密码并绑定主项目 DeptB，配置完成后单击“创建用户”按钮，如图 4-9 所示。

5. 资源调整

使用 DeptA01 用户登录 OpenStack 私有云管理平台 Horizon，选择页面导航栏左侧“项目→资源管理→概览”菜单命令，并根据表 4-1 对比调整后的配额，如图 4-10 所示。

创建项目 ×

项目信息*　项目成员　项目组　配额*

域ID	0fd68b47435a4559b0bc42cd64e8cb87
域名	demo
名称*	DeptB
描述	
已启用	☑

取消　创建项目

图 4-7　创建项目 DeptB

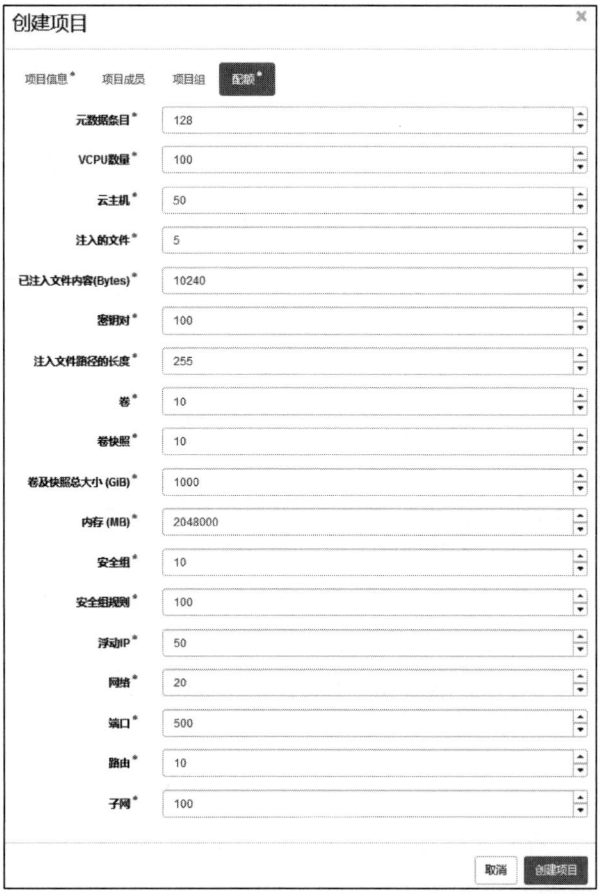

创建项目 ×

项目信息*　项目成员　项目组　配额*

元数据条目*	128
VCPU数量*	100
云主机*	50
注入的文件*	5
已注入文件内容(Bytes)*	10240
密钥对*	100
注入文件路径的长度*	255
卷*	10
卷快照*	10
卷及快照总大小 (GiB)*	1000
内存 (MB)*	2048000
安全组*	10
安全组规则*	100
浮动IP*	50
网络*	20
端口*	500
路由*	10
子网*	100

取消　创建项目

图 4-8　调整配额

图 4-9　创建用户 DeptB01

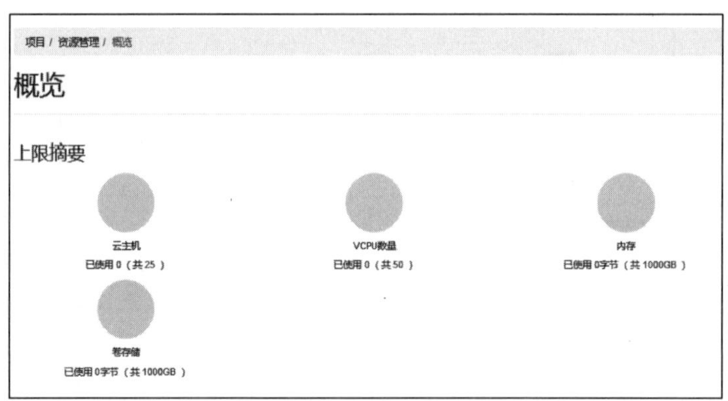

图 4-10　验证配额 DeptA01

使用 DeptB01 用户登录 OpenStack 私有云管理平台 Horizon，选择页面导航栏左侧“项目→资源管理→概览”菜单命令，并根据表 4-1 对比调整后的配额，如图 4-11 所示。

通过本节内容的学习，读者对 Project（项目）、User（用户）和资源配额有了一定的了解。在实际工作中，进行小型私有云计算平台资源规划配置时，读者可以完成相应的操作。

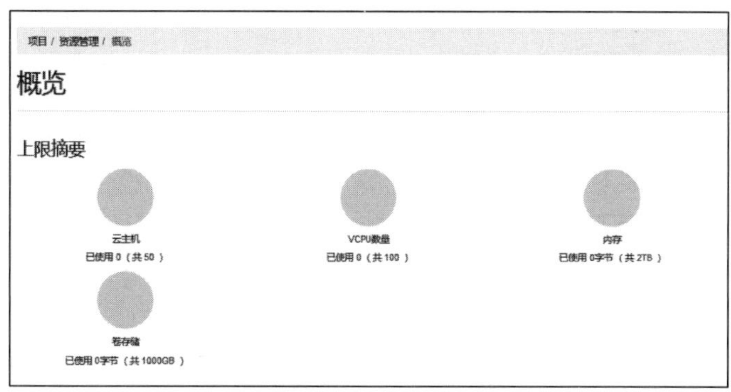

图 4-11　验证配额 DeptB01

第三节　OpenStack 云计算平台网络规划

考核知识点及能力要求：

- 了解 OpenStack 云计算平台网络原理
- 掌握 OpenStack 云计算平台网络的基础操作、运维命令。
- 能够根据网络规划，配置云计算平台的网络模式、配置连接。

一、 Flat 网络模式

Flat 网络模式是指基于不使用 VLAN 的物理网络实现的虚拟网络。每个物理网络最多只能实现一个虚拟网络。Flat 网络模式从 IP 池取出 IP 分配给虚拟机实例，所有的实例都在计算节点中和一个网桥相关联，如图 4-12 所示。不过，在此模式中，控制节点多做了一些配置，尝试和以太网设备（默认为 eth0）建立网桥，通过 DHCP 自动为实例分配 Flat 网络的固定 IP，可以回收释放 IP。

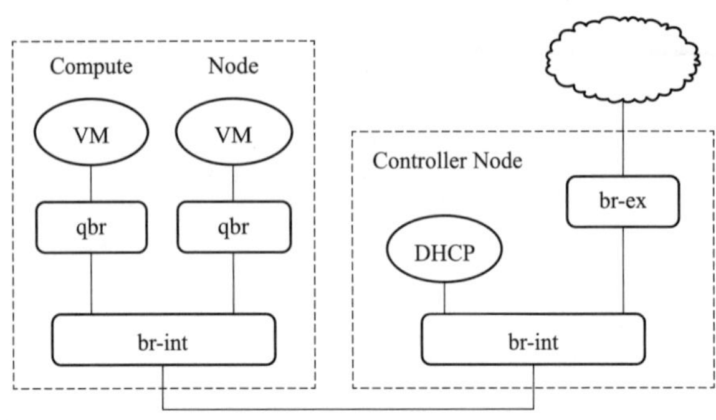

图 4-12　Flat 网络模式

下面通过命令和 Dashboard 两种方式创建 Flat 网络。

（一）命令方式

在云计算平台 Controller 节点，创建 Flat 网络，命令如下：

```
# source /etc/keystone/admin-openrc. sh
# openstack network create --provider-network-type flat
--provider-physical-network provider flat
```

（二）Dashboard 界面方式

使用 Dashboard 界面创建 Flat 网络，如图 4-13 所示。

图 4-13　创建 Flat 网络

二、 GRE 网络模式

图 4-14 所示为 GRE 网络模式，GRE 网络可以跨不同网络实现二次 IP 通信，而且通信封装在 IP 报文中，实现点对点隧道，所有网络的逻辑管理均在 Network 节点中实现。例如 DNS、DHCP 以及路由等。Compute 节点上只需要对所部署的虚拟机提供基本的网络支持，包括隔离不同租户的虚拟机和进行一些基本的安全策略管理。

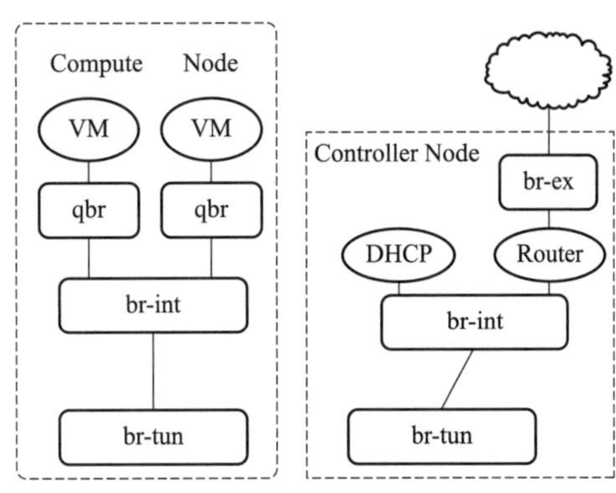

图 4-14　GRE 网络模式

下面通过命令和 Dashboard 两种方式创建 GRE 网络。

（一）命令方式

在云计算平台 Controller 节点，创建 GRE 网络，命令如下：

```
# sed -i "/type_drivers/s/ $ /,gre/" /etc/neutron/plugins/ml2/ml2_conf. ini
# source /etc/keystone/admin-openrc. sh
# openstack network create --provider-network-type gre --provider-segment 1 gre
```

（二）Dashboard 界面方式

使用 Dashboard 界面创建 GRE 网络，如图 4-15 所示。

三、 VLAN 网络模式

VLAN（Virtual Local Area Network，虚拟局域网）是一种将局域网设备从逻辑上划分成一个个网段，从而实现虚拟工作组的新兴数据交换技术。

图 4-16 所示为 VLAN 网络模式，VLAN 模式需要创建租户 VLAN，使得租户之间二层网络隔离，并自动创建网桥，网络控制器上的 DHCP 为所有的 VLAN 启动，从被分配到项目的子网中获取 IP 地址，并传输到虚拟机实例。DHCP 为每个虚拟机分配私网地址（DNSmasq），网络控制器 NAT 转换，同时解决了二层隔离问题，适合私有云使用。为了实现用户获得项目的实例，访问私网网段，需要创建一个特殊的 VPN 实例。

图 4-15　创建 GRE 网络

计算节点为用户生成了证明书和 KEY，使得用户可以访问 VPN，同时计算节点自动启动 VPN。

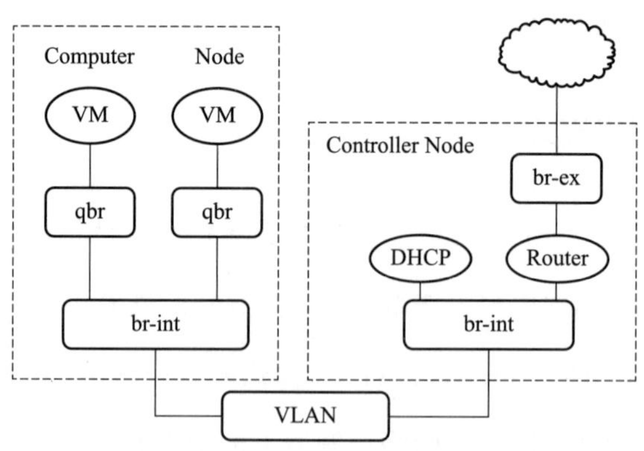

图 4-16　VLAN 网络模式

下面通过命令和 Dashboard 两种方式创建 VLAN 网络。

（一）命令方式

在云计算平台 Controller 节点，创建 VLAN 网络命令如下：

```
# source /etc/keystone/admin-openrc. sh
# openstack network create --provider-network-type vlan --provider-physical-network provider --provider-segment 1 vlan
```

（二）Dashboard 界面方式

使用 Dashboard 界面创建 VLAN 网络，如图 4-17 所示。

图 4-17　创建 VLAN 网络

通过本节内容的学习，读者了解了云计算平台不同的网络模式，实际工作中，读者可以根据自己的需求创建不同种类的网络模式。

第四节　Kubernetes 容器云平台管理

考核知识点及能力要求：

- 了解 Kubernetes 容器云平台中工作节点的隔离与恢复。
- 掌握 Kubernetes 容器云平台中 Pod 的扩容与缩放。
- 掌握 Kubernetes 容器云平台中 Pod 的指定调度。
- 掌握 Kubernetes 容器云平台中应用的滚动升级。

一、 Node 的隔离与恢复

通过对 Kubernetes 容器云平台安装与使用，相信读者已经对 Kubernetes 平台有了一定的认识，接下来将介绍 Kubernetes 平台常用的管理与运维操作。

（一）环境准备

使用一个安装完毕的 Kubernetes 平台，实验环境可以参考第二章第四节 Kubernetes 云平台搭建与使用中的 Kubernetes 环境。后面关于 Kubernetes 的实操案例，均可以使用该类型的环境。

（二）Node 隔离与恢复操作

在日常工作中，当硬件需要升级和维护时，需要将某些 Node 隔离。使用“kubectl cordon <node_name>”命令可以禁止 Pod 调度到该节点上，在其上运行的 Pod 并不会自动停止，管理员需要手动停止在该 Node 上运行的 Pod。此处使用的实操环境是一个

节点，尝试停止将 Master 节点隔离（Master 也是一个 Node 节点），命令如下：

```
[root@master ~]# kubectl cordon master
node/master cordoned
```

查看 Node 的状态，命令如下：

```
[root@master ~]# kubectl get nodes
NAME      STATUS                        ROLES     AGE     VERSION
master    Ready,SchedulingDisabled      master    102d    v1.18.1
```

可以观察到在 Node 的状态中增加了一项 SchedulingDisabled，对于后续创建的 Pod，系统不会再向该 Node 进行调度。

通过“kubectl uncordon”命令可完成对 Node 的恢复，命令如下：

```
[root@master ~]# kubectl uncordon master
node/master uncordoned
```

再次查看 Node 信息，命令如下：

```
[root@master ~]# kubectl get nodes
NAME      STATUS    ROLES     AGE     VERSION
master    Ready     master    102d    v1.18.1
```

可以看到 Node 节点已恢复调度，STATUS 又变成了 Ready，允许 Pod 调度到该节点上。

通过“kubectl drain <node_ name>”命令可实现对 Node 节点的驱逐，该命令会删除该节点上的所有 Pod（DaemonSet 除外），在其他 Node 上重新启动它们，感兴趣的读者可以自行尝试。

二、 Pod 的动态扩容和缩放

在实际生产系统中，经常会遇到某个服务需要扩容的场景，也可能会遇到由于资源紧张或者工作负载降低而需要减少服务实例数量的场景。此时可以使用“kubectl scale deployment”命令来完成这些任务。

以 Nginx Deployment 为例，创建一个 Nginx 的 Deployment，副本数为 1，命令如下：

```
[root@master ~]# kubectl create deployment nginx --image=nginx:latest
deployment.apps/nginx created
```

查看 Pod 和 Deployment，命令如下：

```
[root@master ~]# kubectl get pods
NAME                         READY   STATUS    RESTARTS   AGE
nginx-674ff86d-n6jqq         1/1     Running   0          2m1s
[root@master ~]# kubectl get deployment
NAME      READY   UP-TO-DATE   AVAILABLE   AGE
nginx     1/1     1            1           2m7s
```

使用 scale 命令将 Nginx Deployment 控制的 Pod 副本数量从初始的 1 更新为 5，命令如下：

```
[root@master ~]# kubectl scale deployment nginx --replicas=5
deployment.apps/nginx scaled
```

更新副本后，继续查看 Pod 数量，命令如下：

```
[root@master ~]# kubectl get pods
NAME                         READY   STATUS    RESTARTS   AGE
nginx-674ff86d-7xgct         1/1     Running   0          66s
nginx-674ff86d-9mzvx         1/1     Running   0          66s
nginx-674ff86d-dw6mb         1/1     Running   0          66s
nginx-674ff86d-n6jqq         1/1     Running   0          4m33s
nginx-674ff86d-ztm8j         1/1     Running   0          66s
```

此时，Nginx 的 Pod 数量为 5，调整副本数成功。如果需要将副本的数量调小，可以将“--replicas”设置为比当前 Pod 副本数量更小的数字，系统将会“杀掉”一些运行中的 Pod，即可实现应用集群缩容。

例如，使用 scale 命令将 Nginx 的 Pod 副本数调整为 3，命令如下：

```
[root@master ~]# kubectl scale deployment nginx --replicas=3
deployment.apps/nginx scaled
```

查看 Pod 数量，命令如下：

```
[root@master ~]# kubectl get pods
NAME                         READY   STATUS    RESTARTS   AGE
nginx-674ff86d-9mzvx         1/1     Running   0          4m56s
```

```
nginx-674ff86d-dw6mb            1/1     Running    0        4m56s
nginx-674ff86d-n6jqq            1/1     Running    0        8m23s
```

通过返回信息可以看到 Pod 副本数减少为 3，验证 Pod 动态扩容和缩放实验成功。

三、将 Pod 调度到指定的 Node

Kubernetes 的 Scheduler 服务（kube-scheduler 进程）负责实现 Pod 的调度，整个调度过程通过执行一系列复杂的算法，最终为每个 Pod 计算出一个最佳的目标节点，这一过程是自动完成的，用户无法知道 Pod 最终会被调度到哪个节点上。有时可能需要将 Pod 调度到一个指定的 Node 上。此时，可以通过 Node 的标签（Label）和 Pod 的 nodeSelector 属性相匹配，来达到上述目的。

Label（标签）作为用户可以灵活定义的对象属性，在已创建的对象上，仍然可以随时通过"kubectl label"命令对其进行增加、修改、删除等操作。使用"kubectl label"命令给 Node 打标签的用法如下：

```
# kubectl label nodes <node-name> <label-key>=<label-value>
```

因为该案例至少需要两个 Node 节点，所以还需申请一台虚拟机，配置为 Kubernetes 集群的 Node 节点。根据上面 Kubernetes 部署的内容，自行安装 Kubernetes 的 Node 节点，然后进行下述操作。

为 Node 节点打上一个"project=gcxt"的标签，命令如下：

```
[root@master ~]# kubectl label nodes node project=gcxt
node/node labeled
```

如果想删除 Label，只需要在命令行最后指定 Label 的 key 名，并加一个减号即可。命令如下：

```
[root@master ~]# kubectl label nodes node project-node/node labeled
```

在 Pod 中加入 nodeSelector 定义，命令及文件内容如下：

```
[root@master ~]# catnginx. yaml
apiVersion: v1
kind: ReplicationController
metadata:
```

```
    name: nginx-gcxt
    labels:
      name: nginx-gcxt
spec:
  replicas: 1
  selector:
    name: nginx-gcxt
  template:
    metadata:
      labels:
        name: nginx-gcxt
    spec:
      containers:
      - name: nginx-gcxt
        image: nginx: latest
        - containerPort: 80
      nodeSelector:
        project: gcxt
```

使用“kubectl apply -f”命令创建 Pod，scheduler 就会将该 Pod 调度到拥有“project=gcxt”标签的 Node 上去，命令如下：

```
[root@ master ~]# kubectl apply -f nginx. yaml
replicationcontroller/nginx-gcxt created
```

查看 Pod 的详细信息，命令如下：

```
[root@ master ~]# kubectl get pods -o wide
NAME              READY STATUS   RESTARTS AGE  IP          NODE  NOMINATED NODE
    READINESS GATES
nginx-gcxt-hdt5x  1/1     Running  0         14s   10. 24. 9. 2 node  <none>
    <none>
```

返回信息表示 Pod 已成功调度到指定的 Node 节点。这种基于 Label 标签的调度方式灵活性很高，比如，可以把一组 Node 分别贴上“开发环境”“测试环境”“生产环境”这三组标签中的一种，此时一个 Kubernetes 集群就承载了三个环境，这将大大提高开发效率。

注意：如果指定了 Pod 的 nodeSelector 条件，且集群中不存在包含相应标签的 Node 时，即使还有其他可供调度的 Node，这个 Pod 也最终会调度失败。

四、应用滚动升级

当集群中的某个服务需要升级时，需要停止目前与该服务相关的所有 Pod，然后重新拉取镜像并启动。如果集群规模比较大，这个工作就变成了一个挑战。如果采取先全部停止，然后逐步升级的方式，会导致较长时间的服务不可用。Kubernetes 提供了 rolling-update（滚动升级）功能来解决上述问题。

滚动升级通过使用“kubectl rolling-update”命令一键完成，该命令创建了一个新的 Deployment，然后自动控制旧的 Deployment 中的 Pod 副本数量逐渐减少到 0，同时新的 Deployment 中的 Pod 副本数量从 0 逐步增加到目标值，最终实现 Pod 的升级。

注意：系统要求新的 Deployment 与旧的 Deployment 在相同的命名空间（Namespace）内，即不能把别人的资产偷偷转移到自家名下。

下面的示例将展示在第一次部署时使用 httpd：2. 2. 31，然后使用滚动升级更新到 httpd：2. 2. 32。

在/root 目录下创建 httpd. yaml 文件，命令及文件内容如下：

```
[root@ master ~]# vi httpd. yaml
[root@ master ~]# cat httpd. yaml
apiVersion: apps/v1
kind: Deployment
metadata:
  name: httpd
spec:
  selector:
    matchLabels:
      app: httpd
  replicas: 3
  template:
    metadata:
      labels:
```

```
          app: httpd
      spec:
        containers:
          - name: httpd
            image: httpd:2. 2. 31
            ports:
            - containerPort: 80
```

创建 httpd 的 Deployment，命令如下：

```
[root@ master ~]# kubectl apply -f httpd. yaml
deployment. apps/httpd created
```

查看 Pod 和 Deployment 信息，命令如下：

```
[root@ master ~]# kubectl get pod
NAME                          READY   STATUS    RESTARTS   AGE
httpd-745bddc8fb-7h9cr        1/1     Running   0          9m22s
httpd-745bddc8fb-h2s2p        1/1     Running   0          9m22s
httpd-745bddc8fb-wtx8r        1/1     Running   0          9m22s
[root@ master ~]# kubectl get deployment -o wide
NAME     READY   UP-TO-DATE   AVAILABLE   AGE   CONTAINERS   IMAGES
SELECTOR
httpd    3/3     3            3           16m   httpd        httpd:2. 2. 31
app = httpd
```

通过返回信息可以看到镜像的版本是 2. 2. 31，修改 httpd. yaml 文件，把配置文件中的 httpd：2. 2. 31 改为 httpd：2. 2. 32，命令如下：

```
[root@ master ~]# vi httpd. yaml
[root@ master ~]# cat httpd. yaml
apiVersion: apps/v1
kind: Deployment
metadata:
  name: httpd
spec:
  selector:
    matchLabels:
      app: httpd
```

```
    replicas: 3
    template:
      metadata:
        labels:
          app: httpd
      spec:
        containers:
          - name: httpd
            image: httpd:2. 2. 32
            ports:
            - containerPort: 80
```

再次启动 Deployment，命令如下：

```
[root@ master ~]# kubectl apply -f httpd. yaml
deployment. apps/httpd configured
```

再次查看 Deployment 的信息，命令如下：

```
[root@ master ~]# kubectl get deployment -o wide
NAME     READY    UP-TO-DATE    AVAILABLE    AGE    CONTAINERS    IMAGES
SELECTOR
httpd    3/3      3             3            16m    httpd         httpd: 2. 2. 32
app = httpd
```

可以看到当前的 httpd 版本为 2. 2. 32，查看 Deployment 的详细信息，命令如下：

```
[root@ master ~]# kubectl describe deployment httpd
Name:                     httpd
Namespace:                default
CreationTimestamp:        Mon, 27 Sep 2021 11:20:28 -0400
Labels:                   <none>
. . . . .
NewReplicaSet:    httpd-55d897fbfc (3/3 replicas created)
Events:
  Type     Reason              Age    From                     Message
  ----     ------              ----   ----                     -------
  Normal ScalingReplicaSet     10m    deployment-controller    Scaled up replica
set httpd-745bddc8fb to 3
```

```
    Normal ScalingReplicaSet    18s    deployment-controller    Scaled up replica
set httpd-55d897fbfc to 1
  ... ...
    Normal ScalingReplicaSet    14s    deployment-controller    Scaled up replica
set httpd-55d897fbfc to 3
    Normal ScalingReplicaSet    13s    deployment-controller    Scaled down replica
set httpd-745bddc8fb to 0
```

上面的日志信息就描述了滚动升级的过程：

- 启动一个新版 Pod。
- 把旧版 Pod 数量降为 2。
- 再启动一个新版 Pod，数量变为 2。
- 把旧版 Pod 数量降为 1。
- 再启动一个新版 Pod，数量变为 3。
- 把旧版 Pod 数量降为 0。

这就是滚动的意思，始终保持副本数量为 3，控制新旧 Pod 的交替，实现无缝升级。

通过本节内容的学习，掌握了 Kubernetes 平台中 Node 工作节点的隔离与恢复、Pod 的动态扩容与收缩、调度 Pod 到指定工作节点、应用的滚动升级等操作。在日常工作中，经常会根据业务实际需求，调整 Pod 的副本数量、运行的工作节点、版本号等。关于更多 Kubernetes 平台的管理命令与使用方法，读者可以自行查找资料学习。

思考题

1. 云计算平台中的几个核心服务分别是什么？

2. 云计算平台中的几大服务是必须安装的吗？如果没有安装 Dashboard 服务，云计算平台是否还能正常运行？

3. 云计算平台的资源隔离是不是真正意义上的完全隔离？

4. 云计算平台中的几种网络模式分别适合用在什么场景？

5. 云计算平台中的哪种网络模式最具有拓展性？

6. 在生产环境中，使用 Kubernetes 平台的 Master 和 Node 会共用一个节点吗？

第五章　云系统运维

云系统运维解决了传统运维需要大量人工干预、实时性差等问题。云系统运维的服务模式为用户提供了一种快速部署和应用运维系统的方法，彻底改变了传统的高成本运维服务模式。

云系统运维是通过运维工程师在云维护平台的支撑下实现检测、监控、排除的自动化、智能化服务。云系统运维可以通过云数据挖掘、处理、运算手段对工程师的工作进行高效协调、调度、指引以完成服务器、网络等方面的维护工作。

- **职业功能**：云计算平台运维（云系统运维）。
- **工作内容**：安装部署监控组件，对关键数据进行监控，对发生的故障进行排查、分析与记录。
- **专业能力要求**：能够使用监控工具来监控云系统各组件与服务的运行状态；能够定期查看云系统运行日志；能够修改自动化部署和运维的脚本；能够完成自动化部署与运维脚本的测试。
- **相关知识要求**：掌握云系统监控管理知识；掌握云平台故障分析和排查知识；掌握脚本语言知识。

第一节　监控工具的安装与使用

考核知识点及能力要求：

- 了解监控工具的作用和使用场景。
- 掌握 Zabbix 监控工具的安装与使用。
- 能够安装 Zabbix 监控工具，监控服务器的运行状态。

一、监控的作用

监控和运维，是互联网工业链上非常重要的一环。监控的目的就是防患于未然。通过监控，能够及时了解到企业网络、服务器、应用服务的运行状态。一旦出现安全隐患，就可以及时预警，或者以其他方式通知运维人员，让运维监控人员有时间处理和解决隐患，避免影响业务系统的正常使用。

运维工作最重要的就是维护系统的稳定性。除了熟练运用各种提高运维效率的工具来辅助工作外，还可运用云资源费用管理、安全管理、监控等，这些都需要耗费不少的精力和时间。监控可以提高运维效率，监控也是实现自动化运维的重要环节，监控与运维相辅相成，使用好监控工具，可以使运维工作事半功倍。

二、 Zabbix 简介

Zabbix 是一个基于 Web 界面的提供分布式系统监视以及网络监视功能的企业级的开源解决方案，是由 C 语言编写而成的底层架构。它能够监视各种网络参数，保证服

务器系统的安全运营，并提供灵活的通知机制，让系统管理员快速定位和解决存在的各种问题。Zabbix 由两部分构成，Zabbix Server 与可选组件 Zabbix Agent。Zabbix Server 可以通过 SNMP、Zabbix Agent、Ping、端口监视等方法提供对远程服务器和网络状态的监视、数据收集等功能。Zabbix Agent 需要安装在被监视的目标服务器上，它主要完成对硬件信息或者与操作系统有关的内存、CPU 等信息收集。Zabbix Server 可以单独监视远程服务器的服务状态，也可以与 Zabbix Agent 配合，轮询 Zabbix Agent 主动接收监视数据（Agent 方式），同时还可被动接收 Zabbix Agent 发送的数据。

Zabbix 服务的三个关键（界面、服务端和数据库）组件可以安装在同一台服务器上，但是如果所监控的环境更大更复杂，也能将它们安装在不同的主机上。Zabbix 服务器能够直接监控到同一网络中的设备，如果其他网络的设备也需要被监控，那还需要安装一台 Zabbix 代理服务器。

Zabbix 常用组件如下。

- Zabbix Web UI：提供 Web 界面，不一定跟 Zabbix Server 运行在同一台物理机器上。
- Zabbix Database：提供数据存储功能，专用于存储配置信息，以及采集到的数据。
- Zabbix Server：接收 Agent 采集数据的核心组件。
- Zabbix Agent：部署在被监控主机上，用于采集本地数据。
- Zabbix Proxy：当被监控节点较多时，用于减轻 Server 压力的组件，也用于分布式监控系统。由 Proxy 接收数据后统一发送至 Server。

Zabbix 常用组件及架构图，如图 5－1 所示。

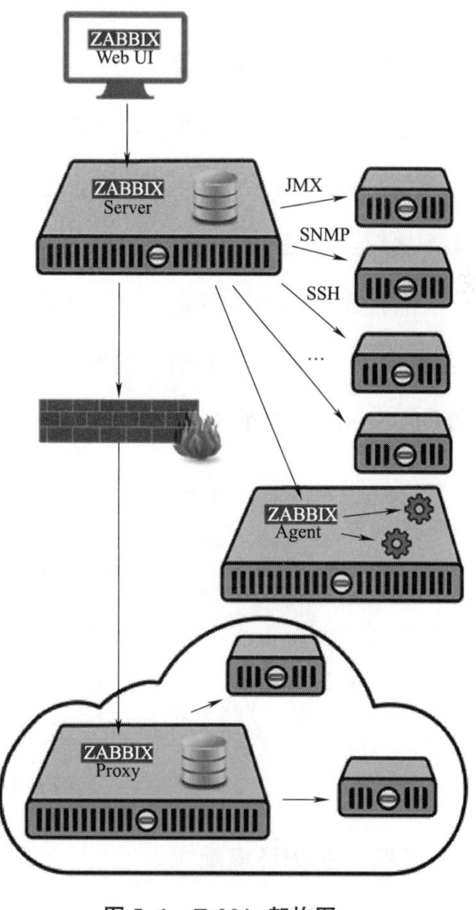

图 5-1　Zabbix 架构图

三、 Zabbix 服务配置

下面通过案例介绍 Zabbix 监控服务的安装和配置。

（一）服务器环境准备

准备一台物理服务器或者使用 VMWare 软件准备一台虚拟机，最低配置要求如下。

- Zabbix Server 节点：2 CPU/4 GB 内存/50 GB 硬盘。

（二）操作系统准备

- 安装 CentOS 7.5 系统，使用 CentOS-7-x86_64-DVD-1804. iso 镜像文件进行最小化安装。
- 已安装完成的 OpenStack 云计算平台。

（三）网络环境准备

节点只需要一个网络，若使用物理服务器，需要配合三层交换机使用，交换机上需要划分一个 VLAN。为了方便记忆，VLAN 可以配置成 192. 168. 100. 0/24 网段；只需配置第一个网卡，例如 Zabbix Server 节点配置 IP 为 192. 168. 100. 100。

若使用 VMWare 环境，虚拟机网卡使用仅主机模式。在 VMWare 工具的虚拟网络编辑器中，配置仅主机模式的网段如图 5-2 所示，并给节点的第一个网卡配置 IP，Zabbix Server 节点配置为 192. 168. 100. 100。

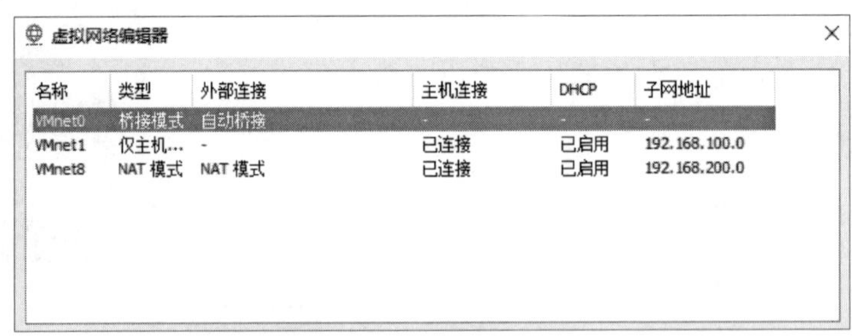

图 5-2 虚拟网络配置

（四）基础环境配置

在按照要求配置和启动虚拟机后，配置节点的虚拟机 IP 地址为 192. 168. 100. 100，

使用远程连接工具进行连接。成功连接后，进行如下操作。

1. 修改主机名

修改节点的主机名为 zabbix-server，命令如下：

```
# hostnamectl set-hostname zabbix-server
```

2. 关闭防火墙与 SELinux

将节点的防火墙与 SELinux 关闭，并设置永久关闭 SELinux，命令如下：

```
# systemctl disable firewalld --now
# setenforce 0
# sed   -i   s#SELINUX=enforcing#SELINUX=disabled#    /etc/selinux/config
```

3. 配置本地 Yum 源

使用提供的软件包配置 Yum 源，使用远程连接工具自带的传输工具，将 zabbix. tar. gz 软件包上传至 Zabbix Server 节点的/root 目录下。

解压软件包 zabbix. tar. gz 至/root 目录下，命令如下：

```
# tar -zxvf zabbix. tar. gz
# ls
zabbix   zabbix. tar. gz
```

将默认 Yum 源移至/media/目录，并创建本地 Yum 源文件，命令及文件内容如下：

```
# mv /etc/yum. repos. d/*   /media/
# cat >> /etc/yum. repos. d/zabbix. repo << EOF
[zabbix]
name=zabbix
baseurl=file:///root/zabbix
gpgcheck=0
enabled=1
EOF
# yumrepolist
repo id      repo name      status
zabbix            zabbix         101
```

4. 安装 MariaDB 数据库

安装 MariaDB 数据库，启动并设置开机自启，命令如下：

```
# yum installmariadb-server mariadb -y
# systemctl start mariadb
# systemctl enable mariadb --now
```

初始化数据库，命令如下：

```
# mysql_secure_installation
Enter current password for root (enter for none):       //按 Enter 键
Set root password? [Y/n] y                          //输入 y 并按 Enter 键
New password:              //设置 root 登录数据库密码(000000)并按 Enter 键
Re-enter new password:                              //重复密码(000000)并按 Enter 键
Password updated successfully!
Reloading privilege tables. .
. . .  Success!
Remove anonymous users? [Y/n] y                     //输入 y 并按 Enter 键
. . .  Success!
Disallow root login remotely? [Y/n] n               //输入 n 并按 Enter 键
. . .  skipping.
Remove test database and access to it? [Y/n]y //输入 y 并按 Enter 键
. . .  Success!
Reload privilege tables now? [Y/n] y                //输入 y 并按 Enter 键
. . .  Success!
Thanks for usingMariaDB!
```

创建 zabbix 数据库及用户 zabbix，并赋予用户远程访问数据库权限，命令如下：

```
# mysql -uroot -p000000 -e "create database zabbix character set utf8 collate utf8_bin;"
# mysql -uroot -p000000 -e "create user zabbix@localhost identified by '000000';"
# mysql -uroot -p000000 -e "grant all privileges on zabbix. *  to zabbix@localhost;"
```

5. Zabbix 服务安装及配置

安装 Zabbix 主服务和 Agent 服务，命令如下：

```
# yum installzabbix-server-mysql zabbix-agent -y
```

安装 SCL 组件并导入 Zabbix 初始数据，命令如下：

```
# yum installcentos-release-scl zabbix-web-mysql-scl zabbix-apache-conf-scl -y
# zcat /usr/share/doc/zabbix-server-mysql* /create. sql. gz | mysql -uzabbix -p000000
zabbix
```

修改 Zabbix Server 主配置文件，设置数据库密码，命令如下：

```
# echo "DBPassword=000000" >> /etc/zabbix/zabbix_server.conf
```

修改 Zabbix 的前端页面配置文件，设置 PHP 时区，并启动服务，设置服务开机自启，命令如下：

```
# echo "php_value[date.timezone] = Asia/Shanghai" >> /etc/opt/rh/rh-php72/php-fpm.d/zabbix.conf
# systemctl enable zabbix-server zabbix-agent httpd rh-php72-php-fpm --now
```

验证 Zabbix 是否启动成功，查询服务端口（10050 以及 10051），命令如下：

```
# netstat -ntlup |grep zabbix
Tcp 0  0  0.0.0.0:10050  0.0.0.0:*   LISTEN 2038/zabbix_agentd
Tcp 0  0  0.0.0.0:10051  0.0.0.0:*   LISTEN 2045/zabbix_server
tcp6   0  0  :::10050        :::*    LISTEN 2038/zabbix_agentd
tcp6   0  0  :::10051        :::*    LISTEN 2045/zabbix_server
```

6. 初始化 Zabbix

通过浏览器打开 http://192.168.100.100/zabbix，单击“Next step”按钮，如图 5-3 所示。

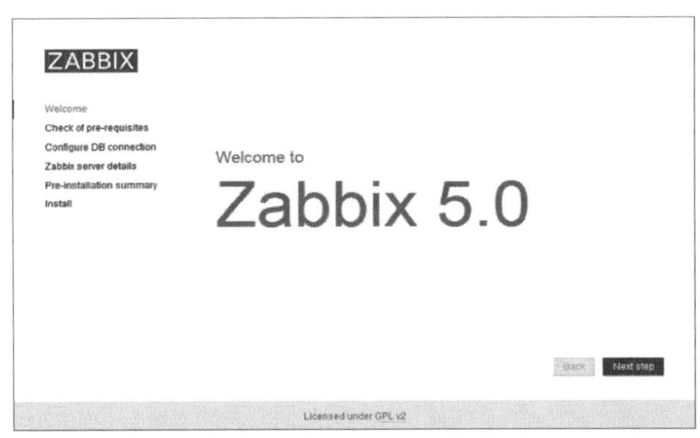

图 5-3　Zabbix 初始化

检查 Zabbix 环境是否都为 OK，然后单击“Next step”按钮，如图 5-4 所示。

设置数据库连接密码为 000000，单击“Next step”按钮，如图 5-5 所示。

设置 Zabbix Server 标题名字为“云监控平台”，单击“Next step”按钮，如图 5-6 所示。

ZABBIX
Check of pre-requisites
Welcome
Check of pre-requisites
Configure DB connection
Zabbix server details
Pre-installation summary
Install
Current value
Required
PHP version
7.2.24
7.2.0
OK
PHP option "memory_limit"
128M
128M
OK
PHP option "post_max_size"
16M
16M
OK
PHP option "upload_max_filesize"
2M
2M
OK
PHP option "max_execution_time"
300
300
OK
PHP option "max_input_time"
300
300
OK
PHP option "date.timezone"
Asia/Shanghai
OK
PHP databases support
MySQL
OK
PHP bcmath
on
OK
PHP mbstring
on
OK
Back
Next step
Licensed under GPL v2

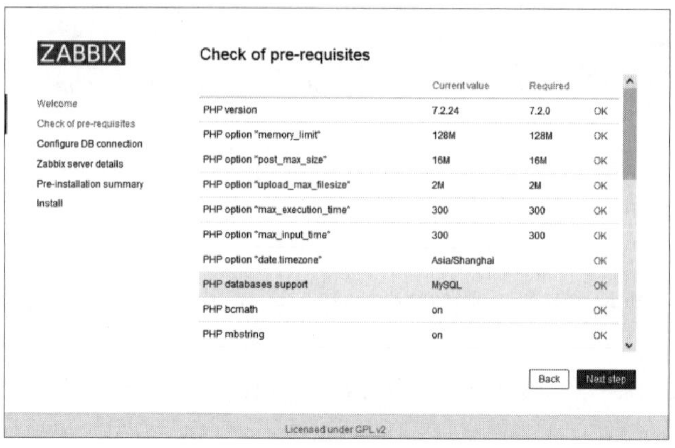

图 5-4　Zabbix 环境检查

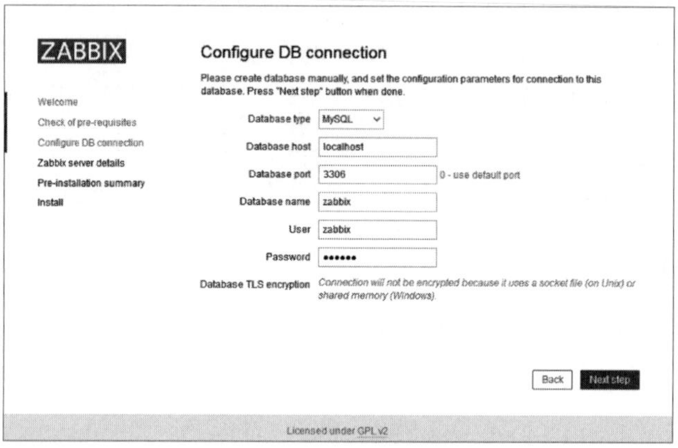

ZABBIX
Configure DB connection
Please create database manually, and set the configuration parameters for connection to this database. Press "Next step" button when done.
Welcome
Check of pre-requisites
Configure DB connection
Zabbix server details
Pre-installation summary
Install
Database type
MySQL
Database host
localhost
Database port
3306
0 - use default port
Database name
zabbix
User
zabbix
Password
••••••
Database TLS encryption
Connection will not be encrypted because it uses a socket file (on Unix) or shared memory (Windows).
Back
Next step
Licensed under GPL v2

图 5-5　配置数据库连接

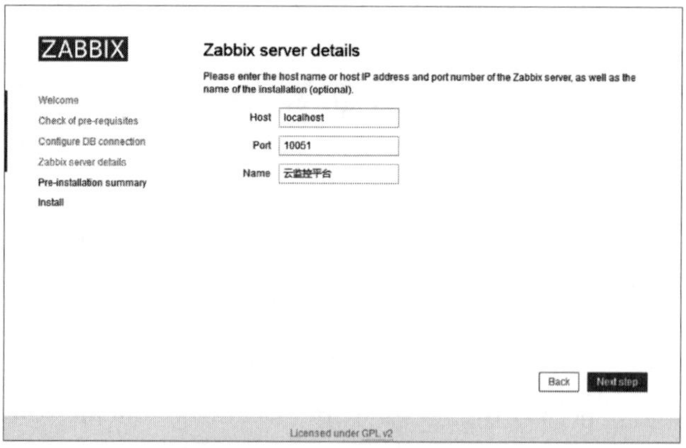

ZABBIX
Zabbix server details
Please enter the host name or host IP address and port number of the Zabbix server, as well as the name of the installation (optional).
Welcome
Check of pre-requisites
Configure DB connection
Zabbix server details
Pre-installation summary
Install
Host
localhost
Port
10051
Name
云监控平台
Back
Next step
Licensed under GPL v2

图 5-6　设置标题名称

查看配置概况，单击“Next step”按钮，如图 5-7 所示。

图 5-7　查看配置概况

完成安装，单击“Finish”按钮，如图 5-8 所示。

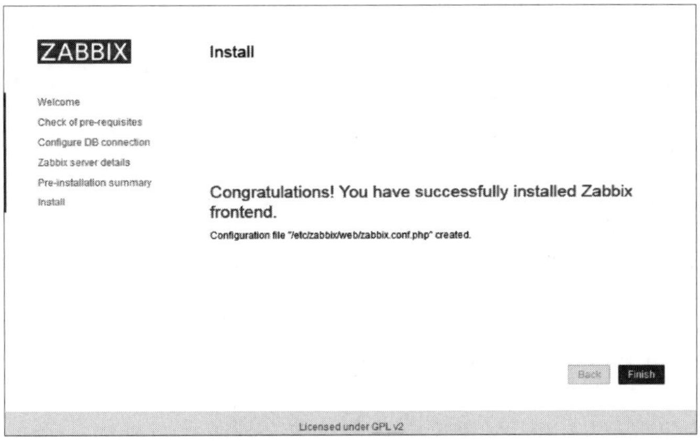

ZABBIX
Install
Welcome
Check of pre-requisites
Configure DB connection
Zabbix server details
Pre-installation summary
Install
Congratulations! You have successfully installed Zabbix frontend.
Configuration file "/etc/zabbix/web/zabbix.conf.php" created.
Back
Finish
Licensed under GPL v2

图 5-8　完成初始化

登录 Zabbix 云监控平台，输入用户名和密码（Admin/zabbix），单击“Sign in”按钮进行登录，如图 5-9 所示。

登录后单击左下角“User settings”，设置中文语言，Language 设置为“Chinese（zh_ CN）”，单击“Update”按钮更新设置，如图 5-10 所示。

至此，Zabbix 服务安装完毕，下面可以将需要监控

ZABBIX
Username
Admin
Password
••••••
Remember me for 30 days
Sign in

图 5-9　登录

的主机添加到 Zabbix 的监控列表，进行实时监控。

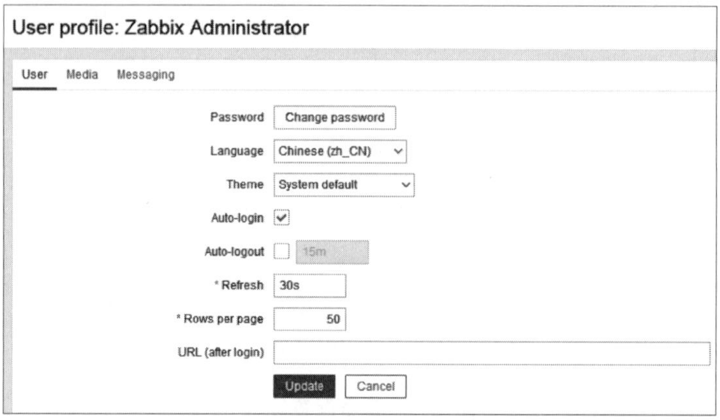

User profile: Zabbix Administrator
User Media Messaging
Password Change password
Language Chinese (zh_CN)
Theme System default
Auto-login
Auto-logout 15m
* Refresh 30s
* Rows per page 50
URL (after login)
Update Cancel

图 5-10　设置中文语言

四、 Zabbix Agent 配置

被监控主机 Agent 节点需安装 Zabbix Agent 服务，将数据采集提供给 Server 节点。下面将在云管理平台 Controller 节点安装 Zabbix Agent 服务。

（一）配置本地 Yum 源

使用提供的软件包配置 Yum 源，使用远程连接工具自带的传输工具，将 zabbix. tar. gz 软件包上传至 Controller 节点的/root 目录下。

解压软件包 zabbix. tar. gz 至/root 目录下，命令如下：

```
[root@controller ~]# tar -zxvf zabbix. tar. gz
[root@controller ~]# ls
zabbix    zabbix. tar. gz
```

将默认 Yum 源移至/media/目录，并创建本地 Yum 源文件，命令及文件内容如下：

```
[root@controller ~]# mv /etc/yum. repos. d/*   /media/
[root@controller ~]# cat >> /etc/yum. repos. d/zabbix. repo << EOF
[zabbix]
name=zabbix
baseurl=file:///root/zabbix
gpgcheck=0
```

```
enabled=1
EOF
[root@controller ~]# yumrepolist
repo id      repo name        status
zabbix           zabbix           101
```

（二）Zabbix Agent 服务的安装与配置

安装 Zabbix Agent 服务，并修改配置文件，启动 Agent 服务，命令及文件内容如下：

```
[root@controller ~]# yum installzabbix-agent -y
[root@controller ~]# vim /etc/zabbix/zabbix_agentd. conf
Server=192. 168. 100. 100                //修改为 server 节点 IP
ServerActive=192. 168. 100. 100          //修改为 server 节点 IP
Hostname=controller                      //主机名即可
[root@controller ~]# systemctl enable zabbix-agent. service --now
```

查询 Agent 服务端口（10050）是否启动成功，命令如下：

```
# netstat -ntlup  |grep zabbix
tcp 0      0    0. 0. 0. 0:100500. 0. 0. 0:*      LISTEN    24217/zabbix_agentd
tcp6       0      0    :::10050          :::*      LISTEN    24217/zabbix_agentd
```

（三）server 节点添加监控主机

打开 Zabbix Server 的 Web 页面，选择左侧导航栏“配置→主机群组”菜单命令，单击右上角“创建主机群组”按钮，定义主机群组名称为“云计算集群主机”，单击“添加”按钮，如图 5-11 所示。

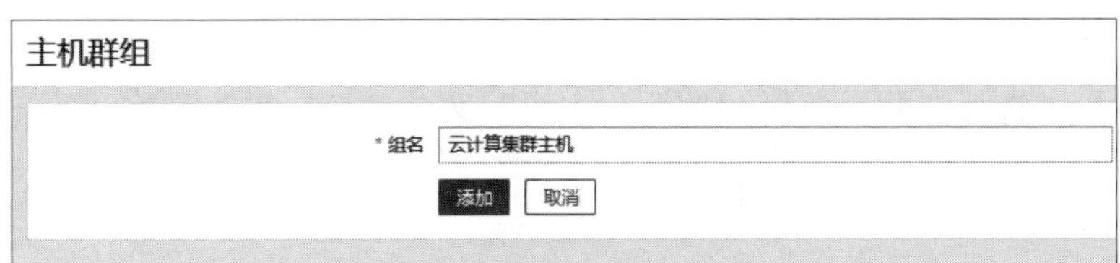

图 5-11　定义主机群组名称

创建主机。选择左侧导航栏“配置→主机”菜单命令，单击右上角“创建主机”

按钮，设置主机名称为 controller，选择群组“云计算集群主机”，客户端 IP 地址为 Controller 节点地址（192.168.100.10），注意不需要单击“添加”按钮，如图 5-12 所示。

图 5-12　定义主机信息

选择模板。定义模板选择“Templates/Operating systems→Template OS Linux by Zabbix agent”，单击“添加”按钮，如图 5-13 所示。

图 5-13　定义模板信息

查看主机。选择左侧导航栏“监测→主机”菜单命令，单击名称“controller”，选择“图形”菜单命令，如图 5-14 所示。

在跳转页面可以查看资源使用情况，如图 5-15 所示。

至此，添加被监控主机操作完成，如果监控的是多台主机，只需按照上述方法，在被监控主机上安装 Agent 服务并做配置即可。

图 5-14　查看主机

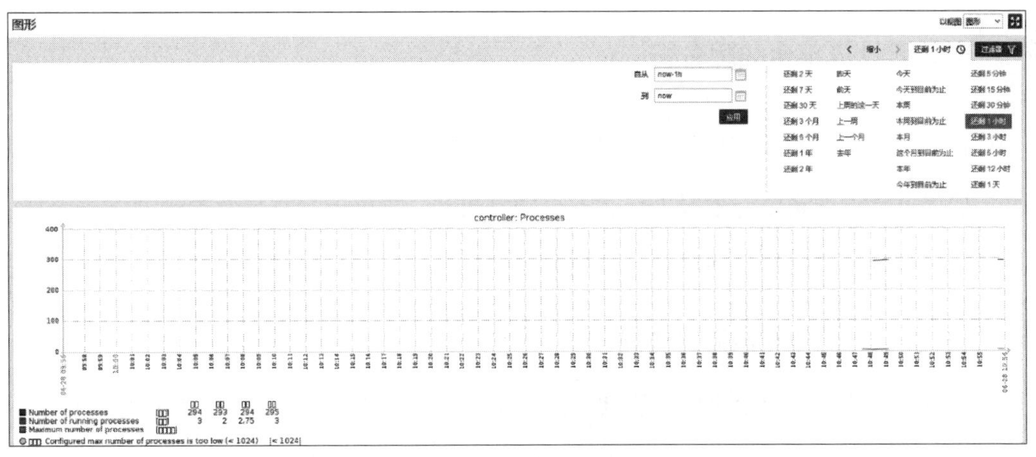

图 5-15　查看资源使用情况

通过本节内容的学习，读者可以掌握监控组件的安装与配置方法，运维人员可以通过监控服务返回的信息，进行故障分析与排查。

第二节　故障分析与排查

考核知识点及能力要求：

- 了解云计算平台各组件关系。
- 掌握查看云计算平台日志的方法，并做系统分析。
- 掌握云计算平台运维命令的使用。
- 能够根据云计算平台故障情况，分析错误，及时修复问题。

一、云计算平台故障分析

在云计算平台的日常使用过程中，难免会发生各种各样的错误，在遇到错误时，一定要做好错误的记录与上报工作，不可随意改动，根据云计算平台故障的排查流程，查找问题出处，进而锁定问题点，直至解决问题。

（一）云计算平台故障排查流程

- 根据监控系统触发的报警信息定位是哪个节点的哪个服务组件出现问题。
- 使用远程登录终端登录云计算平台后台控制节点 CLI 界面。
- 查看相关服务组件的 log 文件（/var/log/）。
- 如果在控制节点上没有日志信息，可以登录到相应的计算节点上查找日志信息（/var/log/）。
- 根据日志信息以及故障症状来排除、修复问题，并将解决问题的思路及过程追

加记录到工单上或者输出文档提交到禅道知识库中。

• 如果是之前出现过的故障，可以参照运维指导来解决故障。

• 如果遇到故障无法解决需要升级的情况，处理人员需要收集好故障信息，并做详细的说明，以邮件的形式升级到解决团队来寻求帮助，同时要做好问题进度的跟踪。

（二）常见云计算平台故障

• 时间同步问题：两（多）个节点间时间不同步。

• 数据库问题、权限问题：数据库缺失、表结构不存在（数据库建立表结构时出错）、用户名密码错误、权限不够等。

• 配置文件中配置出错：这种错误最为常见，往往一个不易引人注意的错误就会报错，例如把 0 写成 o，把 1 写成 l，service 写成 server 等。

• 网络接口地址用错：例如控制节点上的 endpoint-list 排错时发现 public URL 用的是错误的地址，是本地环回地址而不是管理接口地址。

• 服务用户缺失：这一般由软件 Bug 或者软件安装不正确导致。例如有需要的 RabbitMQ 不存在，导致 RabbitMQ 的 guest 密码不可修改等问题。

• 文件权限问题：如配置文件在更换后没有配置相应权限。例如本来是 root：nova 的文件所有者，被换成了 root：root，一定会出现服务无法正常运行的问题。

• HTTP 反馈码说明：

-200：请求已成功，请求所希望的响应头或数据体随此响应返回。

-201：请求已被实现，而且有一个新的资源已经依据请求的需要而建立。

-302：地址重定向。

-401：当前请求需要验证。

-404：请求失败，网页不存在。

-406：请求失败，请求资源的内容特性无法满足请求头的条件。

-415：请求的实体格式不支持，请求被拒绝。

-500：请求失败，服务器报错。

• 日志级别说明：

none：不记录日志。

debug：调试信息，系统进行调试时产生的日志，不属于错误日志。

info：一般的通知信息，用来反馈系统的当前状态给当前用户。

notice：提醒信息，需要检查一下程序了，可能会出现错误。

warning：警告信息，当出现警告时，程序可能已经出现了问题，但不影响程序正常运行，提醒用户尽快进行处理，以免导致服务宕掉。

error：错误信息，出现这一项时，说明服务出现了问题，服务都无法确认是否能正常运行。

critical：比较严重的错误信息，服务已经宕掉了，可能已经无法修复。

alert：警报信息，需要立即采取行动，不仅是服务宕掉了，还会影响系统的正常启动。

emerg：紧急信息，系统可能已经不能使用。

二、实战案例

通过再现云计算平台中一个经典错误的真实场景，帮助读者理解并掌握云计算平台中错误排查的流程和方法。

该错误为云计算平台后端存储使用 NFS 网络文件存储系统，在更换后端存储后，服务出现异常，不能正常使用。该案例从错误的设置、错误排查的思路，到最后解决问题，进行了详细的介绍。

（一）服务器环境准备

准备一台物理服务器或者使用 VMWare 软件准备一台虚拟机，最低配置要求如下。

- NFS 节点：2 CPU/4 GB 内存/40 GB 硬盘。

（二）操作系统准备

- 安装 CentOS 7.5 系统，使用 CentOS-7-x86_64-DVD-1804. iso 镜像文件进行最小化安装。

- 已安装完成的 OpenStack 云计算平台。

（三）网络环境准备

节点只需要一个网络，若使用物理服务器，需要配合三层交换机使用，交换机上需要划分一个 VLAN，为了方便记忆，VLAN 可以配置成 192.168.100.0/24 网段；只需配置第一个网卡，例如 NFS 节点配置 IP 为 192.168.100.101。

若使用 VMWare 环境，虚拟机网卡使用仅主机模式。在 VMWare 工具的虚拟网络编辑器中，配置仅主机模式的网段，如图 5-16 所示。并给节点的第一个网卡配置 IP，NFS 节点配置为 192.168.100.101。

虚拟网络编辑器

名称	类型	外部连接	主机连接	DHCP	子网地址
VMnet0	桥接模式	自动桥接	-	-	-
VMnet1	仅主机…	-	已连接	已启用	192.168.100.0
VMnet8	NAT 模式	NAT 模式	已连接	已启用	192.168.200.0

图 5-16　虚拟网络配置

（四）基础环境配置

在按照要求配置和启动虚拟机后，配置节点的虚拟机 IP 地址为 192.168.100.101，使用远程连接工具进行连接。成功连接后，进行如下操作。

1. 修改主机名

修改节点的主机名为 nfs，命令如下：

```
# hostnamectl set-hostname nfs
```

2. 关闭防火墙与 SELinux

将节点的防火墙与 SELinux 关闭，并设置永久关闭 SELinux，命令如下：

```
[root@nfs ~]# systemctl disable firewalld --now
[root@nfs ~]# setenforce 0
[root@nfs ~]# sed -i s#SELINUX=enforcing#SELINUX=disabled# /etc/selinux/config
```

3. 配置本地 Yum 源

使用云计算平台控制节点 CentOS-7-x86_64-DVD-1804.iso 和 iaas 作为 Yum 源，将

默认 Yum 源移至/media/目录，并创建本地 Yum 源文件，命令及文件内容如下：

```
[root@ nfs ~]# mv /etc/yum. repos. d/*  /media/
[root@ nfs ~]# cat >> /etc/yum. repos. d/nfs. repo << EOF
[nfs]
name = nfs
baseurl = ftp://192. 168. 100. 10/centos
gpgcheck = 0
enabled = 1
[iaas]
name = iaas
baseurl = ftp://192. 168. 100. 10/iaas/iaas-repo
gpgcheck = 0
enabled = 1
EOF
[root@ nfs ~]# yum repolist
... ...
repolist: 7,203
```

4. 安装 NFS 服务

安装 nfs-utils 服务并创建共享目录/opt/nfs，修改 exports 配置文件设置共享目录，命令如下：

```
[root@ nfs ~]# yum install -ynfs-utils rpcbind
[root@ nfs ~]# mkdir /opt/nfs
[root@ nfs ~]# vi /etc/exports
/opt/nfs
192. 168. 100. 0/24(rw,no_root_squash,no_all_squash,sync,anonuid = 501,anongid = 501)
[root@ nfs ~]# exportfs -r
```

启动 NFS 服务，命令如下：

```
[root@ nfs ~]# systemctl enable nfs rpcbind --now
```

NFS 端查看可挂载目录，命令如下：

```
[root@ nfs ~]# showmount -e 192. 168. 100. 101
Export list for 192. 168. 100. 101:
/opt/nfs 192. 168. 100. 0/24
```

计算节点（Compute）安装 nfs-utils 服务，设置开机自启，命令如下：

```
[root@ compute ~]# yum install nfs-utils rpcbind -y
[root@ compute ~]# systemctl enable nfs rpcbind --now
```

将 NFS 节点共享目录挂载至计算节点/var/lib/nova/instances 目录，并修改文件所属组，命令如下：

```
[root@ compute ~]# mount -tnfs 192. 168. 100. 101:/opt/nfs /var/lib/nova/instances/
[root@ compute ~]# chown nova:nova /var/lib/nova/instances
```

5. 验证错误操作

创建云主机 test，如图 5-17 所示。

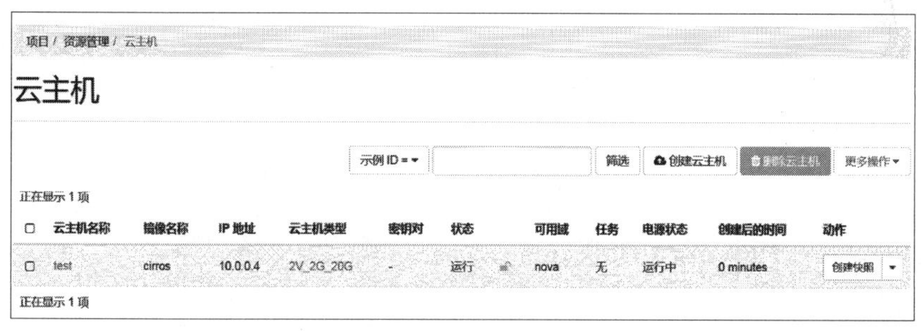

图 5-17 创建云主机

使用命令重启计算节点，命令如下：

```
[root@ compute ~]# reboot
```

打开 Dashboard 页面并登录，开启虚拟机会出现如图 5-18 所示的界面。

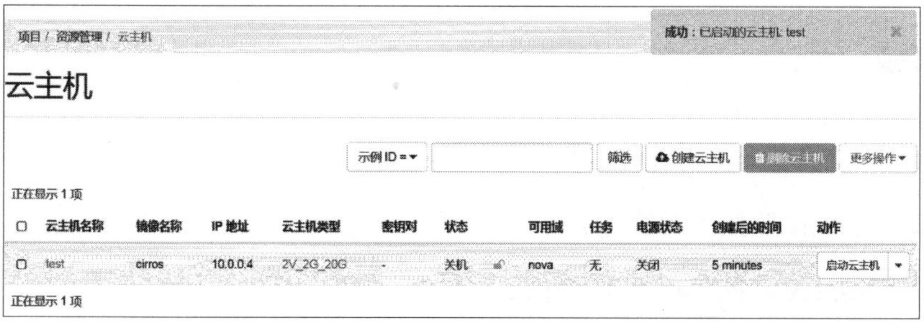

项目 / 资源管理 / 云主机 　　成功：已启动的云主机 test

云主机

示例 ID = ▾ 筛选 创建云主机 删除云主机 更多操作 ▾

正在显示 1 项

云主机名称	镜像名称	IP 地址	云主机类型	密钥对	状态	可用域	任务	电源状态	创建后的时间	动作
test	cirros	10.0.0.4	2V_2G_20G	-	关机	nova	无	关闭	5 minutes	启动云主机

正在显示 1 项

图 5-18 启动云主机

查看计算节点 Nova-compute 日志信息，提示没有磁盘信息，命令如下：

```
[root@compute ~]# tail -f /var/log/nova/nova-compute.log -n 5
2021-07-02 09:07:21.973 1033 ERROR oslo_messaging.rpc.server DiskNotFound: No disk at /var/lib/nova/instances/e6572acd-3456-435c-a078-06a0c01f8d74/disk
2021-07-02 09:07:21.973 1033 ERROR oslo_messaging.rpc.server
```

由此推断 NFS 没有进行挂载，导致 test 云主机没有卷文件，重新挂载 FNS，并添加至开机自动挂载，命令如下：

```
[root@compute ~]# mount -tnfs 192.168.100.101:/opt/nfs /var/lib/nova/instances/
[root@compute ~]# vi /etc/fstab/
192.168.100.101:/opt/nfs    /var/lib/nova/instances/      nfs    defaults      0 0
```

重新启动云主机 test，提示启动成功，如图 5-19 所示。

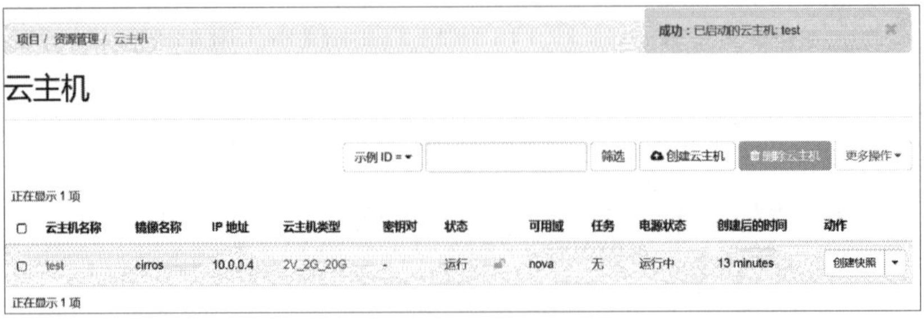

图 5-19　启动云主机

通过本节内容的学习，提供给读者一个解决问题的思路。在云计算平台出现问题的时候，云运维人员首先要想到做过了什么操作，然后再检查相应的日志文件，通过日志文件的信息排查问题，一般问题都能迎刃而解。

思考题

1. Zabbix 监控工具能够监控多少项指标？
2. 简述 Zabbix 监控工具的优势。
3. 除了 Zabbix 监控工具，还有什么主流的监控工具？
4. 当云计算平台发生报错或者故障时，应该先从哪里入手进行错误排查？
5. 如何才能预防云计算平台发生故障？

第六章　云系统灾备

容灾是指为了保证关键业务和应用在经历各种灾难后，仍然能够最大限度提供正常服务所进行的一系列计划及建设行为。业务连续性是容灾的最终建设目标。一般来说容灾是一个宏观的概念，IT 领域所说的灾备、灾难恢复等只是容灾的一部分，主要讨论数据和信息系统保护的问题，或者说是容灾整体框架中的技术基础部分。容灾技术的进步和需求的增长是企业信息化发展的必然结果，同时也反映了信息化系统及数据对个人、企业和国家的重要程度在不断地提升。

传统的备份方式是采用备份软件、备份服务器和备份存储设备（如磁盘阵列或磁带库）来实现备份容灾。一方面，由于磁盘阵列或者磁带库的难以管理，而且各厂商的磁盘阵列或者磁带库产品所遵循的规范也不尽相同，因此备份软件很难做到对所有规范下的硬件架构都提供一个很好的支持，不同厂商硬件的差异化造成备份软件的研发遇到瓶颈。另一方面，和大型数据中心或者互联网企业不同的是，大量的中小企业虽然有备份容灾需求，却没有太多的资金投入或无法聘请专门的技术人员来搭建容灾备份环境、管理备份容灾设备，升级换代等更是问题。

- **职业功能：**云计算平台运维（云系统灾备）。
- **工作内容：**制作磁盘阵列保证存储的冗余，定期备份重要数据，定期备份与迁移重要的云主机。
- **专业能力要求：**能够根据磁盘备份与冗余需求，创建磁盘阵列；能够根据容灾备份计划，定期迁移与备份数据；能够根据云主机备份需求，迁移与备份云主机。
- **相关知识要求：**掌握磁盘阵列知识；掌握存储灾备知识；掌握云主机迁移备份知识。

第一节　磁盘阵列

考核知识点及能力要求：

- 了解磁盘阵列基本概念与基本原理。
- 掌握各级别 RAID 的应用场景与实现方式。
- 能创建 RAID 磁盘阵列，实现服务器存储的灾备。
- 能够利用 RAID 磁盘阵列实现灾备。

一、磁盘阵列概述和原理

RAID 磁盘阵列是最常见实现存储灾备方案，通常来说，服务器都会带有阵列卡（也叫 RAID 卡），使用 RAID 技术不仅成本低，而且容量、性能、可靠性可以媲美大容量的磁盘。RAID 并不是一个新兴技术，在科技发展飞速的今天，RAID 磁盘阵列技术作为高性能、高可靠性的存储技术被广泛使用。

（一）RAID 基本概述

1988 年，美国加州大学伯克利分校的 D. A. Patterson 教授等首次在论文“A Case of Redundant Array of Inexpensive Disks”中提出了 RAID 概念，即廉价冗余磁盘阵列（RAID，Redundant Array of Inexpensive Disks）。由于当时大容量磁盘比较昂贵，RAID 的基本思想是将多个容量较小、相对廉价的磁盘进行有机组合，从而以较低的成本获得与昂贵、大容量磁盘相当的容量、性能、可靠性。随着磁盘成本和价格的不断降低，

RAID 可以使用大部分的磁盘，“廉价”已经毫无意义。因此，RAID 咨询委员会（RAB，RAID Advisory Board）决定用“独立”替代“廉价”，于是 RAID 变成了独立磁盘冗余阵列。但这仅仅是名称的变化，实质内容没有改变。

RAID 这种设计思想很快被业界接纳，RAID 技术作为高性能、高可靠性的存储技术，已经得到了非常广泛的应用。RAID 主要利用数据条带、镜像和数据校验技术来获取高的性能、可靠性、容错能力和扩展性，根据运用或者组合运用这三种技术的策略和架构，可以把 RAID 分为不同的等级，以满足不同数据应用的需求。D. A. Patterson 等人的论文中定义了 RAID 1—RAID 5 原始 RAID 等级，1988 年以后又扩展了 RAID 0 和 RAID 6。近年来，存储厂商不断推出诸如 RAID 7、RAID 10/01、RAID 50、RAID 53、RAID 100 等 RAID 等级，但这些并无统一的标准。目前业界公认的标准是 RAID 0—RAID 5，除 RAID 2 外的四个等级被定为工业标准，而在实际应用领域中使用最多的 RAID 等级是 RAID 0、RAID 1、RAID 3、RAID 5、RAID 6 和 RAID 10。其中 RAID 0、RAID 1、RAID 5、RAID 10 级别在第一章第一节已经详细介绍过，此处不再累述。

从实现角度看，RAID 主要分为软 RAID、硬 RAID 以及软硬混合 RAID 三种。软 RAID 所有功能均由操作系统和 CPU 来完成，没有独立的 RAID 控制或者处理芯片和 I/O 处理芯片，效率自然最低。硬 RAID 配备了专门的 RAID 控制或者处理芯片和 I/O 处理芯片以及阵列缓冲，不占用 CPU 资源，但成本很高。软硬混合 RAID 具备 RAID 控制或者处理芯片，但缺乏 I/O 处理芯片，需要 CPU 和驱动程序来完成，性能和成本在软 RAID 和硬 RAID 之间。

RAID 每一个等级代表一种实现方法和技术，等级之间并无高低之分。在实际应用中，应当根据用户数据应用的特点，综合考虑可用性、性能和成本来选择合适的 RAID 等级，以及具体的实现方式。

（二）基本原理

RAID 是由多个独立的高性能磁盘驱动器组成的磁盘子系统，从而提供比单个磁盘更高的存储性能和数据冗余的技术。RAID 是一类多磁盘管理技术，其向主机环境提供了成本适中、数据可靠性高的高性能存储。SNIA（全球网络存储工业协会）对 RAID

的定义是一种磁盘阵列，部分物理存储空间用来记录保存在剩余空间上的用户数据的冗余信息。当其中某一个磁盘或者访问路径发生故障时，冗余信息可用来重建用户数据。磁盘条带化虽然与 RAID 定义不符，通常还是称为 RAID（即 RAID 0）。

RAID 的两个关键目标是提高数据可靠性和 I/O 性能。磁盘阵列中，数据分散在多个磁盘中，然而对于计算机系统来说，就像一个单独的磁盘。通过把相同数据同时写入到多块磁盘（如镜像），或者将计算的校验数据写入阵列中来获得冗余能力，当单块磁盘出现故障时，可以保证数据不会丢失。有些 RAID 等级允许更多的磁盘同时发生故障，比如 RAID 6，可以两块磁盘同时损坏。在这样的冗余机制下，可以用新磁盘替换故障磁盘，RAID 会自动根据剩余磁盘中的数据和校验数据重建丢失的数据，保证数据一致性和完整性。数据分散保存在 RAID 中的多个不同磁盘上，并发数据读写要大大优于单个磁盘，因此可以获得更高的聚合 I/O 带宽。当然，磁盘阵列会减少全体磁盘的总可用存储空间，牺牲空间换取更高的可靠性和性能。比如 RAID 1 存储空间利用率仅有 50%，RAID 5 会损失其中一个磁盘的存储容量，空间利用率为（n-1）/n。

磁盘阵列可以在部分磁盘损坏的情况下，仍能保证系统不中断地连续运行。在重建故障磁盘数据至新磁盘的过程中，系统可以继续正常运行，但是性能方面会有一定程度上的降低。一些磁盘阵列在添加或删除磁盘时必须停机，而有些则支持热交换（Hot Swapping），允许不停机状态下替换磁盘驱动器。这种高端磁盘阵列主要用于要求高可靠性的应用系统，系统不能停机或尽可能少的停机时间。一般来说，RAID 不可作为数据备份的替代方案，它对非磁盘故障等造成的数据丢失无能为力，比如病毒、人为破坏、意外删除等情形。此时的数据丢失是相对操作系统、文件系统、卷管理器或者应用系统来说的，对于 RAID 系统来身，数据都是完好的，没有发生丢失。所以，数据备份、灾备等数据保护措施是非常必要的，与 RAID 相辅相成，保护数据在不同层次的安全性，防止发生数据丢失。

RAID 中主要有三个关键概念和技术——镜像（Mirroring）、数据条带（Data Stripping）和数据校验（Data parity）。镜像是将数据复制到多个磁盘，一方面可以提高可靠性，另一方面可并发从两个或者多个副本读取数据来提高读性能。显而易见，镜像的写性能要稍低，确保数据正确地写到多个磁盘需要更多的时间消耗。数据条带

是将数据分片保存在多个不同的磁盘，多个数据分片共同组成一个完整数据副本。这与镜像的多个副本是不同的，它通常出于性能考虑。数据条带具有更高的并发粒度，当访问数据时，可以同时对位于不同磁盘上的数据进行读写操作，从而获得非常可观的 I/O 性能提升。数据校验，利用冗余数据进行数据错误检测和修复，冗余数据通常采用海明码、异或操作等算法来计算获得。利用校验功能，可以很大程度上提高磁盘阵列的可靠性、鲁棒性（即健壮性）和容错能力。不过，数据校验需要从多处读取数据并进行计算和对比，会影响系统性能。

二、模拟灾备

下面将通过模拟磁盘阵列中的硬盘出现损坏的情况，介绍如何修复这一问题的过程。

（一）服务器环境准备

准备一台物理服务器或者使用 VMWare 软件准备一台虚拟机，最低配置要求如下。

- RAID 节点：2 CPU/4 GB 内存/40 GB 硬盘，外挂 4 个 10 GB 硬盘。

（二）操作系统准备

安装 CentOS 7.5 系统，使用 CentOS-7-x86_64-DVD-1804.iso 镜像文件进行最小化安装。

（三）网络环境准备

节点只需要一个网络，若使用物理服务器，需要配合三层交换机使用，交换机上需要划分一个 VLAN，为了方便记忆，VLAN 可以配置成 192.168.100.0/24 网段；只需配置第一个网卡，例如 Server 节点配置 IP 为 192.168.100.200。

若使用 VMWare 环境，虚拟机网卡使用仅主机模式。在 VMWare 工具的虚拟网络编辑器中，配置仅主机模式的网段，如图 6-1 所示。给节点的第一个网卡配置 IP，Server 节点配置为 192.168.100.200。

若使用 VMWare 环境，需要给虚拟机添加 4 块 10 GB 硬盘，添加成功后启动虚拟机，如图 6-2 所示。

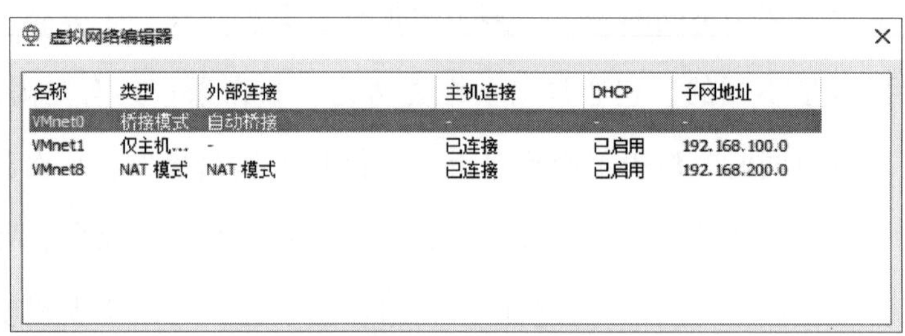

图 6-1　虚拟网络配置

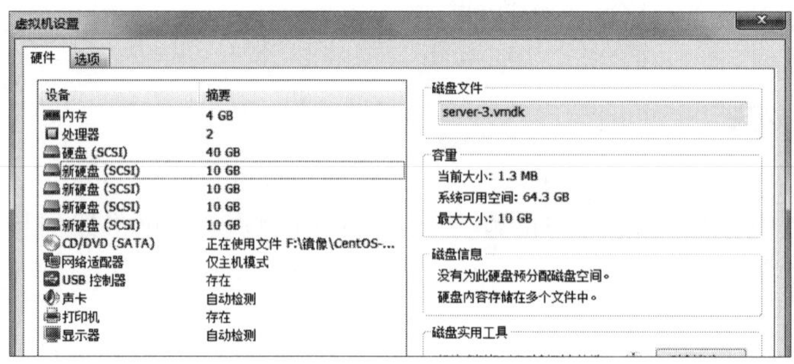

图 6-2　虚拟机配置

（四）基础环境配置

在按照要求配置和启动虚拟机后，配置节点的虚拟机 IP 地址为 192.168.100.200，使用远程连接工具进行连接。成功连接后，进行如下操作。

1. 修改主机名

修改节点的主机名为 server，命令如下：

```
# hostnamectl set-hostname server
```

2. 关闭防火墙与 SELinux

将节点的防火墙与 SELinux 关闭，并设置永久关闭 SELinux，命令如下：

```
# systemctl disable firewalld --now
# setenforce 0
# sed  -i  s#SELINUX=enforcing#SELINUX=disabled#  /etc/selinux/config
```

3. 配置本地 Yum 源

使用提供的软件包配置 Yum 源，使用远程连接工具自带的传输工具，将 mdadm.tar.gz 软件包上传至 Server 节点的/root 目录下。

解压软件包 mdadm. tar. gz 至/root 目录下，命令如下：

```
# tar -zxvf mdadm. tar. gz
# ls
mdadm   mdadm. tar. gz
```

将默认 Yum 源移至/media/目录，并创建本地 Yum 源文件，命令及文件内容如下：

```
# mv /etc/yum. repos. d/*  /media/
# cat >> /etc/yum. repos. d/mdadm. repo << EOF
[mdadm]
name=mdadm
baseurl=file:///root/mdadm
gpgcheck=0
enabled=1
EOF
# yum repolist
repo id      repo name        status
mdadm          mdadm               2
```

4. 安装 mdadm 组件

安装 mdadm 组件并查看本地磁盘状况，命令如下：

```
# yum install mdadm -y
# lsblk
NAME                MAJ:MIN  RM  SIZE  RO  TYPE MOUNTPOINT
sda                   8:0     0   40G       0 disk
├─sda1                8:1     0    1G       0 part   /boot
└─sda2                8:2     0   39G       0 part
  ├─centos-root     253:0     0   37G       0 lvm    /
  └─centos-swap     253:1     0    2G       0 lvm    [SWAP]
sdb                   8:16    0   10G       0 disk
sdc                   8:32    0   10G       0 disk
sdd                   8:48    0   10G       0 disk
sde                   8:64    0   10G       0 disk
sr0                  11:0     1 4. 2G       0 rom
```

5. 创建 RAID 5

使用 mdadm 命令创建 RAID 名为 md5 的设备，RAID 级别为 5，使用 sdb、sdc、

sdd 三块盘并进行格式化，命令如下：

```
# mdadm -Cv /dev/md5 -l5 -n3 /dev/sd{b,c,d}
...
mdadm: array /dev/md5 started.
# mkfs. ext4 /dev/md5
```

使用 mdadm 命令查看设备 md5 状态，命令如下：

```
# mdadm -D /dev/md5
/dev/md5:
......
     Number   Major   Minor   RaidDevice   State
        0       8       16        0        active sync   /dev/sdb
        1       8       32        1        active sync   /dev/sdc
        3       8       48        2        active sync   /dev/sdd
```

6. 增加热备盘

为了模拟灾备，为设备 md5 增加热备盘 sde 并查看设备 md5 状态，命令如下：

```
# mdadm /dev/md5 -a /dev/sde
mdadm: added /dev/sde
# mdadm -D /dev/md5
/dev/md5:
......
     Number   Major   Minor   RaidDevice   State
        0       8       16        0        active sync   /dev/sdb
        1       8       32        1        active sync   /dev/sdc
        3       8       48        2        active sync   /dev/sdd
        4       8       64        -        spare   /dev/sde
```

7. 模拟灾备盘

使用 mdadm 命令将 sdb 盘损坏，并查看设备 md5 状态，命令如下：

```
# mdadm /dev/md5 -f /dev/sdb
mdadm: set /dev/sdb faulty in /dev/md5
# mdadm -D /dev/md5
/dev/md5:
......
```

```
    Number    Major    Minor     RaidDevice    State
       4        8        64         0          spare rebuilding /dev/sde
       1        8        32         1          active sync    /dev/sdc
       3        8        48         2          active sync    /dev/sdd
       0        8        16         -          faulty    /dev/sdb
```

等待半分钟后，查看设备 md5 状态，验证热备盘已替代工作盘，命令如下：

```
# mdadm -D /dev/md5
  /dev/md5:
  ......
    Number    Major    Minor     RaidDevice    State
       4        8        64         0          active sync    /dev/sde
       1        8        32         1          active sync    /dev/sdc
       3        8        48         2          active sync    /dev/sdd
       0        8        16         -          faulty    /dev/sdb
```

在正常的生产环境中，一般都会使用阵列卡组建 RAID 磁盘阵列，也就是常说的硬 RAID。为了方便演示，在本节学习内容中使用了软 RAID 模拟磁盘的灾备，读者可以通过软 RAID 来学习不同级别 RAID 磁盘阵列的构建、模拟坏盘、查看效果，但是一旦涉及生产环境，不建议使用软 RAID 来实现磁盘的灾备。

第二节　数据备份与迁移

考核知识点及能力要求：

- 了解数据故障的形式、常用数据备份的类型。

- 掌握数据库的安装与使用。
- 掌握数据库基本操作。
- 能够对数据库中的数据进行定期的备份与迁移。

一、数据故障以及数据备份与迁移

随着计算机的普及和信息技术的进步，特别是计算机网络的飞速发展，信息安全的重要性日趋明显。数据备份是保证信息安全的一个重要方法。

只要发生数据传输、数据存储和数据交换，就有可能产生数据故障。这时，如果没有采取数据备份和数据恢复的手段与措施，就会导致数据的丢失，有时造成的损失是无法弥补与估量的。

数据故障的形式是多种多样的。通常，数据故障可以划分为系统故障、事务故障和介质故障三大类。从信息安全数据库备份与恢复方案的角度出发，实际上第三方或者敌方的“信息攻击”，也会产生不同种类的数据故障。例如，计算机病毒型、特洛伊木马型、“黑客”入侵型、逻辑炸弹型等，这些故障可能会造成数据丢失、数据被修改、增加无用数据甚至系统瘫痪等。作为系统管理员，要千方百计地维护系统和数据的完整性与准确性。通常采取的措施有安装防火墙、防止“黑客”入侵；安装防病毒软件，采取存取控制措施；选用高可靠性的软件产品；增强计算机网络的安全性。

（一）数据库备份类型

按照备份数据库的大小，数据库备份有如下四种类型。

1. 完全备份

这是大多数人常用的方式，它可以备份整个数据库，包含用户表、系统表、索引、视图和存储过程等所有数据库对象。但它需要花费更多的时间和空间，所以，一般推荐一周做一次完全备份。

2. 事务日志备份

事务日志是一个单独的文件，它记录数据库的改变。备份的时候只需要复制自上次备份以来对数据库所做的改变，所以只需要很少的时间。为了使数据库具有鲁棒性，

推荐每小时甚至更频繁地备份事务日志。

3. 差异备份

差异备份也叫增量备份。它是只备份数据库一部分的另一种方法，它不使用事务日志，相反，它使用整个数据库的一种新映像。它比最初的完全备份小，因为它只包含自上次完全备份以来所改变的数据库。它的优点是存储和恢复速度快。推荐每天做一次差异备份。

4. 文件备份

数据库可以由硬盘上的许多文件构成。如果这个数据库非常大，并且一个晚上也不能将它备份完，那么可以使用文件备份每晚备份数据库的一部分。由于一般情况下数据库不会大到必须使用多个文件存储，所以这种备份不是很常用。

按照数据库的状态，数据库备份可分为如下三种类型。

1. 冷备份

数据库处于关闭状态，能够较好地保证数据库的完整性。

2. 热备份

数据库正处于运行状态，这种方法依赖于数据库的日志文件进行备份。

3. 逻辑备份

使用软件从数据库中提取数据，并将结果写到一个文件上。

（二）数据迁移

数据迁移（Data Migration）是指选择、准备、提取和转换数据，并将数据从一个计算机存储系统永久地传输到另一个计算机存储系统的过程。此外，验证迁移数据的完整性和退役原来旧设备上的数据存储，也被认为是整个数据迁移过程的一部分。

数据迁移是任何系统实现、升级或者集成的关键考虑因素，通常以尽可能自动化的方式执行，从而将人力资源从烦琐的任务中解放出来。数据迁移有多种原因，包括服务器或者存储设备更换、维护或升级、应用程序迁移、网站集成、灾难恢复和数据中心迁移。

如果按照数据的流向来分类，可以将数据迁移分为数据导出和数据导入两种操作，这种方式通常会存在一个中间文件，有可能是 SQL 格式的文件，也有可能是各种格式的数据文件。通常情况下，如果以导出数据文件的方式进行数据的迁移，SQL 格式将成为首选，甚至可以跨库进行（由于 SQL 语法通用，经过处理后可以在不同的数据库管理系统之间迁移数据），将这些文件保存在磁盘上，需要时再导入到另外的数据库中，这种方式虽然会生成文件，但是可以随时进行数据的恢复。还有一种方式是在原数据库服务与目标数据库服务均开启的情况下，直接进行数据的传输。

二、数据库操作

通过数据库知识的学习，掌握了数据库数据备份与迁移的原理，下面对数据库进行实战操作。

（一）服务器环境准备

新建一台物理服务器或者使用 VMWare 软件准备一台虚拟机作为备份节点，并且最低配置要求如下。

- 备份节点：2 CPU/4 GB 内存/100 GB 硬盘。
- 主节点：使用之前搭建的云计算控制节点。

（二）操作系统准备

在备份节点上安装 CentOS 7.5 系统，使用 CentOS-7-x86_64-DVD-1804.iso 镜像文件进行最小化安装。

（三）网络环境准备

备份节点只需要一个网络，若使用物理服务器，需要配合三层交换机使用，交换机上需要划分一个 VLAN，为了方便记忆，VLAN 可以配置成 192.168.100.0/24 网段；只需配置第一个网卡，例如备份节点配置 IP 为 192.168.100.210。

若使用 VMWare 环境，虚拟机网卡使用仅主机模式。在 VMWare 工具的虚拟网络编辑器中，配置仅主机模式的网段，如图 6-3 所示。给节点的第一个网卡配置 IP，备份节点配置为 192.168.100.210。

虚拟网络编辑器

名称	类型	外部连接	主机连接	DHCP	子网地址
VMnet0	桥接模式	自动桥接	-	-	-
VMnet1	仅主机...	-	已连接	已启用	192.168.100.0
VMnet8	NAT 模式	NAT 模式	已连接	已启用	192.168.200.0

图 6-3　虚拟网络配置

（四）基础环境配置

为了方便案例的实操，此处直接使用已经搭建完成的云计算平台，备份节点只用于数据库数据的迁移。

在按照要求配置和启动虚拟机后，配置备份节点的虚拟机 IP 地址为 192.168.100.210，使用远程连接工具分别连接备份节点和云计算平台控制节点（192.168.100.10）。成功连接后，进行如下操作。

1. 修改主机名

修改备份节点的主机名为 backup，命令如下：

```
[root@bakup ~]# hostnamectl
   Static hostname:backup
... ...
       Architecture: x86-64
```

2. 关闭防火墙与 SELinux

将备份节点的防火墙与 SELinux 关闭，并设置永久关闭 SELinux，命令如下：

```
# systemctl disable firewalld --now
# setenforce 0
# sed   -i   s#SELINUX=enforcing#SELINUX=disabled#    /etc/selinux/config
```

3. 配置本地 Yum 源

使用提供的软件包配置 Yum 源，使用远程连接工具自带的传输工具，将 mariadb.tar.gz 软件包上传至备份节点的/root 目录下。

解压软件包 mariadb.tar.gz 至/root 目录下，命令如下：

```
# tar -zxvf mariadb. tar. gz
# ls
mariadb    mariadb. tar. gz
```

将默认 Yum 源移至/media/目录，并创建本地 Yum 源文件，命令及文件内容如下：

```
# mv /etc/yum. repos. d/*   /media/
# cat >> /etc/yum. repos. d/zabbix. repo << EOF
[mariadb]
name = mariadb
baseurl = file:///root/mariadb
gpgcheck = 0
enabled = 1
EOF
# yumrepolist
repo id       repo name       status
mariadb       mariadb         38
```

4. 安装 MariaDB 数据库

安装 MariaDB 数据库，启动并设置开机自启，命令如下：

```
# yum installmariadb-server mariadb -y
# systemctl start mariadb
# systemctl enable mariadb --now
```

初始化数据库，命令如下：

```
# mysql_secure_installation
Enter current password for root (enter for none):       //按 Enter 键
Set root password? [Y/n] y          //输入 y 并按 Enter 键
New password:                       //设置 root 登录数据库密码(000000)并按 Enter 键
Re-enter new password:              //重复密码(000000)并按 Enter 键
Password updated successfully!
Reloading privilege tables. .
... Success!
Remove anonymous users? [Y/n] y                 //输入 y 并按 Enter 键
... Success!
Disallow root login remotely? [Y/n] n           //输入 n 并按 Enter 键
```

```
. . . skipping.
Remove test database and access to it? [Y/n]y      //输入 y 并按 Enter 键
. . . Success!
Reload privilege tables now? [Y/n] y               //输入 y 并按 Enter 键
. . . Success!
Thanks for usingMariaDB!
```

5. 数据库数据备份与迁移

根据需求将云计算平台数据库中的数据备份至备份节点，并查看备份是否成功。

（1）数据库导出。连接控制节点并查看数据库，命令如下：

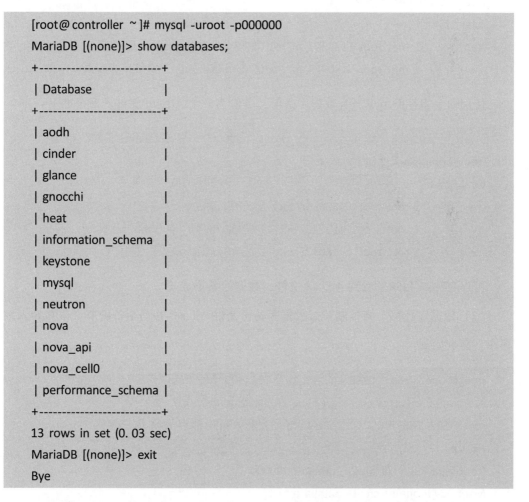

```
[root@controller ~]# mysql -uroot -p000000
MariaDB [(none)]> show databases;
+--------------------------+
| Database                 |
+--------------------------+
| aodh                     |
| cinder                   |
| glance                   |
| gnocchi                  |
| heat                     |
| information_schema       |
| keystone                 |
| mysql                    |
| neutron                  |
| nova                     |
| nova_api                 |
| nova_cell0               |
| performance_schema       |
+--------------------------+
13 rows in set (0. 03 sec)
MariaDB [(none)]> exit
Bye
```

使用命令将控制节点 Nova 数据库单个备份，进行导出，命令如下：

```
[root@ controller ~]# mysqldump -uroot -p000000 nova > nova. sql
[root@ controller ~]# ll
total 180
-rw-r--r--. 1 root root 180475Jul   1 02:42 nova. sql
```

使用命令将控制节点 mysql 和 keystone 数据库备份到同一个 mysql_ keystone. sql 文件，进行导出，命令如下：

```
[root @ controller ~ ] # mysqldump -uroot -p000000 -B mysql keystone > mysql_
keystone. sql
[root@ controller ~]# ll
total 1276
-rw-r--r--. 1 root root 1122202 Jul   1 02:48 mysql_keystone. sql
-rw-r--r--. 1 root root  180475 Jul   1 02:42 nova. sql
```

使用命令将控制节点所有数据库备份，备份为一个 All. sql 文件，命令如下：

```
[root@ openstack ~]# mysqldump -uroot -p000000 --all-databases > All. sql
[root@ openstack ~]# ll
total 3124
-rw-r--r--. 1 root root   1889190 Jul   1 03:03 All. sql
-rw-r--r--. 1 root root   1122202 Jul   1 02:48 mysql_keystone. sql
-rw-r--r--. 1 root root    180475 Jul   1 02:42 nova. sql
```

可以在/root 目录下看到 All. sql 文件，数据库备份成功。

（2）数据库迁移。将控制节点数据库备份文件 All. sql 移动至备份节点，并导入数据库，命令如下：

```
[root@ openstack ~]# scp All. sql 192. 168. 100. 210:/root/
Are you sure you want to continue connecting (yes/no)? yes
root@ 192. 168. 100. 210's password:   //输入备份节点 root 用户密码
All. sql
[root@ backup ~]# mysql -uroot -p000000
MariaDB [(none)]> create database test;
Query OK, 1 row affected (0. 01 sec)
```

```
MariaDB [(none)]> use test;
Database changed
MariaDB [test]> source /root/All. sql
MariaDB [nova_cell0]> show databases;
+--------------------------+
| Database                 |
+--------------------------+
| information_schema       |
| aodh                     |
| cinder                   |
| glance                   |
| gnocchi                  |
| heat                     |
| keystone                 |
| mysql                    |
| neutron                  |
| nova                     |
| nova_api                 |
| nova_cell0               |
| performance_schema       |
| test                     |
+--------------------------+
14 rows in set (0. 01 sec)
```

数据库的迁移实际上就是将数据库文件打包，并导入另一个数据库中，实现迁移的目的。

通过本节内容的学习，读者对数据库的基本备份与迁移有了深刻的认识。在日常工作中，往往会将数据库搭建成主从或者高可用架构，确保数据的安全，有些公司还会购买公有云上的数据库服务（大多数公有云数据库自带主从备份），感兴趣的读者可以自行学习更多关于数据库备份与迁移的知识。

第三节　云主机备份与迁移

考核知识点及能力要求：

- 了解 OpenStack 云计算平台云主机备份、迁移的原理。
- 掌握 OpenStack 云计算平台云主机备份、迁移的方法。
- 能够对 OpenStack 云计算平台的云主机进行备份与迁移。

一、云主机备份

目前，OpenStack 虚拟机启动源支持镜像和卷，通过这两种方式创建出的虚拟机，创建快照的过程也不同。

由镜像启动的虚拟机创建快照时，只对系统盘进行快照，不对数据盘进行快照。快照过程中要挂起虚拟机，因此虚拟机中运行的业务可能会中断。快照完成后，将快照上传到 Glance 服务中，保存为 Snapshot 类型的镜像，并恢复虚拟机至运行状态。

由卷启动的虚拟机创建快照时，同时对系统盘和数据盘进行快照，快照实际执行由 Cinder 存储服务完成。因此，可以利用存储后端的快照功能。当 Cinder 存储后端为 Ceph 时，就可以利用 Ceph 的增量快照功能，缩短快照时间，减少快照过程对于虚拟机中运行业务的影响。

现在企业对数据的安全尤为重视，在使用私有云计算平台的企业中，一般都是使用创建快照的方式对云主机进行备份，这种方式非常简单易操作，不容易出错，但是对于存储的空间有一定要求，因为每一次创建的快照会生成一个 QCOW2 的镜像文件，

该文件会占用一定的存储空间。如果企业要求每周创建一个快照对云主机进行备份，那么每周都会产生一个镜像文件，管理人员需要注意存储空间的使用情况，以防空间不足。

此处直接使用已搭建完成的云计算平台，进行云主机的备份操作，登录云计算平台 Dashboard，找到需要备份的主机，单击主机，在下拉菜单中选择“创建快照”按钮，进行快照备份操作，创建快照名为 cirros_ bak，如图 6-4 所示。

创建快照

快照名称 *

cirros_bak

说明：

快照是保存了运行中云主机的磁盘状态的镜像。

取消　创建快照

图 6-4　创建快照

使用远程工具连接云计算平台控制节点，将保存为快照的镜像导出，保存至本地，命令如下：

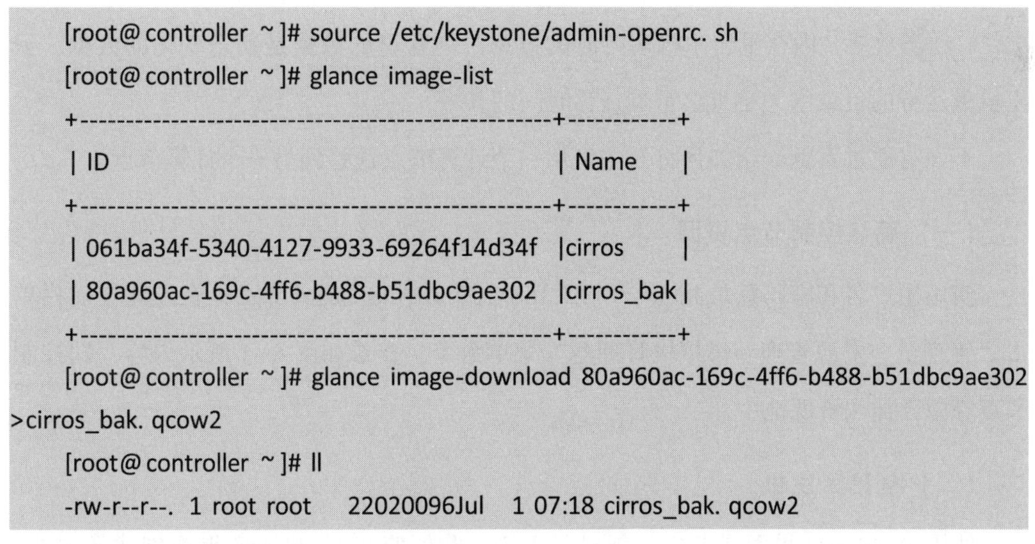

```
[root@ controller ~]# source /etc/keystone/admin-openrc. sh
[root@ controller ~]# glance image-list
+-----------------------------------------------+-----------+
| ID                                            | Name      |
+-----------------------------------------------+-----------+
| 061ba34f-5340-4127-9933-69264f14d34f  |cirros      |
| 80a960ac-169c-4ff6-b488-b51dbc9ae302  |cirros_bak |
+-----------------------------------------------+-----------+
[root@ controller ~]# glance image-download 80a960ac-169c-4ff6-b488-b51dbc9ae302
>cirros_bak. qcow2
[root@ controller ~]# ll
-rw-r--r--. 1 root root    22020096Jul   1 07:18 cirros_bak. qcow2
```

将保存到本地的镜像使用远程工具下载至计算机本地，如果云主机由于故障导致无法启动，数据无法挽回，可以使用备份镜像启动主机，还原数据。

二、云主机迁移

云主机迁移有两种方式，分别为冷迁移和热迁移。

冷迁移（Cold Migration），也叫静态迁移，即关闭电源的云主机进行迁移。通过冷迁移，可以选择将关联的磁盘从一个数据存储移动到另一个数据存储。其优点是云主机不需要位于共享存储器上，数据丢失率小；缺点是需要关闭电源，业务中断。

热迁移（Live Migration），又叫动态迁移、实时迁移，即云主机保存或者恢复，通常是将整个云主机的运行状态完整保存下来，同时可以快速地恢复到原有硬件平台甚至是不同硬件平台上。恢复以后，云主机仍旧平滑运行，用户不会察觉到任何差异。其优点是方便软件和硬件系统的维护升级，不会影响用户的关键服务，提高了服务的高可用性和用户的满意度；缺点是过程不可中断，操作复杂。

云主机的迁移，就是数据的转移，如果计算节点之间没有共享存储，要转移的数据就需要包括以下两个部分。

• 静态数据：存储在本地的云主机的镜像文件，包括后端镜像（libvirt base）和云主机单独的增量镜像文件（libvirt instance disks）。

• 动态数据：内存里云主机运行时的数据。内存里的数据是动态变化的数据，云主机里运行的负载的大小直接影响迁移时间的长短。

下面将通过案例介绍如何将云主机从一个计算节点迁移到另一个计算节点。

（一）确认控制节点资源

使用用户名和密码登录 http://192.168.100.10/dashboard 界面，在左侧导航栏单击“管理员→资源管理→虚拟机管理器”菜单命令，查看如图 6-5 所示内容，即控制节点资源已加入资源池中。

（二）创建云主机

使用 Dashboard 界面或者命令创建云主机，此处使用 Dashboard 界面创建云主机，如图 6-6 所示。

通过 Dashboard 界面或者命令查看该云主机被创建在哪个物理主机上，此处使用 Dashboard 界面查看，如图 6-7 所示。

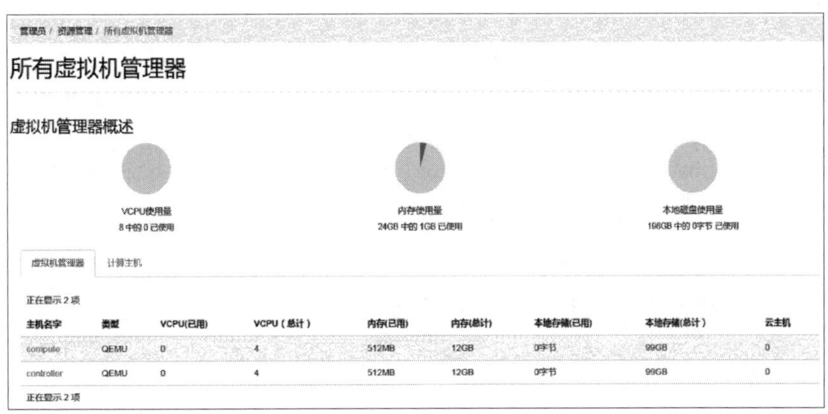

图 6-5　确认控制节点资源

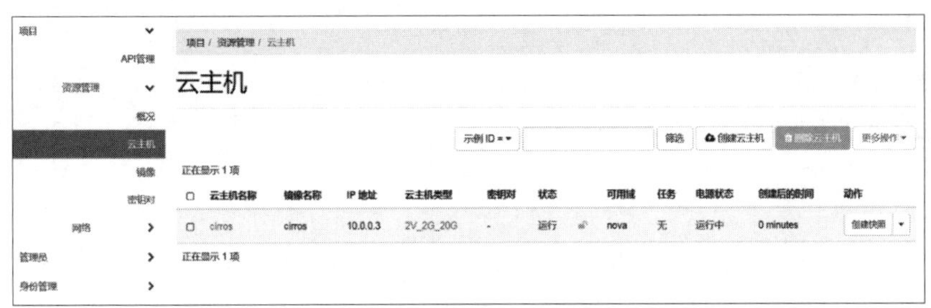

图 6-6　创建云主机

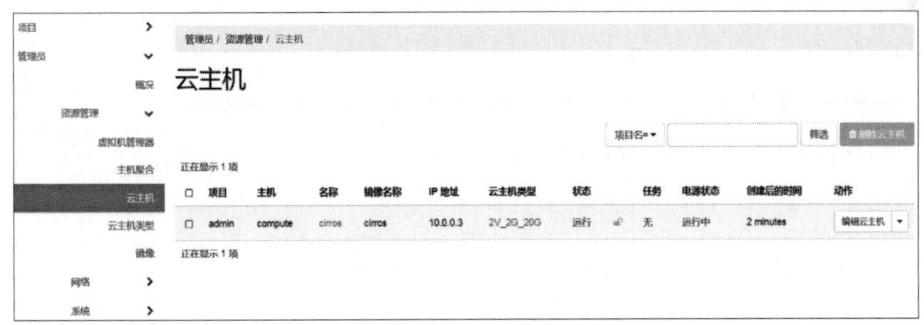

图 6-7　查看云主机

随着云计算平台的使用，可能会出现 Compute 节点的资源不够用了，需要将创建在 Compute 节点的云主机迁移至 Controller 节点，又或者是 Compute 节点机器太旧了，需要更新，这个时候也需要将创建在 Compute 节点的云主机进行迁移。

注意：执行手动迁移虚拟机的过程有两步，需要将虚拟机实例目录进行转移，并修改数据库文件内容。

云主机实例存放在/var/lib/nova/instances/目录下，因为 cirros 云主机被创建在了

Compute 节点，所以在 Compute 节点上查看云主机实例，命令如下：

```
[root@ compute ~]# ll /var/lib/nova/instances/
total 4
drwxr-xr-x. 2 nova nova 54 Jul  1 07:52 64898049-c719- 4e71-b161-2b9bfc76ae5e
drwxr-xr-x. 2 nova nova 54 Jul  1 07:00 _base
-rw-r--r-- . 1 nova nova 30 Jul  1 07:28 compute_nodes
drwxr-xr-x. 2 nova nova 93 Jul  1 07:28 locks
drwxr-xr-x. 2 nova nova  6 Jul  1 07:09 snapshots
[root@ controller ~]# nova list
+-------------------------+----------+----------+------------+-------------+---------------+
| ID                      | Name     | Status   | Task State | Power State | Networks      |
+-------------------------+----------+----------+------------+-------------+---------------+
| 64898049-c719- 4e71-    | cirros   | ACTIVE   | -          | Running     | net           |
| b161-2b9bfc76ae5e       |          |          |            |             | = 10. 0. 0. 3 |
+-------------------------+----------+----------+------------+-------------+---------------+
```

其中，64898049-c719-4e71-b161-2b9bfc76ae5e 目录即为该云主机实例的目录，该目录名称与云主机的 ID 一致，查看该目录下内容，命令如下：

```
[root@ compute 64898049-c719- 4e71-b161-2b9bfc76ae5e]# ll
total 2276
-rw-- - - - - - . 1 root root    25305 Jul  1 07:52 console. log
-rw-r--r-- . 1qemu qemu  2359296 Jul  1 07:53 disk
-rw-r--r-- . 1 nova nova          79 Jul  1 07:52 disk. info
```

该目录下存放着云主机的磁盘文件及日志等信息。

（三）迁移云主机目录

在进行虚拟机迁移之前，先将云主机 cirros 关机，然后将该云主机目录移动到 Controller 节点的/var/lib/nova/instances/目录下，命令如下：

```
[root@ controller ~]# nova stopcirros
[root@ compute ~]# cd /var/lib/nova/instances/
[root @ compute instances] # scp -r 64898049-c719-4e71-b161-2b9bfc76ae5e
controller:/var/lib/nova/instances/
[root@ compute instances]# rm -rf 64898049-c719-4e71-b161-2b9bfc76ae5e
```

查看 Controller 节点的/var/lib/nova/instances/目录，命令如下：

```
[root@controller ~]# ll /var/lib/nova/instances/
total 4
drwxr-xr-x. 2 root root 54 Jul   1 08:30 64898049-c719-4e71-b161-2b9bfc76ae5e
-rw-r--r--. 1 nova nova 33 Jul   1 08:13 compute_nodes
drwxr-xr-x. 2 nova nova 40 Jul   1 07:32 locks
```

云主机目录已经存放在 Controller 节点了，但是该目录的用户和用户组是 root，需要修改成 nova，命令如下：

```
[root@controller ~]# cd /var/lib/nova/instances/
[root@controller instances]# chown nova:nova 64898049-c719-4e71-b161-2b9bfc76ae5e
[root@controller instances]# ll
total 4
drwxr-xr-x. 2 nova nova 54 Jul   1 08:30 64898049-c719-4e71-b161-2b9bfc76ae5e
-rw-r--r--. 1 nova nova 33 Jul   1 08:13 compute_nodes
drwxr-xr-x. 2 nova nova 40 Jul   1 07:32 locks
```

（四）修改数据库表

在完成 cirros 云主机目录的迁移后，此时去启动云主机会报错，因为在数据库中记录了该云主机的宿主机名字，需要进入数据库，修改这一字段才能完成云主机的迁移。

进入数据库，使用 nova 数据库，将 instances 表中 cirros 云主机的 host 和 node 字段都改成 controller，命令如下：

```
[root@controller instances]# mysql -uroot -p000000
... ...
MariaDB [(none)]> use nova
Reading table information for completion of table and column names
You can turn off this feature to get a quicker startup with -A

Database changed
MariaDB [nova]> update instances set host='controller', node='controller'where uuid='64898049-c719-4e71-b161-2b9bfc76ae5e';
```

```
Query OK, 1 row affected (0. 01 sec)
Rows matched: 1  Changed: 1  Warnings: 0
```

修改完配置后，重启 Nova-compute 服务，命令如下：

```
[root@ controller instances]# systemctl restart openstack-nova-compute. service
```

启动云主机 cirros，命令如下：

```
[root@ controller instances]# nova startcirros
```

在 Dashboard 界面查看云主机所在的物理机，如图 6-8 所示。

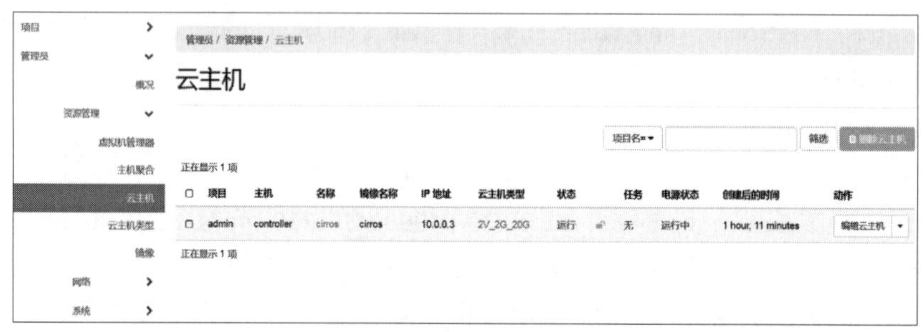

图 6-8　查看迁移的云主机

在图 6-8 中，可以发现宿主机由原来的 compute 变为 controller，云主机手动迁移成功。

通过本节内容的学习，读者可以了解云主机备份、迁移的原理，掌握云主机常用的备份和迁移操作。在云计算平台的日常使用过程中，数据的备份和迁移是经常需要面对的操作。上述的案例中，只介绍了云主机冷迁移的情况，如果云计算平台后端有共享存储，那么就可以实现云主机热迁移，感兴趣的读者可以自行研究。

思考题

1. 简述 RAID 磁盘阵列各个级别适用的场景。
2. 简述软 RAID 与硬 RAID 的区别。
3. 数据库备份使用哪种备份方式更好？为什么？
4. 云主机在什么情况下可以使用热迁移？
5. 使用热迁移必须具备哪些条件？

第三篇 云计算平台应用

OpenStack 云计算平台提供了很多服务与应用，如何应用好这些服务是使用好云计算平台的关键。应用好这些服务，可以为企业的生产与发展提供助力。

镜像服务（Glance）允许用户发现、注册和获取虚拟机镜像。它提供了一个 REST API，允许用户查询虚拟机镜像的 metadata（元数据）并获取一个现存的镜像。用户可以将虚拟机镜像存储到各种位置，从简单的文件系统到对象存储系统。例如,通过镜像服务使用 OpenStack 对象存储。

对象存储服务（Swift）是一个多租户的对象存储系统，它支持大规模扩展，可以通过 RESTful HTTP 应用程序接口，以低成本来管理大型的非结构化数据。

块存储服务（Cinder）为实例提供块存储。存储的分配和消耗是由块存储驱动器或者多后端配置的驱动器决定的。还有很多驱动程序可用，例如 NAS、SAN、NFS、iSCSI、Ceph 等。

网络服务（Neutron）管理 OpenStack 环境中所有虚拟网络基础设施（VNI）、物理网络基础设施（PNI）的接入层。网络服务提出网络、子网以及路由这些对象的抽象概念。每个对象都有自己的功能，可以模拟对应的物理设备。

第七章　云计算平台计算服务应用

云服务器是建立在镜像之上的。镜像是云计算平台使用的基础，制作镜像的方式包括自定义镜像、通过基础镜像进行修改、创建快照等。能够在不同云计算平台根据不同的配置需求制作基础镜像、申请云服务器、调整云主机类型、启动相应服务是云计算工程技术人员必备的技能。

- **职业功能**：云计算平台应用（云计算平台计算服务应用）。
- **工作内容**：根据需求制作云主机镜像，创建云主机类型，创建云主机并能够动态调整云主机的配置。
- **专业能力要求**：能够根据镜像使用需求，制作基础镜像；能够根据云实例创建需求，提供基础云服务器；能够根据云服务器实际使用需求，调整云服务器配置。
- **相关知识要求**：掌握云计算平台镜像应用知识；掌握云服务器应用知识；掌握云服务器弹性伸缩知识。

第一节　制作基础镜像

考核知识点及能力要求：

- 了解 OpenStack 云计算平台镜像格式的特点与特性。
- 掌握 OpenStack 公有镜像的下载与使用方法。
- 掌握 Guestfish 工具的使用方法。
- 能够根据实际需求，使用公有镜像进行私有镜像的定制。

一、虚拟机硬盘格式

OpenStack 云计算平台最常用的镜像格式是 RAW 和 QCOW2 格式，下面对这两种格式进行详细的介绍。

（一）RAW 格式

RAW 格式最简单，没有头文件，就是一个直接可以让虚拟机进行读写的文件。RAW 不支持动态增长空间，必须一开始就指定空间大小，所以它相当耗费磁盘空间。但是对于支持稀疏文件的文件系统（如 EXT4）而言，这方面并不突出。EXT4 下默认创建的文件就是稀疏文件，所以无须再做额外的工作。

RAW 镜像格式是虚拟机中 I/O 性能最好的一种格式。人们在使用时都会和 RAW 进行参照，性能越接近 RAW 越好。但是 RAW 没有任何其他功能，相比稀疏文件（像 QCOW 这一类，在运行时分配空间的镜像格式）就没有任何优势了。

RAW 的优势：

- 足够简单，能够导出为其他虚拟机使用的虚拟硬盘格式。
- 根据实际使用量来占用空间，而非设定的最大值。
- 能够被宿主机挂载，不用开虚拟机即可在宿主机和虚拟机间进行数据传输。

（二）QCOW2 格式

QCOW2 是现在比较主流的一种虚拟化镜像格式，经过一代的优化，目前 QCOW2 在性能上接近 RAW 裸格式。与 RAW 格式的镜像相比，它具有以下的特性：

- 空间占用更小，即使文件系统不支持空洞（holes）。
- 支持写时拷贝（COW，Copy On Write），镜像文件只反映底层磁盘的变化。
- 支持快照（Snapshot），镜像文件能够包含多个快照的历史。
- 可选择基于 zlib 的压缩方式。
- 可以选择 AES 加密。

（三）RAW 格式和 QCOW2 格式相互转换

1. RAW 格式转换为 QCOW2 格式

使用 qemu-img 命令可以对镜像格式进行转换，将 RAW 镜像格式转换为 QCOW2，具体命令如下：

```
[root@image ~]# qemu-img convert -f raw -O qcow2 centos7. 5. raw centos7. 5. qcow2
```

使用“qemu-img info”命令查看转换后的镜像信息，命令如下：

```
[root@image ~]# qemu-img info centos7. 5. qcow2
image:centos7. 5. qcow2
file format: qcow2
virtual size: 20G (21474836480 bytes)
disk size: 1. 0G
cluster_size: 65536
Format specific information:
    compat: 1. 1
    lazyrefcounts: false
    refcount bits: 16
    corrupt: false
```

2. QCOW2 格式转换为 RAW 格式

使用 qemu-img 命令将 QCOW2 镜像格式转换为 RAW 镜像格式，具体命令如下：

```
[root @ image ~ ] # qemu-img convert -f qcow2 -O raw centos7. 5. qcow2 centos7. 5. raw
```

使用“qemu-img info”命令查看转换后的镜像信息，命令如下：

```
[root@ image ~]# qemu-img info centos7. 5. raw
image:centos7. 5. raw
file format: raw
virtual size: 20G (21474836480 bytes)
disk size: 1. 0G
```

二、基于 GenericCloud 制作镜像

CentOS 官方提供了 GenericCloud 可供下载使用，但是由于不知道用户名与密码，所以无法直接使用该虚拟机镜像。所以在制作私有镜像的时候，通常使用的方法是基于公有镜像，然后修改 root 用户的密码，生成快照来制作镜像。

访问 CentOS 官网找到对应的 CentOS 镜像版本下载即可，如图 7-1 所示，可以自由选择所需的内核版本的镜像。镜像下载地址：http：//cloud. centos. org/centos/7/images/。

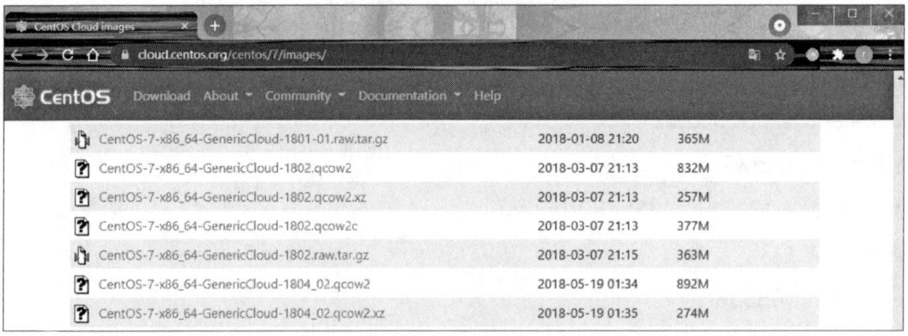

CentOS-7-x86_64-GenericCloud-1801-01.raw.tar.gz	2018-01-08 21:20	365M
CentOS-7-x86_64-GenericCloud-1802.qcow2	2018-03-07 21:13	832M
CentOS-7-x86_64-GenericCloud-1802.qcow2.xz	2018-03-07 21:13	257M
CentOS-7-x86_64-GenericCloud-1802.qcow2c	2018-03-07 21:13	377M
CentOS-7-x86_64-GenericCloud-1802.raw.tar.gz	2018-03-07 21:15	363M
CentOS-7-x86_64-GenericCloud-1804_02.qcow2	2018-05-19 01:34	892M
CentOS-7-x86_64-GenericCloud-1804_02.qcow2.xz	2018-05-19 01:35	274M

图 7-1　GenericCloud 镜像

下载 CentOS 7 的 QCOW2 镜像 CentOS-7-x86_64-GenericCloud-1804_02. qcow2c。此镜像是经过压缩的，大小相比 QCOW2 版本的镜像会小很多。

（一）上传镜像

将下载好的镜像使用 Glance 命令上传至 OpenStack 中，上传后镜像名称为“CentOS7. 1804-image”，命令如下：

```
[root@ controller ~]# glance image-create --name "CentOS7. 1804-image" --disk-format qcow2 --container-format bare --progress < CentOS-7-x86 _ 64-GenericCloud-1804 _ 02. qcow2c
[============================ >] 100%
... ...
```

（二）创建密钥

利用 Controller 节点的公钥文件，使用“openstack keypair create”命令创建密钥对，命令如下：

```
[root@ controller ~]# openstack keypair create --public-key ~/. ssh/id_rsa. pub testkey
+-------------+-------------------------------------------------+
| Field       | Value                                           |
+-------------+-------------------------------------------------+
| fingerprint | 2f:b5:b5:3e:a3:27:5a:7f:97:df:c6:0c:de:01:ce:ac |
| name        | testkey                                         |
| user_id     | 2b67fc6aa1044f3d8ce3c9c2828290a0                |
+-------------+-------------------------------------------------+
```

因为下载的 QCOW2 镜像没有配置访问密码和权限，所以使用创建的密钥对启动云服务器，即可使用 Controller 节点无密码访问云服务器。

（三）启动云服务器

使用命令查询 Flavor 类型列表，命令如下：

```
[root@ controller ~]# openstack flavor list
+--------------------------+--------------+------+------+-----------+----------+-----------+
| ID                       | Name         | RAM  | Disk | Ephemeral | VCPUs    | Is Public |
+--------------------------+--------------+------+------+-----------+----------+-----------+
| 4c5305a6-c5c9- 446e-     |              |      |      |           |          |           |
| b3db-f2e798b93b68        | 2V_4G_40G    | 4096 | 40   | 0         | 2        | True      |
```

使用 OpenStack 命令查询 network 网络列表，命令如下：

```
[root@ controller ~]# openstack network list
+--------------------------------------+----------+---------------------------------------------+
| ID                                   | Name     | Subnets                                     |
+--------------------------------------+----------+---------------------------------------------+
| 099593e2-f5a8-42c1-a2f3-             | |vlan127 | 99a0ef26-31b7-440b-                         |
| 6203f6e2fb50                         |          | b6ef-4dc6f4bf2bef                           |
| 30a2f266-1c56-4d5e-af2a-             | test     | 0b3ad368-1da1-4b96-                         |
| 4978be2ff1ac                         |          | ac76-7d842b15f66d                           |
| 9170a8c2-d5bc-4d17- 9e0d-            | vlan126- | 281cc3a8-2be5-42e9-                         |
| c06f3dc5139f                         | int      | a0a7-dc816933237b                           |
| db2a29ab-cc91-4b96-b502-             | depa-    | 276a0f5d-bde2-405b-                         |
| 29e10b6fe957                         | intnet   | 9d02-d7e2640eaf0a                           |
+--------------------------------------+----------+---------------------------------------------+
```

通过“openstack server create”命令使用所上传的镜像 CentOS7. 1804-image 和所创建的密钥对 testkey 启动云服务器“centos7-cloudvm1”，命令如下：

```
[root @ controller ~ ] # openstack server create --flavor 2V _ 4G _ 40G --image CentOS7. 1804-image --nic net-id = 099593e2-f5a8-42c1-a2f3- 6203f6e2fb50 --key-name testkey centos7-cloudvm1
```

（四）访问云服务器

使用“openstack server list”命令查看云服务器列表信息，查询所创建的云服务器 IP 地址，命令如下：

```
[root@ keystone ~]# openstack server list
+-------------------------+-------------+----------+-----------------+---------------+-------------+
| ID                      | Name        | Status   | Netwroks        | Image         | Flavor      |
+-------------------------+-------------+----------+-----------------+---------------+-------------+
| 6f0bcc10-37ad-49a5-     | centos7-    | ACTIVE   | vlan127 = 172.  | centos7. 1804 | 2V_4G_40G   |
| 8823-a25c15978934       | cloudvm1    |          | 128. 11. 14     | -image        |             |
+-------------------------+-------------+----------+-----------------+---------------+-------------+
```

在 Controller 节点通过 SSH 服务连接，使用 centos 用户名连接所创建的云服务器。创建实例时已将生成的包含公钥的密钥对注入虚拟机实例，私钥保存在控制节点的/root/. ssh/目录中，因此在 Controller 节点中可以直接以 SSH 密钥登录。命令如下：

```
[root@ controller ~]# sshcentos@ 172. 128. 11. 14
The authenticity of host '172. 128. 11. 14 (172. 128. 11. 14)'can't be established.
ECDSA key fingerprint is SHA256:XUL+wWSPD7U6aGQ6r7KXCM2fpKhbD4zmg8f/nQZ1Jfs.
ECDSA key fingerprint is MD5:5c:7a:27:d7:50:de:1e:6a:1a:66:eb:38:11:72:d1:39.
Are you sure you want to continue connecting (yes/no)? yes
Warning: Permanently added '172. 128. 11. 14'(ECDSA) to the list of known hosts.
[centos@ centos7-cloudvm1 ~] $
```

使用 centos 用户登录云服务器后，设置云服务器 root 用户的密码为 000000，命令如下：

```
[root@ centos7-cloudvm1 centos]# passwd root
Changing password for user root.
New password:
BAD PASSWORD: The password is a palindrome
Retype new password:
passwd: all authentication tokens updated successfully.
```

配置 root 用户利用 SSH 远程登录访问。编辑 SSH 配置文件，修改其配置内容，开启密码访问权限，命令如下：

```
[root@ centos7-cloudvm1 centos]# vi    /etc/ssh/sshd_config
      63 PasswordAuthentication yes
      64 # PermitEmptyPasswords no
      65 # PasswordAuthentication no
```

修改完配置后，重启 SSHD 服务。命令如下：

```
[root@ centos7-cloudvm1 centos]# systemctl restart sshd
```

使用 SecureCRT SSH 连接工具访问云服务器，用户名为 root，密码为 000000，单击“确认”按钮进行连接，如图 7-2 所示。

连接成功后，即可使用该云服务器，查看当前节点 IP 地址，命令如下：

```
    [root@ centos7-cloudvm1 ~]# ip a
    ... ...
    2: eth:<BROADCAST,MULTICAST,UP,LOMER_UP> mtu
1500 qdisc pfifo_fast state UP group default qlen 1000
        link/ether fa:16:3e:ff:4f:77 brd ff:ff:ff:ff:ff:ff
        inet 172. 128. 11. 14/24 brd 172. 128. 11. 255
scope global dynamic eth0
          valid_lft 82502sec preferred_1ft 82502sec
        inet6 fe80::f816:3eff:feff:4f77/64 scope link
          valid_lft forever preferred_lft forever
```

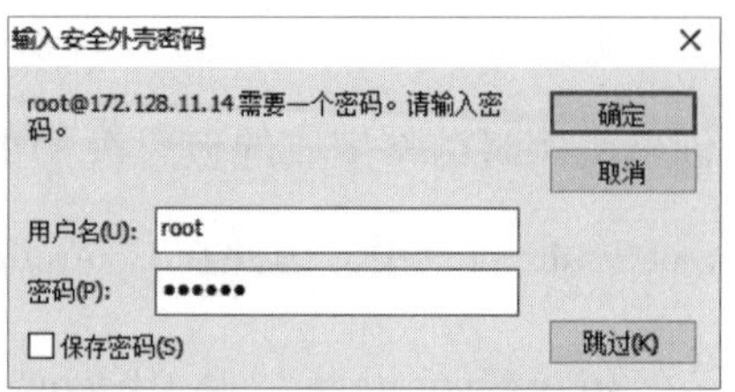

图 7-2 使用 SSH 访问云服务器

基于 GenericCloud 制作私有镜像成功，此方法适用于当前没有虚拟机镜像，第一次制作时使用。

三、使用云主机快照制作镜像

使用快照制作镜像也是 OpenStack 云计算平台中很常用的一种方式，这种方法方便、易操作。比如想做一个带有数据库的镜像，首先启动一台云主机，然后安装数据库并设置开机自启，最后创建快照制作镜像，以后只要是使用这个镜像启动的云主机，就自带数据库服务。

（一）快照的概念

一般对快照的理解就是能够将系统还原到某个瞬间，这就是快照的作用。

快照针对要保存的数据分为内存快照和磁盘快照，内存快照就是保存当前内存的数据，磁盘快照就是保存硬盘的数据。快照针对保存方式又分为内部快照和外部快照，两种快照的概念如下。

1. 内部快照

指快照信息和虚拟机存在于同一个 QCOW2 镜像中，使用单个的 QCOW2 文件来保存快照和快照之后的改动。这种快照是 libvirt 的默认行为，现在的支持很完善，包含创建、回滚和删除等操作，但是只能针对 QCOW2 格式的磁盘镜像文件，而且运行过程较慢。

2. 外部快照

指做快照时原虚拟机的 disk 将变为 readonly 的模板镜像，并会新建一个 QCOW2

文件来记录与原模板镜像的差异数据。外部快照的结果是形成一个 QCOW2 文件链：original←snap1←snap2←snap3。

（二）OpenStack 原生虚拟机快照

OpenStack 中对虚拟机的快照其实是生成一个完整的镜像，保存在 Glance 服务中，并且可以利用这个快照镜像生成新的虚拟机，与原本的虚拟机并没有什么关系。而比较主流的快照实现应该是有快照链的，且包含内存快照和磁盘快照。

而 OpenStack 中生成备份和生成快照类似，调用的都是同一个生成镜像的接口。

进入虚拟机修改配置文件，使 root 用户可以通过密码访问云服务器，创建一个镜像快照，即可制作一个已知用户名和密码的 CentOS7. 1804 的镜像。

（三）制作快照镜像

使用 OpenStack 命令创建 centos7-cloudvm1 虚拟机快照 centos7. 1804-rootssh，命令如下：

```
[root@controller ~]# openstack server image create --name centos7. 1804-rootssh centos7-cloudvm1
[root@controller ~]# openstack image list | grep 1804
| 025fd7f5-2c35-4ecb-be78-e6bec46e90e5 | CentOS7. 1804. image | active |
| 8b50af41-a0e5-42d6-a621-4d507f703bcc | CentOS7. 1804. rootssh | active |
```

创建快照其实就是创建了一个镜像，将此快照下载后便是一个可用的 QCOW2 镜像。将创建的快照 centos7. 1804-rootssh 下载至本地目录中，命令如下：

```
[root@controller ~]# glance image-download8b50af41-a0e5-42d6-a621-4d507f703bcc > CentOS7. 1804-rootssh. qcow2
[root@controller ~]# ls
CentOS7. 1804-rootssh. qcow2
CentOS-7-x86_64-GenericCloud-1804_02. qcow2c
```

此时 CentOS7. 1804-rootssh. qcow2 镜像上传至 OpenStack 平台中使用的是用户名为 root、密码为 000000 的镜像，可以通过 SSH 协议进行登录访问。

四、使用 Guestfish 工具制作镜像

Guestfish 是 libguestfs 项目中的一个工具软件，提供修改镜像内部配置的功能。它

不需要把镜像挂接到本地，而是为用户提供一个 Shell 接口，用户可以查看、编辑和删除镜像内的文件。

Guestfish 提供了结构化的 libguestfs API 访问，可以通过 Shell 脚本、命令行或者交互方式访问。它使用 libguestfs 公开了 guestfs API 的所有功能，是一个用于访问和修改磁盘映像和虚拟机的库。

（一）安装工具

在需要操作的节点中安装 Guestfish 工具，命令如下：

```
[root@image ~]# yum installguestfish libguestfs-tools -y
```

（二）启动服务

修改/etc/libvirt/qemu. conf 配置文件，启动 libvirt 服务，命令如下：

```
[root@image ~]# vi +442 /etc/libvirt/qemu. conf
    442 user = "root"
    443
    444 # The group for QEMU processes run by the system instance. It can be
    445 # specified in a similar way to user.
    446 group = "root"
[root@image ~]# systemctl restart libvirtd
```

（三）生成加密密码

在 QCOW2 镜像中修改密码时，需要设置加密密码，使用 OpenSSL 命令生成加密密码，命令如下：

```
[root@image ~]# openssl passwd -1 000000
$1$57zqvSJL$B6S0chXFu5dd6/MD3wVZ1.
```

（四）运行镜像

使用 Guestfish 命令运行 QCOW2 镜像，通过 run 指令运行镜像，命令如下：

```
[root@image ~]# guestfish --rw -a CentOS-7-x86_64-GenericCloud-1804_02. qcow2c
><fs> run
[[ 100% ⁞⁞⁞⁞⁞⁞⁞⁞⁞⁞⁞⁞⁞⁞⁞⁞⁞⁞⁞⁞⁞⁞⁞⁞⁞⁞⁞⁞⁞⁞⁞⁞⁞⁞⁞⁞⁞⁞⁞⁞⁞⁞⁞⁞⁞⁞⁞⁞⁞⁞⁞⁞⁞⁞⁞⁞⁞⁞⁞⁞⁞⁞⁞⁞⁞⁞⁞⁞⁞⁞⁞⁞⁞⁞⁞⁞⁞⁞⁞⁞⁞⁞⁞⁞⁞⁞⁞⁞⁞⁞⁞⁞⁞⁞⁞⁞⁞⁞⁞⁞⁞⁞⁞⁞⁞⁞⁞⁞⁞⁞⁞⁞]] --:--
```

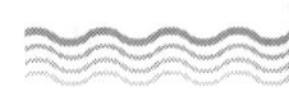

对镜像文件系统进行查看，将磁盘挂载至根目录，命令如下：

```
><fs> list-filesystems
/dev/sda1: xfs
><fs> mount /dev/sda1 /
><fs> ls /
```

（五）修改密码

修改 root 用户密码为 000000，开启 root 用户使用 SSH 远程访问权限。修改/etc/cloud/cloud. conf 配置文件，修改为使用 SSH 远程登录访问。修改/etc/shadow 配置文件，将 root 密码设置为 000000，命令如下：

```
><fs>vi /etc/cloud/cloud. cfg
disable_root: 0
ssh_pwauth: 1
><fs>vi /etc/shadow
root: $ 1 $ 57zqvSJL $ B6S0chXFu5dd6/MD3wVZ1. :17667:0:99999:7:::
><fs> quit
```

此时，CentOS-7-x86_64-GenericCloud-1804_ 02. qcow2c 镜像中 root 用户密码已经改变为“000000”。

（六）启动测试

将此镜像上传至 OpenStack 平台中，通过命令创建一个云服务器 centos7-guestfish，命令如下：

```
[root@controller ~]# openstack server create --flavor 2V_4G_40G --image centos7-guestfish --nic net-id=099593e2-f5a8-42c1-a2f3-6203f6e2fb50    centos7-guestfish
[root@controller ~]# openstack server list
+-----------------------+------------+--------+----------------+--------------+-------------+
| ID                    | Name       | Status | Netwroks       | Image        | Flavor      |
+-----------------------+------------+--------+----------------+--------------+-------------+
| 6f909841-f488fdea3-   | centos7-   | ACTIVE | vlan127=172.   | centos7.1804-| 2V_4G_40G   |
| b578-2abaa6e5ed5c     | guestfish  |        | 128. 11. 16    | rootssh      |             |
| 6f0bcc10-37ad-49a5-   | centos7-   | ACTIVE | vlan127=172.   | centos7.1804-| 2V_4G_40G   |
| 8823-a25c15978934     | cloudvm1   |        | 128. 11. 14    | image        |             |
+-----------------------+------------+--------+----------------+--------------+-------------+
```

此时创建的云服务器不再需要创建密钥对，可以直接使用用户名 root 和密码 000000 进行 SSH 远程访问，命令如下：

```
[root@ controller ~]# ssh root@172. 128. 11. 16
The authenticity of host '172. 128. 11. 16 (172. 128. 11. 16)'can't be established.
ECDSA key fingerprint is SHA256:NkORAZcKLm3wrD6hBKETP1uli0p3d3tquC3KsJnDVow.
ECDSA key fingerprint is MD5:3e:0b:0f:18:1a:ea:3f:bb:21:d5:c8:95:de:bc:29:ce.
Are you sure you want to continue connecting (yes/no)? yes
Warning: Permanently added '172. 128. 11. 16'(ECDSA) to the list of known hosts.
root@172. 128. 11. 16's password:
[root@ centos7-guestfish ~]# uname -a
Linuxcentos7-guestfish. novalocal 3. 10. 0- 862. 2. 3. el7. x86_64 #1 SMP Wed May 9 18:05:47 UTC 2018 x86_64 x86_64 x86_64 GNU/Linux
```

验证使用 Guestfish 工具修改镜像密码成功。这种方式因为涉及第三方软件，相对来说，技术要求比较高。

通过本节内容的学习，读者了解了三种制作私有镜像的方式，第一和第三种方式适合没有基础镜像，需要通过下载公有镜像来制作的场景，第二种方式适合有基础镜像，需要在基础镜像上做进一步操作的场景。感兴趣的读者可以自学其他制作私有镜像的方法。

第二节　云主机的申请与配置调整

考核知识点及能力要求：

- 了解云计算平台中使用命令创建云主机的方法。

• 掌握云计算平台服务调度机制与配置调整方法。

• 能够根据实际工作需求，在线调整云主机的配置。

一、云主机的申请

在日常使用 OpenStack 云计算平台的过程中，申请云主机应该是最常用的一个操作。部门 A 需要云主机部署公司门户网站，部门 B 需要云主机搭建主从数据库服务进行测试等。下面较全面地介绍了云主机的申请流程与步骤。

（一）云主机申请流程

OpenStack 中云主机的申请流程需要经过以下九个步骤：

第一，用户通过命令行或者 Horizon 控制面板的方式登录 OpenStack，Keystone 验证证书（Credentials）。

第二，Keystone 对用户的证书进行验证，验证通过后，会发布一个令牌（Token）和用户所需服务的位置点（Endpoint）给用户。

第三，用户得到位置点之后，携带令牌，向 Nova 发起请求，请求创建云主机。

第四，Nova 使用用户的 Token 向 Keystone 进行认证，确认是否允许用户执行这样的操作。

第五，Keystone 认证通过之后，返回指令给 Nova，Nova 开始执行创建云主机的请求。首先需要镜像资源，其次需要 Nova 携带令牌和所需要的镜像名向 Glance 提出镜像资源的请求。

第六，Glance 携带 Token 去向 Keystone 进行认证，确认是否允许提供镜像服务。Keystone 认证成功后，返回给 Glance，Glance 向 Nova 提供镜像服务。

第七，创建云主机还需要网络服务。Nova 携带 Token 向 Neutron 发送网络服务的请求。

第八，Neutron 携带 Nova 返回的 Token 向 Keystone 进行认证，确认是否允许向其提供网络服务。Keystone 认证成功后，返回给 Neutron，Neutron 则给 Nova 提供网络服务。

第九，Nova 获取了镜像和网络之后，开始创建云主机，通过 Hypervisior 调用底层硬件资源进行创建。创建完成返回给用户，最终成功执行了用户的请求。

OpenStack 云主机申请流程如图 7-3 所示。

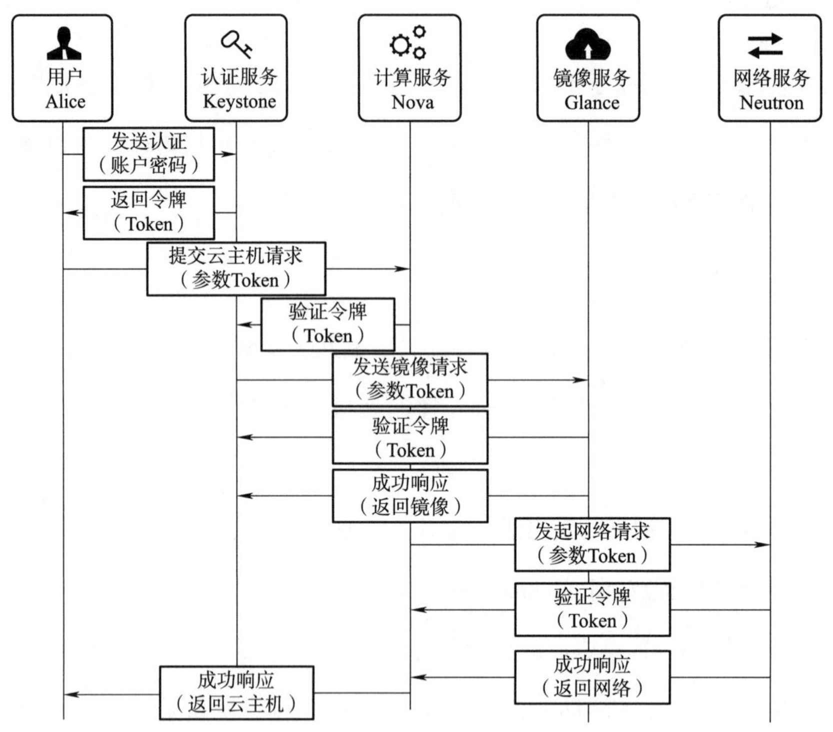

图 7-3　云主机申请流程

（二）使用命令行申请云主机

通过 OpenStack 命令申请云主机，需要查询所需参数，例如云主机使用镜像 ID、所申请的云主机资源配置类型以及所使用的虚拟网络 ID。

通过 OpenStack 命令查询镜像列表信息，命令如下：

```
[root@ openstack ~]# openstack image list
+--------------------------------------------+--------+---------+
| ID                                         | Name | Status |
+--------------------------------------------+--------+---------+
| 4c71efc2-d810-4f73-acef-2ad12de6970e| cirros | active |
+--------------------------------------------+--------+---------+
```

通过 OpenStack 命令查询云主机类型列表信息，命令如下：

```
[root@openstack ~]# openstack flavor list
+----------------------------+-------------+------+------+-----------+---------+-----------+
| ID                         | Name        | RAM  | Disk | Ephemeral | VCPUs   | Is Public |
+----------------------------+-------------+------+------+-----------+---------+-----------+
| 0b9ee3b5- 1cde-4dd5-       | 1V_1G_1G    | 1    | 1    | 0         | 1       | True      |
| 8e3b-fd399cf626d8          |             |      |      |           |         |           |
+----------------------------+-------------+------+------+-----------+---------+-----------+
```

通过 OpenStack 命令查询网络列表信息，命令如下：

```
[root@openstack ~]# openstack network list
+------------------------------------+----------+-------------------------------------------+
| ID                                 | Name     | Subnets                                   |
+------------------------------------+----------+-------------------------------------------+
| 7912f6ae-ccdc-4d4b-8046-           | net      | 17c045a1-5299-4709-9dbf-b7bc8cad13c1      |
| 1a21d02042d6                       |          |                                           |
+------------------------------------+----------+-------------------------------------------+
```

通过 OpenStack 命令选择 cirros 镜像、云主机类型选择 1V_ 1G_ 1G 的配置，并使用 net 网络申请云主机 cirros，命令如下：

```
[root@openstack ~]# openstack server create --flavor 1V_1G_1G --image cirros --nic
net-id=7912f6ae-ccdc-4d4b-8046- 1a21d02042d6 cirros
```

使用命令创建云主机，需要查询很多信息，在平时的工作中，一般常用 Dashboard 界面创建云主机。

二、云主机配置调整

调整和扩展 OpenStack 实例或者虚拟机的大小其实很简单，OpenStack Compute 是按需提供虚拟机的中央组件，它使系统管理员可以创建具有特定硬件规格（RAM、CPU 和磁盘空间）的实例。在 OpenStack 中，每个创建的实例都有一种风格（资源模板），它可以确定实例的大小和容量，还可以指定辅助临时存储、交换磁盘、限制使用的元数据或者特殊项目访问，因此它必须定义这些额外的属性。

作为 OpenStack 管理员，经常会遇到需要根据新兴的计算需求升级或降级服务器的情况。创建的云主机，后期使用资源不足，需要扩充云主机资源时（如 CPU、内存、磁盘等），则需要修改云主机的类型。例如，部署一台具有 20 GB 硬盘的服务器，根据工作需要将其硬盘升级到 40 GB。

修改 OpenStack 所有节点 Nova 配置文件，开启“允许后期动态调整虚拟机的资源”选项，如果不修改，则无法动态调整虚拟机资源，命令如下：

```
[root@ openstack ~]# vim /etc/nova/nova. conf
allow_resize_to_same_host=true
```

修改完成后，重启 Nova 服务，命令如下：

```
[root@ openstack ~]# systemctl restart openstack-nova*
```

将所创建的云主机 cirros VCPU 扩容至 2 核，内存扩容至 2 GB，硬盘扩容至 2 GB，通过命令创建一个 2 核 CPU、2 GB 内存、2 GB 硬盘的云主机类型，命令如下：

```
[root@ openstack ~]# openstack flavor create --vcpus 2 --ram2 --disk 2 2V_2G_2G
```

通过 OpenStack 命令查询云主机类型列表信息，命令如下：

```
[root@ openstack ~]# openstack flavor list
+---------------------------+-------------+------+------+------------+----------+-----------+
| ID                        | Name        | RAM  | Disk | Ephemeral  | VCPUs    | Is Public |
+---------------------------+-------------+------+------+------------+----------+-----------+
| 0b9ee3b5-1cde-4dd5        | 1V_1G_1G    | 1    | 1    | 0          | 1        | True      |
| -8e3b-fd399cf626d8        |             |      |      |            |          |           |
| 7d2432ae-1f83-4a56        | 2V_2G_2G    | 2    | 2    | 0          | 2        | True      |
| -94a2-d4d90a9f5d14        |             |      |      |            |          |           |
+---------------------------+-------------+------+------+------------+----------+-----------+
```

通过 OpenStack 命令使用新创建的 2V_ 2G_ 2G 云主机类型进行云主机扩容，命令如下：

```
[root@ openstack ~]# openstack   server resize   --flavor 2V_2G_2G   cirros
```

使用 OpenStack 命令调整云主机类型后，经过一段时间，再次确认调整。通过 OpenStack 命令查看 server 列表信息，确认 Server 状态，命令如下：

```
[root@ openstack ~]# openstack server list
```

```
+-----------------------+-----------+---------+----------------+--------------+--------------+
| ID                    | Name      | Status  | Netwroks       | Image        | Flavor       |
+-----------------------+-----------+---------+----------------+--------------+--------------+
| 67d95ba9-0d0b-435c    | cirros    | VERIFY  | net =          | cirros       | 2V_2G_2G     |
| -8291a8791f576470     |           | _RESIZE | 10. 10. 0. 6   |              |              |
+-----------------------+-----------+---------+----------------+--------------+--------------+
```

确认 Server 状态为 VERIFY_ RESIZE 时，即可通过命令确认调整大小的操作，命令如下：

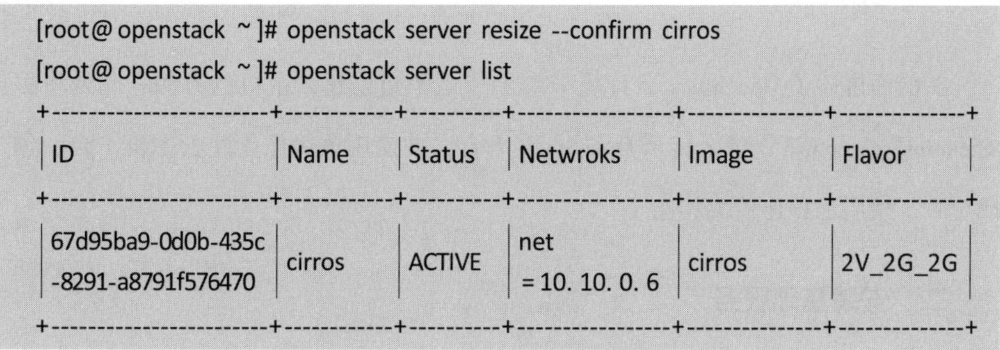

```
[root@ openstack ~]# openstack server resize --confirm cirros
[root@ openstack ~]# openstack server list
+-----------------------+-----------+---------+----------------+--------------+--------------+
| ID                    | Name      | Status  | Netwroks       | Image        | Flavor       |
+-----------------------+-----------+---------+----------------+--------------+--------------+
| 67d95ba9-0d0b-435c    | cirros    | ACTIVE  | net            | cirros       | 2V_2G_2G     |
| -8291-a8791f576470    |           |         | = 10. 10. 0. 6 |              |              |
+-----------------------+-----------+---------+----------------+--------------+--------------+
```

通过本节内容的学习，读者可以掌握如何在线调整云主机大小的配置。在日常工作中，经常会遇到需要为云主机调整配置的情况。除上文所述方法外，还有一种方法也可以调整配置，就是将云主机先制作成快照镜像，然后用更高配置的 Flavor 启动快照镜像，只是这种方法需要对云主机进行关机操作，比直接调整复杂。

第三节　OpenStack 云计算平台部署应用

考核知识点及能力要求：

- 掌握使用远程连接工具访问创建的云主机的方法。

- 掌握云计算安装服务的方法。
- 能够在 OpenStack 云主机上部署应用并访问。

某公司部门员工拟将公司经常使用的图标库通过网页展示，方便开发人员使用。此方案需要使用 OpenStack 平台创建云主机，并安装 Nginx 服务，将图标库通过网页展示。

一、创建云主机

在前面讲述了 OpenStack 云计算平台上传镜像与创建云主机的方法，此处将提供的 centos7. 5. qcow2 镜像上传至 OpenStack 平台，并使用该镜像创建云主机 1 台，创建成功后，使用远程连接工具连接。

二、安装基础服务

图标库的界面展示是一个前端界面，需要依赖 Nginx 服务，使用 Yum 源的方式安装 Nginx 服务。

（一）配置 Yum 源

将提供的 icons-repo 目录上传至云主机节点的/opt 目录下，上传后查看目录，命令如下：

```
[root@ icon ~]# ll /opt/
total 0
drwxr-xr-x 4 root root 38 Dec 28 08:25 icons-repo
```

删除或移除原有的 Yum 文件，命令如下：

```
[root@ icon ~]# mv /etc/yum. repos. d/*   /media/
```

新建 local. repo 文件，命令如下：

```
[root@ icon ~]# vi /etc/yum. repos. d/local. repo
```

编辑文件内容如下：

```
[nginx]
name = nginx
baseurl = file:///opt/icons-repo
gpgcheck = 0
enabled = 1
```

清除缓存，查看 Yum 源是否可用，命令如下：

```
[root@ icon ~]# yum clean all
[root@ icon ~]# yumrepolist
... ...
repolist: 129
```

通过上述结果可以发现 repolist 数量为 129，即视为配置 Yum 源成功。

（二）安装 Nginx

配置完本地 Yum 源之后，可以使用 Yum 命令安装 Nginx 服务，命令如下：

```
[root@ icon ~]# yum installnginx -y
```

等待 Nginx 服务安装完毕。

三、使用云主机部署应用

将提供的 icons. tar. gz 软件包上传至云主机的/root 目录下，然后解压，命令如下：

```
[root@ icon ~]# tar "xvf icons. tar. gz
```

将 icons 目录下的所有文件复制至 Nginx 的工作目录，命令如下：

```
[root@ icon ~]# cp icons/*   /usr/share/nginx/html/
```

启动 Nginx 服务，命令如下：

```
[root@ icon ~]# systemctl start nginx
```

通过浏览器访问云主机地址（http：//云主机 IP），查看图标库首页，如图 7-4 所示。

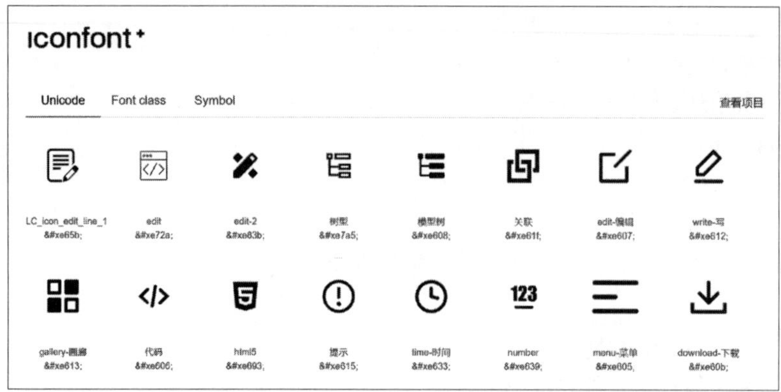

图 7-4　图标库首页

第四节　容器云平台部署应用

考核知识点及能力要求：

- 了解容器 Kubernetes 平台编排部署应用的方法。
- 掌握容器私有镜像的制作方法。
- 能够在 Kubernetes 平台使用私有镜像部署应用。

一、定制私有镜像

某公司部门员工拟将公司经常使用的图标库通过网页展示，方便开发人员使用。为了方便部署，计划使用容器化的方式进行部署，故需要制作私有化镜像，满足容器化部署的需求，制作镜像具体过程如下。

（一）环境准备

可以直接使用物理服务器或者虚拟机进行 Kubernetes 集群的部署，考虑到环境准备的便捷性，使用 VMWare Workstation 进行实验，考虑到 PC 机的配置，使用单节点安装 Kubernetes 服务，即将 Master 节点和 Node 节点安装在一个节点上（此时，Master 节点既是 Master 也是 Node），其节点规划见表 7-1。

表 7-1　　节点规划

节点角色	主机名	内存（GB）	硬盘（GB）	IP 地址
Master/Node	master	12	100	192. 168. 200. 19

此次安装 Kubernetes 服务的系统为 CentOS7. 5－1804，Docker 版本为 docker-ce-19. 03. 13，Kubernetes 版本为 1. 18. 1。

（二）编写 Dockerfile 制作镜像

使用远程连接工具连接至 Master 节点，创建 Dockerfile 的工作目录，命令如下：

```
[root@ master ~]# mkdir /opt/nginx
```

将图标库页面文件压缩包 icons. tar. gz 上传至/opt/nginx 目录下，并在该目录下创建 Dockerfile 文件，命令及文件内容如下：

```
[root@ master nginx]# vi Dockerfile
```

编辑 Dockerfile 文件内容如下：

```
# Nginx with icons
# 指定基础镜像
FROMnginx
# 指定作者
MAINTAINER MRJ
# 将 icon 压缩包复制到容器内部
ADD icons. tar. gz /root
# 将 Nginx 工作目录下的东西删除
RUN rm -rf /usr/share/nginx/html/*
# 将 icons 中的文件复制到 Nginx 的工作目录
RUN cp /root/icons/*  /usr/share/nginx/html/
```

```
# 开放 80 端口
EXPOSE 80
# 启动 Nginx
CMD ["nginx","-g","daemon off;"]
```

编写完 Dockerfile 文件后，进行镜像的构建，此处将镜像命名为“nginx_ icons：v1. 0”，具体命令如下：

```
[root@ nginx nginx]# docker build -tnginx_icons:v1. 0
Sending build context to Docker daemon   52. 74kB
Step 1/7 : FROMnginx
- - - > 992e3b7be046
... ...
Step 7/7 : CMD ["nginx","-g","daemon off;"]
- - - > Running in b23d18e9b060
Removing intermediate container b23d18e9b060
- - - > cb3e339cb79e
Successfully built cb3e339cb79e
Successfully taggednginx_icons:v1. 0
```

查看构建成功的镜像，命令如下：

```
[root@ master nginx]# docker images  |grepnginx_icons
nginx_icons         v1. 0              cb3e339cb79e       6 hours ago          133MB
```

二、使用私有镜像启动服务

在 Master 节点的/root 目录下，创建 nginxicons-deployment. yaml 文件：

```
[root@ master ~]# vi nginxicons-deployment. yaml
```

编写 nginxicons-deployment. yaml 的内容如下所示：

```
apiVersion: apps/v1
kind: Deployment
metadata:
  name:nginx-icons
spec:
  selector:
    matchLabels:
```

```
        app:nginx
  replicas: 2
  template:
    metadata:
      labels:
        app:nginx
    spec:
      containers:
      - name:nginx-icons
        image:nginx_icons:v1. 0
        imagePullPolicy: IfNotPresent
        ports:
        - containerPort: 80
```

运行 nginxicons-deployment. yaml 文件，命令如下：

```
[root@ master ~]# kubectl apply -f nginxicons-deployment. yaml
deployment. apps/nginx-icons created
```

查看创建的 Pod 和 Deployment，命令如下：

```
[root@ master ~]# kubectl get pods
NAME                              READY   STATUS    RESTARTS   AGE
nginx-icons-59dfbb757c-66t2x      1/1     Running   0          10s
nginx-icons-59dfbb757c-p8l9g      1/1     Running   0          10s
[root@ master ~]# kubectl get deployment
NAME          READY   UP-TO-DATE   AVAILABLE   AGE
nginx-icons   2/2     2            2           20s
```

部署完 Deployment 之后，需要使用 Service 服务发现，Nginx 应用才能被访问，在 /root 目录下创建 nginxicons-service. yaml 文件，命令如下：

```
[root@ master ~]# vi nginxicons-service. yaml
```

编写 nginxicons-service. yaml 文件内容如下：

```
apiVersion: v1
kind: Service
metadata:
  name:nginxicons-service
spec:
  selector:
```

```
    app:nginx
  ports:
  - port: 80
    protocol: TCP
    targetPort: 80
  type:NodePort
```

执行 nginxicons-service. yaml 文件，命令如下：

```
[root@ master ~]# kubectl apply -f nginxicons-service. yaml
service/nginxicons-service created
```

查看创建的 Service，命令如下：

```
[root@ master ~]# kubectl get svc
NAME                  TYPE       CLUSTER-IP       EXTERNAL-IP   PORT(S)          AGE
kubernetes            ClusterIP  10. 96. 0. 1     <none>        443/TCP          23h
nginxicons-service    NodePort   10. 101. 162. 144<none>        80:32030/TCP     10s
```

通过浏览器访问宿主机 ip：32030，可以查看到 Nginx 图标库首页，如图 7–4 所示。

通过本节内容的学习，读者了解并掌握了使用容器平台制作私有化镜像、使用 Kubernetes 平台编排部署应用的方法。通过这种方法可以快速部署定制化的应用，Kubernetes 平台能保证容器按照用户的期望状态运行。

第五节　公有云平台计算服务应用

考核知识点及能力要求：

- 了解公有云申请云主机的流程。

- 掌握公有云制作私有镜像的方法。
- 掌握在公有云上使用私有镜像创建云主机的方法。
- 能够创建私有镜像，并上传至公有云使用。

一、使用默认镜像启动云主机

为了确保图标库 24 h 运行，避免硬件设备损坏而导致服务无法使用，技术人员拟将应用部署在公有云上，下面以华为云为例，介绍如何在公有云上进行申请云主机、部署应用、制作私有镜像等操作。

（一）申请云服务器

通过浏览器登录华为云，选择“服务列表→计算→弹性云服务器 ECS”菜单命令，进入云服务器页面，如图 7–5 所示。

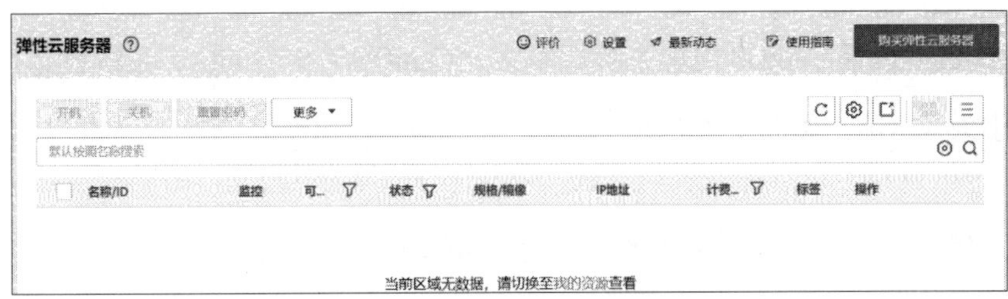

图 7–5　弹性云服务器

单击页面右上方“购买弹性云服务器”按钮，申请购买云服务器。根据需求，计费模式选择“按需计费”方式，区域选择为“华东–上海—”，如图 7–6 所示。

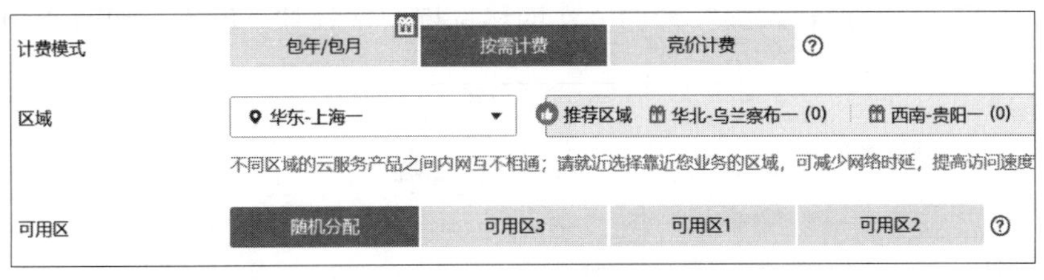

图 7–6　选择区域

CPU 架构选择“x86 计算”，规格选择“通用计算增强型”，使用 2vCPUs、4 GB 内存，如图 7–7 所示。

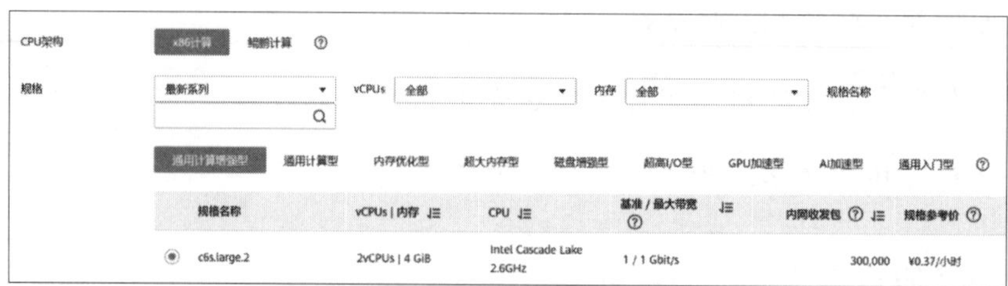

图 7-7　选择云主机规格

镜像选择“公共镜像”，在选择框中选择“CentOS”系统，如图 7-8 所示。

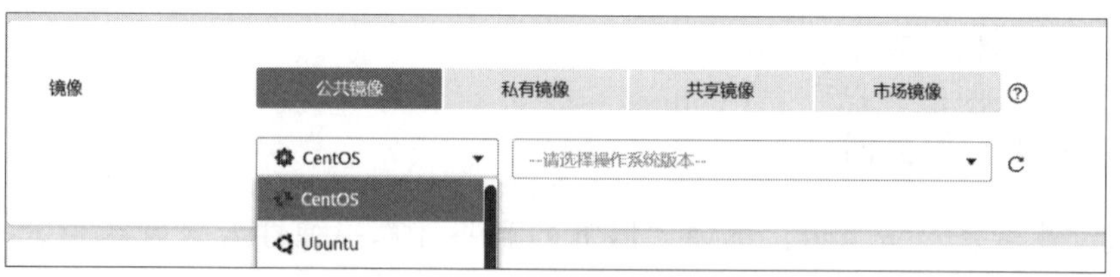

图 7-8　选择操作系统

在选择框中选择 CentOS 对应系统版本为“CentOS 7. 5 64 bit”，系统盘选择通用型 SSD，大小为 40 GB，如图 7-9 所示。

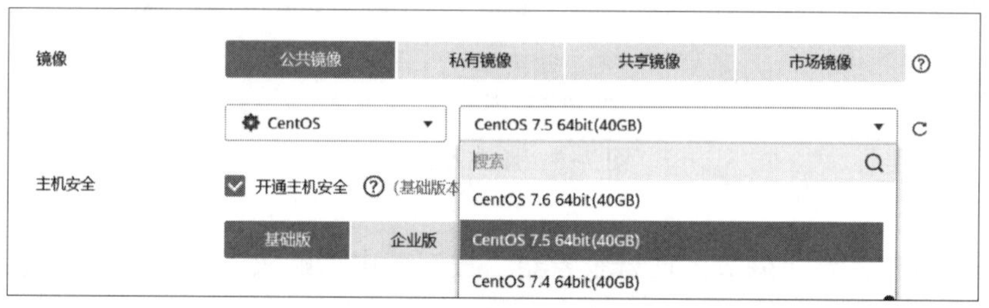

图 7-9　选择系统版本

单击“下一步：配置网络”按钮，在网络选框中选择默认网络，如图 7-10 所示。

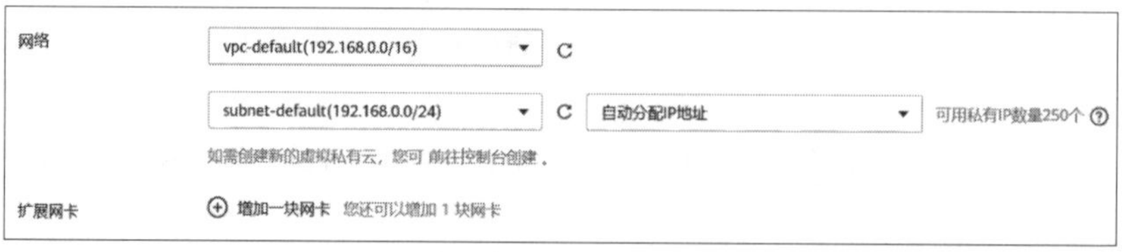

图 7-10　配置网络

选择安全组，根据需求开放安全组规则，单击“配置安全组规则”按钮，对默认安全组添加开放 80 端口访问规则，如图 7-11 所示。

安全组 default (daa0907d-2983-43f0-98cd-26618e2e8ede) 新建安全组

安全组类似防火墙功能，是一个逻辑上的分组，用于设置网络访问控制。

请确保所选安全组已放通22端口（Linux SSH登录），3389端口（Windows远程登录）和 ICMP 协议（Ping）。 配置安全组规则

隐藏安全组规则

入方向规则 出方向规则

安全组名称	优先级	策略	协议端口	类型	源地址	描述
default	1	允许	TCP: 3389	IPv4	0.0.0.0/0	Permit default Windows remo...
	1	允许	TCP: 22	IPv4	0.0.0.0/0	Permit default Linux SSH port.
	100	允许	全部	IPv6	default	--
	100	允许	全部	IPv4	default	--

图 7-11 安全组

进入安全组规则界面后，单击 default 安全组后的“配置规则”按钮，如图 7-12 所示。

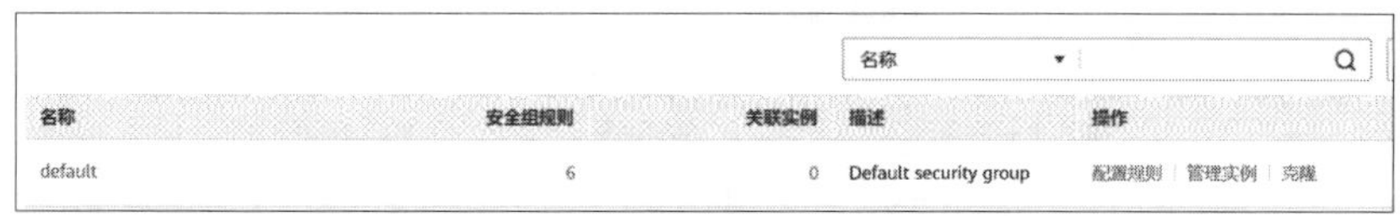

图 7-12 配置规则

单击“添加规则”按钮，添加允许 TCP：80 协议访问，单击“确定”按钮，如图 7-13 所示。

添加入方向规则 教我设置

安全组入方向规则为白名单（允许），放通入方向网络流量。

安全组 default

如您要添加多条规则，建议单击导入规则以进行批量导入。

优先级	策略	协议端口	类型	源地址	描述	操作
1	允许	TCP 80	IPv4	IP地址 0.0.0.0/0		复制 删除

增加1条规则

确定 取消

图 7-13 添加 80 访问端口

添加完成后，回到云主机申请界面单击安全组后的“刷新”按钮，便可查看所添加的 80 协议端口，如图 7-14 所示。

弹性公网 IP 线路选择“静态 BGP”，设置带宽大小为 5 Mbit/s，设置完成后单击

图 7-14　选择安全组

“下一步：高级配置”按钮，如图 7-15 所示。

图 7-15　选择弹性公网

配置云服务器名称为 icons，设置登录云服务器凭证为“密码”，设置 root 密码为 Abc@ 1234，单击“下一步：确认配置”按钮，如图 7-16 所示。

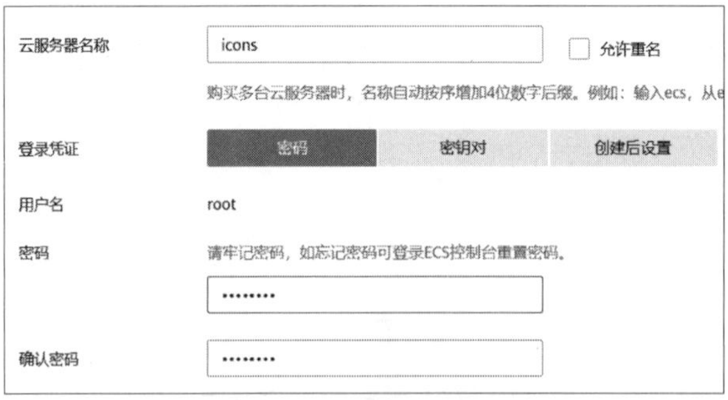

云服务器名称　icons　允许重名
购买多台云服务器时，名称自动按序增加4位数字后缀。例如：输入ecs，从e
登录凭证　密码　密钥对　创建后设置
用户名　root
密码　请牢记密码，如忘记密码可登录ECS控制台重置密码。
确认密码

图 7-16　配置登录凭证

确认配置后，勾选协议同意书，单击“立即购买”按钮，如图 7-17 所示。

购买完成后可在弹性云服务器页面中查看到已经购买的云服务器信息，如图 7-18 所示。

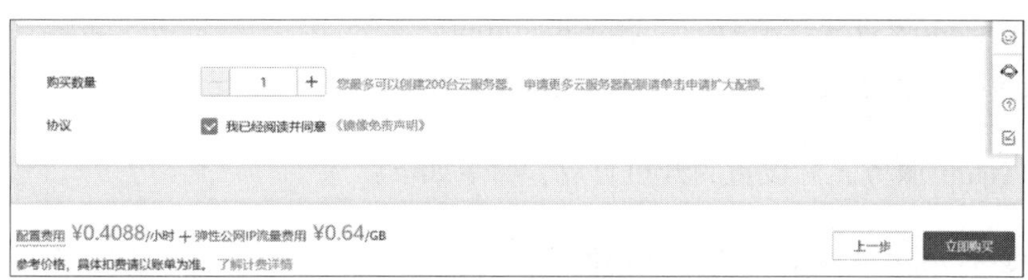

图 7-17　购买云服务器

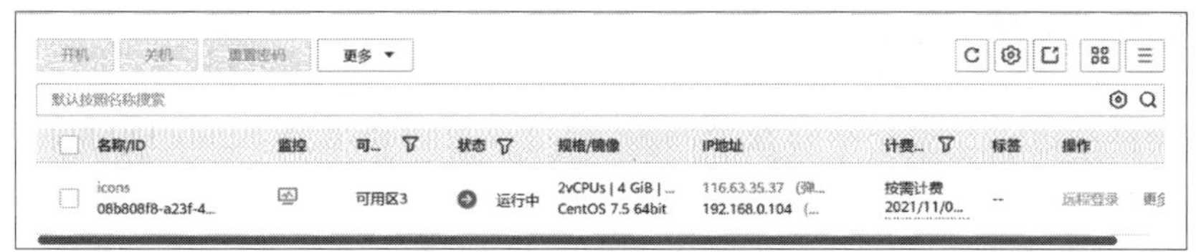

图 7-18　云服务器列表

（二）部署服务

申请购买云服务器完成后，在 IP 地址信息栏中查看所申请的弹性公网 IP 地址为 116. 63. 35. 37，通过 SSH 连接工具连接至云服务器中，使用云服务器自带 Yum 源安装 Nginx 服务，命令如下：

```
[root@icons ~]# yum installnginx -y
```

将 icons. zip 软件包上传至华为云服务器中，并使用 unzip 命令解压软件包，命令如下：

```
[root@icons ~]# unzip icons. zip
Archive:   icons. zip
   creating: icons/
. . .  . . .
  inflating: icons/index. html
[root@icons ~]# ls
icons    icons. zip
```

将 icons 目录内文件复制至 Nginx 工作目录下，命令如下：

```
[root@icons ~]# ls icons
demo. css          iconfont. js       iconfont. ttf       index. html
iconfont. css      iconfont. json     iconfont. woff
iconfont. eot      iconfont. svg      iconfont. woff2
```

```
[root@ icons ~]# rm -rf /usr/share/nginx/html/
[root@ icons ~]# cp -rf icons/*  /usr/share/nginx/html/
```

启动 Nginx 服务，并设置为开机自启，命令如下：

```
[root@ icons ~]# systemctl start nginx
[root@ icons ~]# systemctl enable nginx
Createdsymlink from /etc/systemd/system/multi-user. target. wants/nginx. service to /usr/lib/systemd/system/nginx. service.
```

打开浏览器访问云服务器弹性公网 IP 地址，可以查看到 Nginx 图标库首页，如图 7-4 所示。

二、使用公有云定制私有镜像

在弹性云服务器界面中，在云服务器后的“更多”下拉菜单中，选择“镜像/磁盘→创建镜像”菜单命令，对云服务器进行创建镜像操作，如图 7-19 所示。

图 7-19 创建镜像

在跳转的页面中创建方式选择“整机镜像”，选择镜像源为“云服务器”，选择所创建的 icons 云服务器，创建镜像需要使用云服务器备份存储库，单击“新建云服务器备份存储库”按钮，如图 7-20 所示。

图 7-20　选择镜像类型

计费模式选择“按需计费”，保护类型选择“备份”，关闭自动备份，单击“立即购买”按钮，如图 7-21 所示。

图 7-21　创建备份存储库

创建备份存储库后，可回到镜像类型和来源界面，选择所创建的备份存储库，如图 7-22 所示。

图 7-22　选择备份存储库

在下面的配置信息中设置所要创建的镜像名称为 icons-image。单击“立即创建”按钮，如图 7-23 所示。

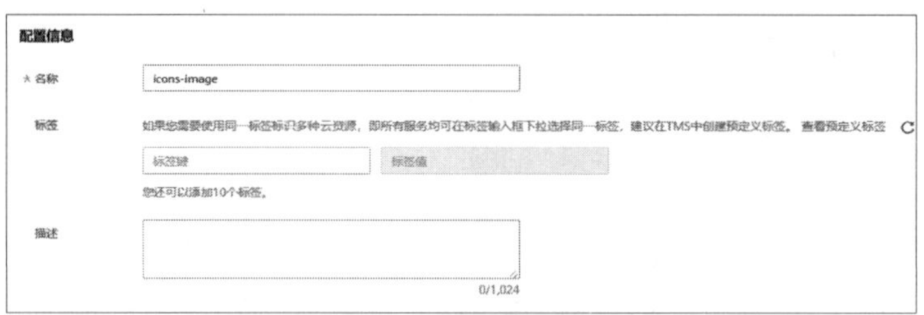

图 7-23　设置镜像信息

创建镜像后会自动跳转至私有镜像页面，等待所创建镜像进度条执行完成，便可使用此私有镜像，如图 7-24 所示。

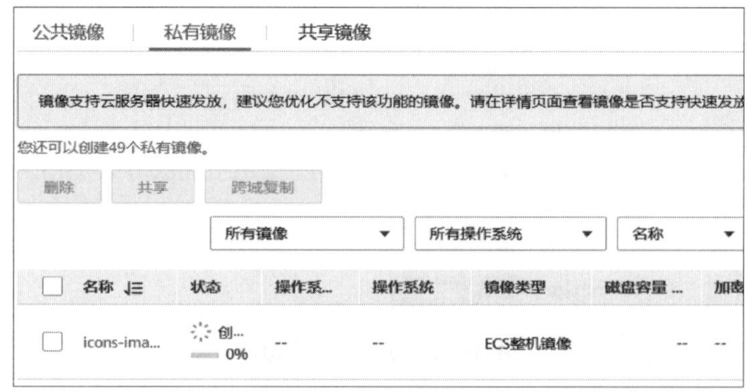

图 7-24　镜像状态

等待一段时间后，所创建的私有镜像状态变为正常即可，如图 7-25 所示。

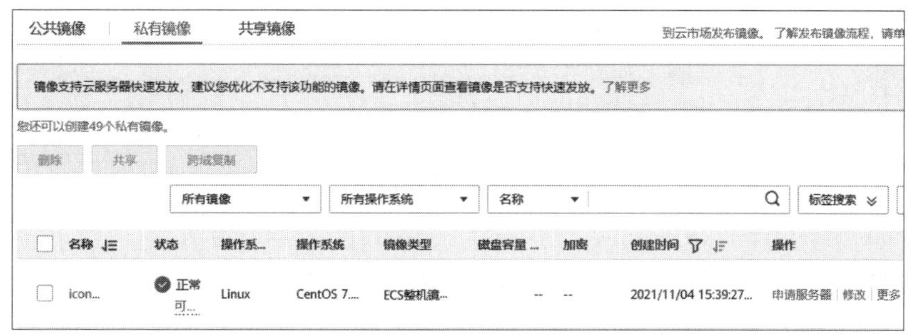

图 7-25　私有镜像

三、使用私有镜像启动云主机

单击镜像后的“申请服务器”按钮，使用此镜像申请云服务器。云服务器计费模式选择“按需计费”，区域选择“华东-上海一”，如图 7-26 所示。

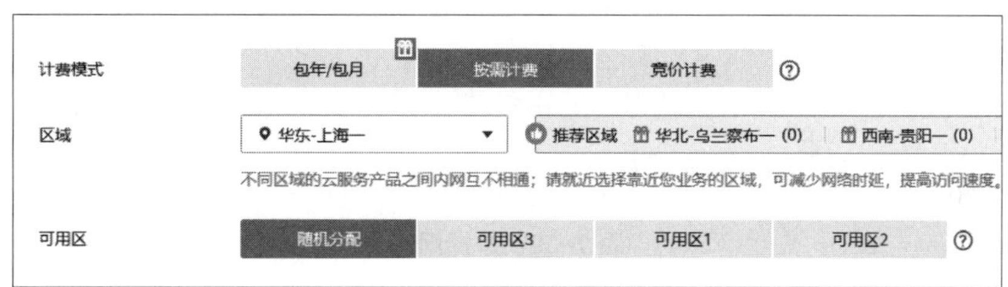

图 7-26　选择云服务器计费模式

云服务器 CPU 架构选择“x86 计算”，规格选择“通用计算增强型”，使用 2vCPUs、4 GB 内存，如图 7-27 所示。

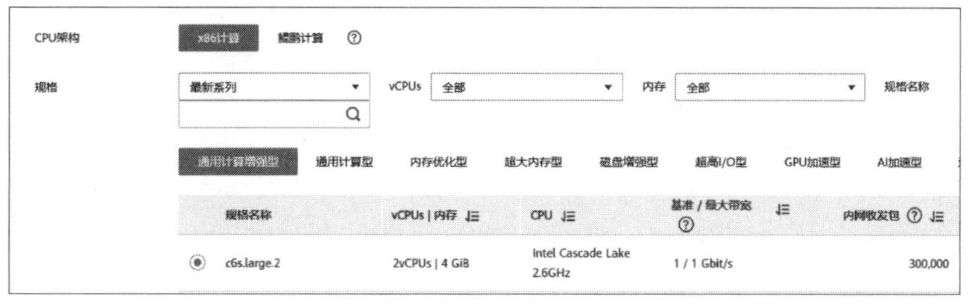

图 7-27　选择规格

选择私有镜像中所创建的 icons-image 镜像，如图 7-28 所示。

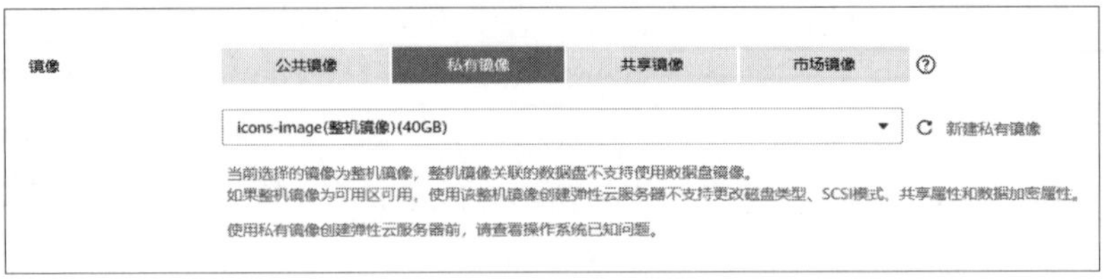

镜像
公共镜像
私有镜像
共享镜像
市场镜像
icons-image(整机镜像)(40GB)
新建私有镜像
当前选择的镜像为整机镜像，整机镜像关联的数据盘不支持使用数据盘镜像。
如果整机镜像为可用区可用，使用该整机镜像创建弹性云服务器不支持更改磁盘类型、SCSI模式、共享属性和数据加密属性。
使用私有镜像创建弹性云服务器前，请查看操作系统已知问题。

图 7-28　选择镜像

系统盘选择“通用型 SSD”，大小为 40 GB，如图 7-29 所示。

系统盘
通用型SSD
40
GIB IOPS上限2,280，IOPS突发上限8,000
增加一块数据盘 您还可以挂载 23 块磁盘（云硬盘）
Linux实例添加的数据盘可使用脚本向导式初始化。如何操作?

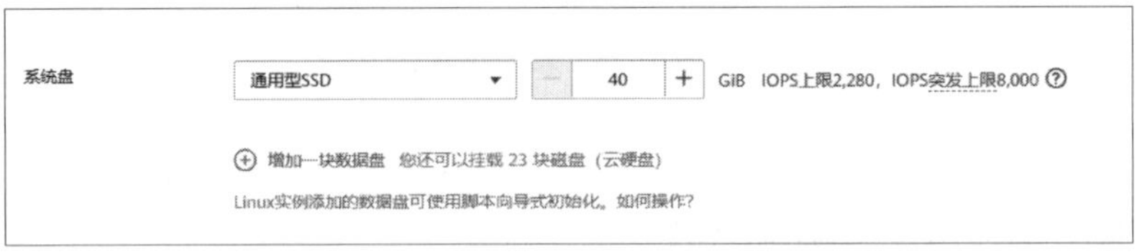

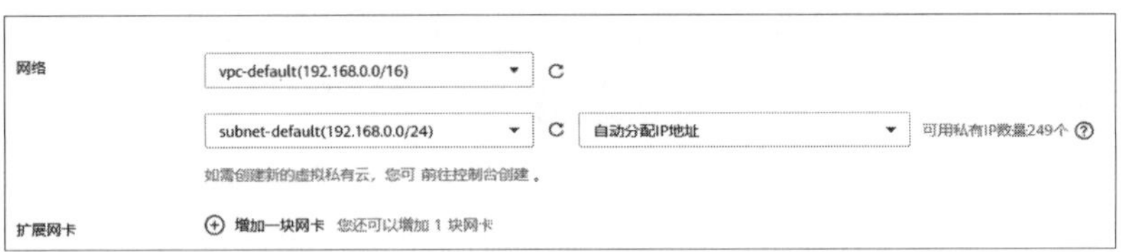

图 7-29　选择系统盘

单击“下一步：网络配置”按钮，选择网络为默认网络，如图 7-30 所示。

网络
vpc-default(192.168.0.0/16)
subnet-default(192.168.0.0/24)
自动分配IP地址
可用私有IP数量249个
如需创建新的虚拟私有云，您可 前往控制台创建。
扩展网卡
增加一块网卡 您还可以增加 1 块网卡

图 7-30　选择网络

安全组选择为“default”安全组，如图 7-31 所示。

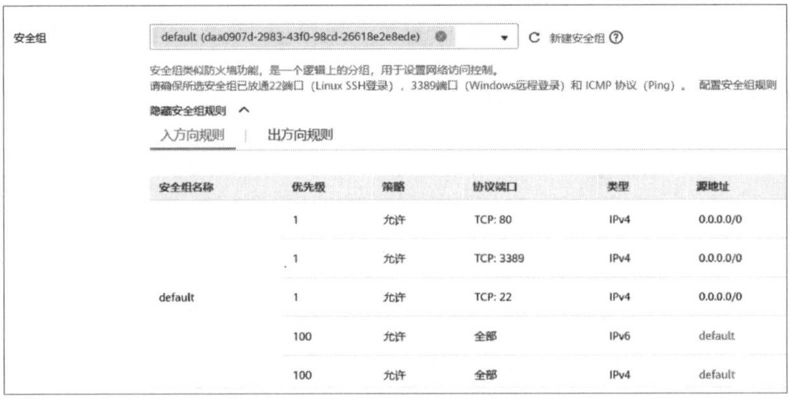

安全组
default (daa0907d-2983-43f0-98cd-26618e2e8ede)
新建安全组
安全组类似防火墙功能，是一个逻辑上的分组，用于设置网络访问控制。
请确保所选安全组已放通22端口（Linux SSH登录），3389端口（Windows远程登录）和 ICMP 协议（Ping）。 配置安全组规则
隐藏安全组规则
入方向规则
出方向规则
安全组名称 优先级 策略 协议端口 类型 源地址
default
1 允许 TCP: 80 IPv4 0.0.0.0/0
1 允许 TCP: 3389 IPv4 0.0.0.0/0
1 允许 TCP: 22 IPv4 0.0.0.0/0
100 允许 全部 IPv6 default
100 允许 全部 IPv4 default

图 7-31　选择安全组

弹性公网 IP 线路选择“静态 BGP”网络，带宽大小为 5 Mbit/s，如图 7-32 所示。

图 7-32　选择弹性公网

单击“下一步：高级配置”按钮设置云服务器名称为 icons1，登录凭证选择“密码”，设置 root 用户密码为 Abc@ 1234，如图 7-33 所示。

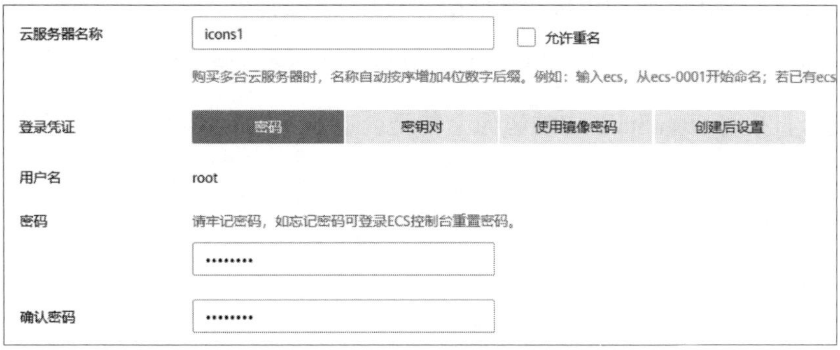

图 7-33　设置登录凭证

设置完成后单击“下一步：确定配置”按钮，并单击“立即购买”按钮进行云服务器申请，待申请完成后可在弹性云服务器界面查看其信息，如图 7-34 所示。

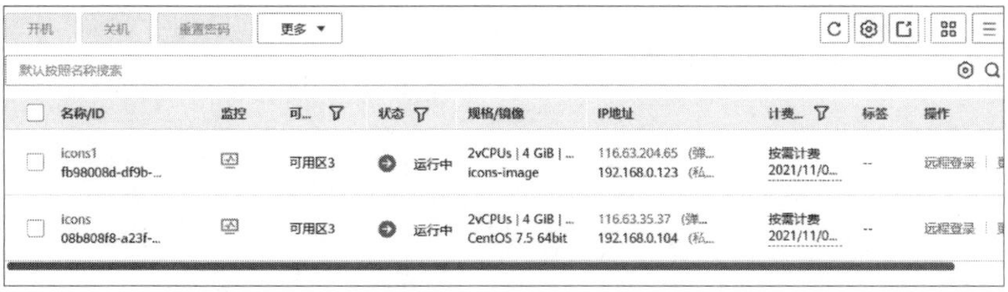

图 7-34　云服务器列表

查看云服务器 icons1 弹性公网 IP 地址为 116. 63. 204. 65，通过浏览器访问公网 IP

地址可以直接查看到 Nginx 图标库首页，如图 7-4 所示。

通过本节内容的学习，读者了解了在公有云上申请云主机，并通过远程连接工具登录云主机的基本流程，掌握了如何使用公有云制作私有镜像、使用私有镜像创建云主机的操作。公有云是一个十分庞大的体系，功能丰富且强大，申请云主机及制作镜像是公有云最基本的操作，后面会带读者学习更多关于公有云的知识。

思考题

1. 私有云平台中除了文中描述的几种制作镜像的方式外，还有什么方式可以制作镜像？

2. 通过学习，使用哪种方式制作镜像最方便？

3. 云主机调整配置时能否将配置调小？有什么限制？

4. 简述容器制作镜像的方式以及 Dockerfile 中的各行命令的含义。

5. 能否直接将 OpenStack 中的镜像上传至公有云中使用，如果不行，还需要做什么操作？

第八章　云计算平台存储服务应用

存储服务应用是云计算平台中一个重要的服务。私有云中存储服务包括对象存储服务、块存储服务以及数据存储服务；容器云中也提供了很多卷种类来支持数据的持久化存储；能够部署和使用私有云、容器云平台中的存储服务是云计算工程技术人员必须掌握的技能。

●**职业功能**：云计算平台应用（云计算平台存储服务应用）。

●**工作内容**：提供云计算平台中的块存储与对象存储服务供用户使用，能创建容器云平台持久化存储卷。

●**专业能力要求**：根据用户存储需求，提供云计算平台对象存储服务和块存储服务；能根据用户存储需求，部署容器云平台持久化存储。

●**相关知识要求**：掌握数据存储技术知识；掌握对象存储服务知识；掌握块存储服务知识，掌握容器云平台持久化存储卷知识。

第一节　对象存储的使用

考核知识点及能力要求：

- 了解云计算平台对象存储架构与存储机制。
- 掌握云计算平台对象存储容器的管理方法。
- 掌握云计算平台对象存储文件上传与下载的方法。
- 掌握云计算平台对象存储文件权限开放的方法。
- 能够根据需求，提供对象存储服务并对其进行管理。

一、对象存储架构

Swift 对象存储架构分为五块，具体如下。

（一）Object Container 对象容器

容器中存储了对象，对象容器是储存对象的仓库。容器就像是 Linux 中的目录容器，它提供了一个整理对象的途径，只是容器无法在自己的账户内创建任意数量的容器（嵌套用户）。容器能够公开，任何人通过公共 URL 可以访问该容器中的对象。

（二）Object 对象

对象就是数据。在对象存储范畴内，对象就是存储的数据。对象存储为二进制文件，其元数据存储在文件的扩展属性（xattrs）中，对象可以是许多不同类型的数据，如文本文件、视频、图像、电子邮件或虚拟机镜像。

伪文件夹对象，也是对象。它可以用于模拟一种层次结构，从而更好地组织容器中的对象。例如，名为 books 的容器中有一个名为 computer 的伪文件夹。computer 文件夹内又有一个名为 linux 的伪文件夹。linux 内有两个文件对象，一个名为 the-introduction-to-linux-book，另一个名为 the-introduction-to-linux-book. epub。

对象所有权就是指在创建对象时，它归某一个账户所有，如 OpenStack 项目。账户服务利用数据库来跟踪该账户拥有的容器；对象服务利用数据库来跟踪和存储容器对象。

在访问对象时，对象的创建或检索由代理服务来处理，代理服务使用对象的路径哈希来创建唯一对象 ID。用户和应用使用对象的 ID 来访问该对象。

（三）对象存储服务

对象存储服务使用户无须通过文件系统界面，就能够存储和检索文件及其他数据对象，该服务的分布式架构支持水平扩展。对象冗余通过软件的数据复制来提供，由于通过异步复制支持最终一致性，它非常适合部署跨越不同地理区域的数据中心。

（四）Ring

Ring 是 Swift 最重要的组件，用于记录存储对象与物理位置间的映射关系。在涉及查询 Account（账户）、Container（容器）、Object（对象）信息时，就需要查询集群的 Ring 信息。Ring 使用 Zone（区域）、Device（设备）、Partition（分区）和 Replica（副本）来维护这些映射信息。Ring 中每个 Partition 在集群中都（默认）有三个 Replica。每个 Partition 的位置由 Ring 来维护，并存储在映射中。Ring 文件在系统初始化时创建，之后每次增减存储节点时，需要重新平衡一下 Ring 文件中的项目，以保证增减节点时，系统因此而发生迁移的文件数量最少。

（五）一致性哈希算法

Swift 利用一致性哈希算法构建了一个冗余的可扩展的分布式对象存储集群。Swift 采用一致性哈希算法的主要目的是在改变集群 Node 数量时，能够尽可能少地改变已存在 Key 和 Node 的映射关系。该算法的思路分为以下三个步骤。

首先，计算每个节点的哈希值，并将其分配到一个 0~232 的圆环区间上。

其次，使用相同方法计算存储对象的哈希值，也将其分配到这个圆环上。

最后，从数据映射到的位置开始顺时针查找，将数据保存到找到的第一个节点上。如果超过 232 仍然找不到节点，就会保存到第一个节点上。假设在这个环形哈希空间中存在 4 台 Node，若增加一台 Node 5，根据算法得出 Node 5 被映射在 Node 3 和 Node 4 之间，那么受影响的将仅是沿 Node 5 逆时针遍历到 Node 3 之间的对象（它们本来映射到 Node 4 上），其分布如图 8-1 所示。

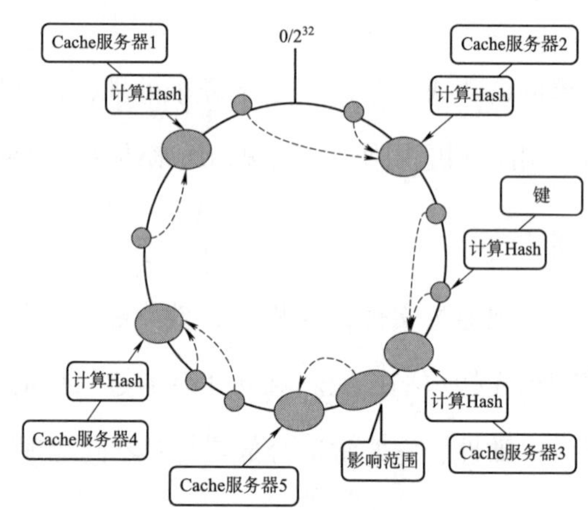

图 8-1　一致性哈希环结构

二、对象存储容器管理

Swift 对象存储的管理分为界面模式和命令行模式，一般使用命令行模式操作 Swift 对象存储服务。

（一）使用 Horizon 控制面板管理容器对象

管理容器对象涉及多项任务，它们可以由个别项目用户执行。在存储了大量要分发的数据对象时，也可由管理员执行。侧重于个别项目用户，以及管理容器和容器对象的基本任务，OpenStack 对象存储容器和对象的管理可以通过多种方式来实现，如 Horizon 控制面板、对象存储 API 和表述性状态转移（REST）Web 服务或者 OpenStack 统一的 CLI（Command Line Interface，命令行界面）。

（二）使用 CLI 管理容器对象

容器管理包括创建、列出和删除容器。伪文件夹和容器对象管理包括创建、列出

和删除对象。使用 OpenStack CLI 从命令行执行这些任务需要练习，但与操作图形界面相比能够更快产生结果。

通过“openstack container create”命令创建容器，命令如下：

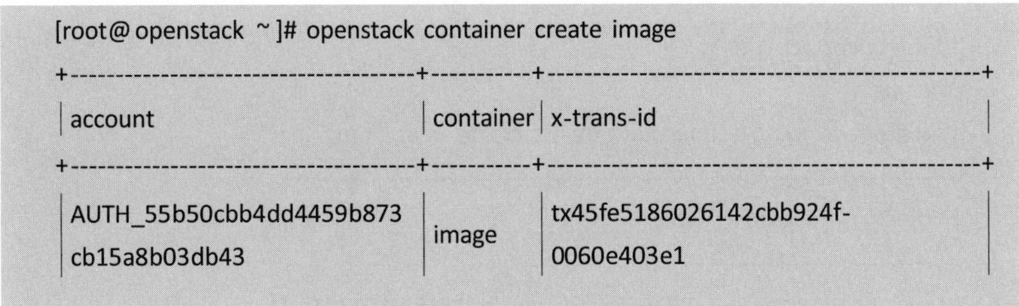

```
[root@openstack ~]# openstack container create image
+------------------------------------+-----------+-------------------------------------------+
| account                            | container | x-trans-id                                |
+------------------------------------+-----------+-------------------------------------------+
| AUTH_55b50cbb4dd4459b873           | image     | tx45fe5186026142cbb924f-                  |
| cb15a8b03db43                      |           | 0060e403e1                                |
```

通过“openstack container list”命令列出用户项目中的所有容器，命令如下：

```
[root@openstack ~]# openstack container list
+-----------+
| Name      |
+-----------+
| image     |
+-----------+
```

可使用“openstack container delete <container>”命令删除空容器，感兴趣的读者可以自行执行命令尝试删除容器。

三、对象存储文件上传与下载

OpenStack Object Storage（Swift）是 OpenStack 开源云计算项目的子项目之一，被称为对象存储，因为没有中心单元或者主控节点，所以它提供了强大的扩展性、冗余性和持久性。Swift 并不是文件系统或者实时的数据存储系统，它称为对象存储，用于永久类型的静态数据的长期存储，这些数据可以检索、调整，必要时进行更新。最适合存储的数据类型是虚拟机镜像、图片存储、邮件存储和存档备份。

Swift 管理的资源分三级，分别是 Account、Container、Object。如图 8-2 所示，一个 Tenant（租户）拥有一个 Account，Account 下存放 Container，Container 下存储 Object。

（一）上传文件至容器

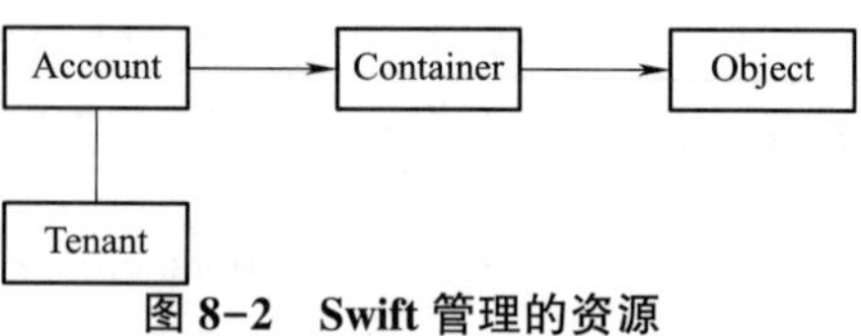

图 8-2 Swift 管理的资源

通过“openstack object create”命令将本地图片 timg. jpg 上传至 image 容器中，命令如下：

```
[root@openstack ~]# ls
time. jpg
[root@openstack ~]# openstack object create image timg. jpg
+-----------+------------+------------------------------------------+
| object    | container  | etag                                     |
+-----------+------------+------------------------------------------+
| timg. jpg | image      | 1907c7fca617f4ac8cf1745bf600381e |
+-----------+------------+------------------------------------------+
```

上传后可通过“openstack object list”命令查询 image 容器中文件列表信息，命令如下：

```
[root@openstack ~]# openstack object list image
+--------------+
| Name         |
+--------------+
| timg. jpg    |
+--------------+
```

通过 OpenStack 命令将本地目录 web 中所有图片上传至 image 容器中，保持目录结构，命令如下：

```
[root@openstack ~]# ls web/
60SN0XVGOA74. jpg    800px-RAID_01. svg. png  850px-RAID_6. svg. png    timg1. jpg
timg. jpg    7fb33a2fly1g01ldex795j20hs0a0ajr. jpg
800px-RAID_10. svg. png keystone. jpg    timg2. jpg
[root@openstack ~]# openstack object create image web/*
```

上传后可通过 OpenStack 命令查询 image 容器中文件列表信息，命令如下：

```
[root@openstack ~]# openstack object list image
+------------------------------------------------------+
```

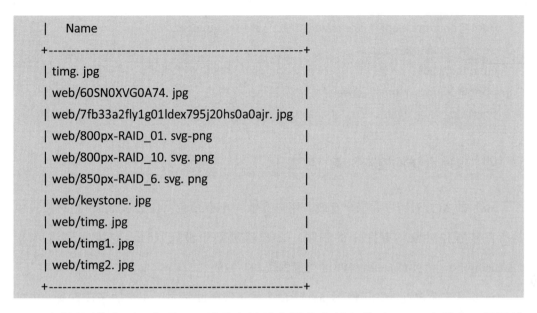

```
|    Name                                          |
+--------------------------------------------------+
| timg. jpg                                        |
| web/60SN0XVG0A74. jpg                            |
| web/7fb33a2fly1g01ldex795j20hs0a0ajr. jpg        |
| web/800px-RAID_01. svg-png                       |
| web/800px-RAID_10. svg. png                      |
| web/850px-RAID_6. svg. png                       |
| web/keystone. jpg                                |
| web/timg. jpg                                    |
| web/timg1. jpg                                   |
| web/timg2. jpg                                   |
+--------------------------------------------------+
```

通过返回信息可以发现 web 目录和目录中图片全部上传至 image 容器中，目录结构没有发生改变。

（二）下载容器文件

容器中的文件可通过命令下载至本地，进入 opt 目录，通过“openstack object save”命令下载 image 容器中 timg. jpg 图片至本地，命令如下：

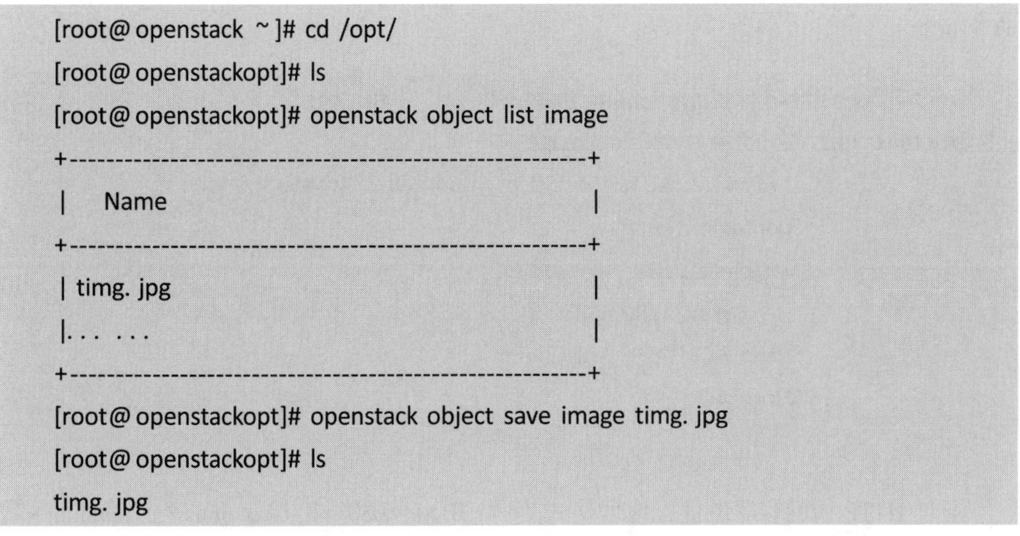

```
[root@ openstack ~]# cd /opt/
[root@ openstackopt]# ls
[root@ openstackopt]# openstack object list image
+--------------------------------------------------+
|    Name                                          |
+--------------------------------------------------+
| timg. jpg                                        |
|... ...                                           |
+--------------------------------------------------+
[root@ openstackopt]# openstack object save image timg. jpg
[root@ openstackopt]# ls
timg. jpg
```

下载 image 容器 web 目录中的 timg1. jpg 文件，下载到本地后亦可保存容器中目录结构，命令如下：

```
[root@ openstack opt]# openstack object save image web/timg1. jpg
[root@ openstack opt]# ls
timg. jpg web
[root@ openstack opt]# ls web/
timg1. jpg
```

四、 Swift 访问控制列表（ACL）

Swift 的 ACL 对用户和账户有效。用户在账户中有角色，比如 admin，它对账户中的所有容器和对象具有完全的权限。在容器级别中设置 ACL，支持列出使用 X-Container-Read 和 X-Container-Write 设置的读和写权限。

Swift 客户端设置 ACL，使用 post 子命令和-r 选项设置读，-w 选项来设置写，也可以使用一个用户列表来替换。

通过 Swift 命令查看当前 image 容器状态信息，命令如下：

```
[root@ openstack opt]# swift stat image
```

如果使用静态网页访问 OpenStack 对象存储服务，管理员需要设置允许链接的 ACL 语法。“. r:”后面跟随允许链接的列表。比如，允许所有的链接对对象的访问，命令如下：

```
[root@ openstack opt]# swift post image -r “. r:* ,. rlistings”
[root@ openstack opt]# swift stat image
             Account: AUTH_55b50cbb4dd4459b873cb15a8b03db43
           Container: image
             Objects: 10
               Bytes: 1280374
            Read ACL: . r:* ,. rlistings
           Write ACL:
              ... ...
```

通过 HTTP 访问容器地址，地址格式为“<IP>：8080/v1/<Account>/<Container>”，如图 8-3 所示。

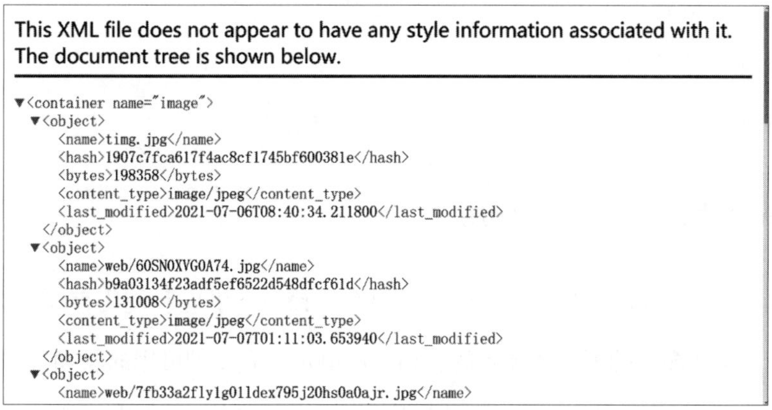

```
This XML file does not appear to have any style information associated with it.
The document tree is shown below.

▼<container name="image">
  ▼<object>
      <name>timg.jpg</name>
      <hash>1907c7fca617f4ac8cf1745bf600381e</hash>
      <bytes>198358</bytes>
      <content_type>image/jpeg</content_type>
      <last_modified>2021-07-06T08:40:34.211800</last_modified>
    </object>
  ▼<object>
      <name>web/60SNOXVG0A74.jpg</name>
      <hash>b9a03134f23adf5ef6522d548dfcf61d</hash>
      <bytes>131008</bytes>
      <content_type>image/jpeg</content_type>
      <last_modified>2021-07-07T01:11:03.653940</last_modified>
    </object>
  ▼<object>
      <name>web/7fb33a2fly1g0l1dex795j20hs0a0ajr.jpg</name>
```


图 8-3　容器列表

此时在访问地址后输入容器中图片的名称或者路径，即可查看文件内容，如图 8-4 所示。

通过本节内容的学习，读者可以了解 Swift 对象存储的架构与存储原理，能创建对象存储容器供用户使用，也能对对象存储进行管理。

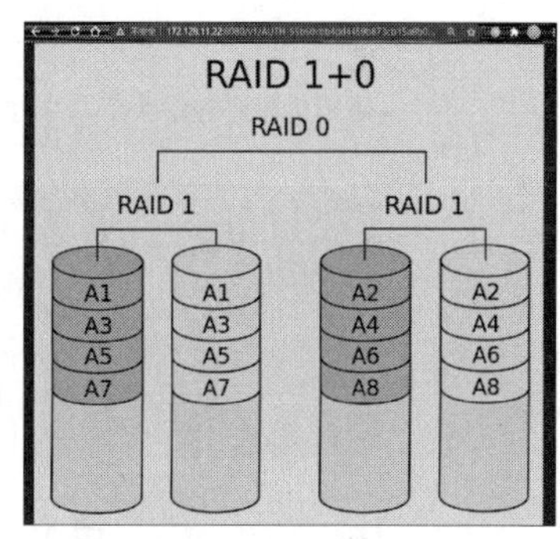

图 8-4　访问图片

第二节　块存储服务的使用

考核知识点及能力要求：

- 了解块存储的使用场景与作用。

- 了解块存储服务的架构与底层实现原理。
- 掌握块存储卷的创建和使用方法。
- 能够创建块存储卷供用户使用并对卷进行管理。

一、块存储的使用场景与作用

块存储服务（Cinder）为用户实例提供块存储设备。供应和使用存储的方法由块存储驱动程序或者在多后端配置情况下的驱动程序决定，有多种可用的驱动程序，如 NAS、SAN、NFS、iSCSI、Ceph 等。图 8-5 所示为虚拟机对块存储的使用场景和要求。

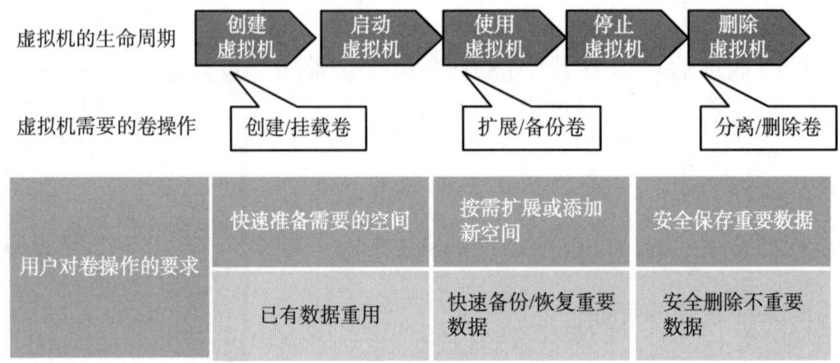

图 8-5　虚拟机对块存储的使用场景和要求

块存储 API 和调度程序服务通常在控制节点上运行。根据使用的驱动程序，卷服务可以在控制节点、计算节点或者独立存储节点上运行。

Cinder 是 OpenStack 中提供块存储服务的组件，主要是为虚拟机实例提供虚拟磁盘，在 OpenStack 中提供对卷从创建到删除整个生命周期的管理。从虚拟机实例的角度来看，挂载的每一个卷都是一块硬盘。

二、块存储架构

云计算平台中的块存储服务底层使用的是 LVM 技术，块存储技术是在 LVM 技术上进行了封装和优化，具体架构如下。

（一）核心架构

Cinder 采用的是松散的架构理念，由 Cinder API 统一管理外部对 Cinder 的调用，

Cinder Scheduler 负责调度合适的节点去构建 Volume 存储。Volume Provider 通过 Driver 负责具体的存储空间，然后 Cinder 内部依旧通过消息队列 Queue 沟通，解耦各子服务支持异步调用。

（二）核心组件

Cinder 的组件主要有六个，见表 8-1。

表 8-1　Cinder 的组件

组件名称	功能
Cinder API	接收 API 请求，调用 Cinder Volume
Cinder Volume	管理 Volume 的服务，与 Volume Provider 协调工作，管理 Volume 的生命周期
Cinder Scheduler	通过调度算法，选择最合适的存储节点创建 Volume
Volume Provider	数据的存储设备，为 Volume 提供物理存储空间
Message Queue	Cinder 的各子服务通过消息队列实现进程间的通信和相互协作
Database Cinder	存储数据文件的数据库

1. Cinder API

Cinder API 的职责是接收 API 请求，调用 Cinder API 执行操作。Cinder API 对接收到的 HTTP API 请求会做如下处理：检查客户端传入的参数是否合法有效→调用 Cinder 其他子服务处理客户端请求→将 Cinder 其他子服务返回的结果序列号返回给客户端，具体处理过程如图 8-6 所示。

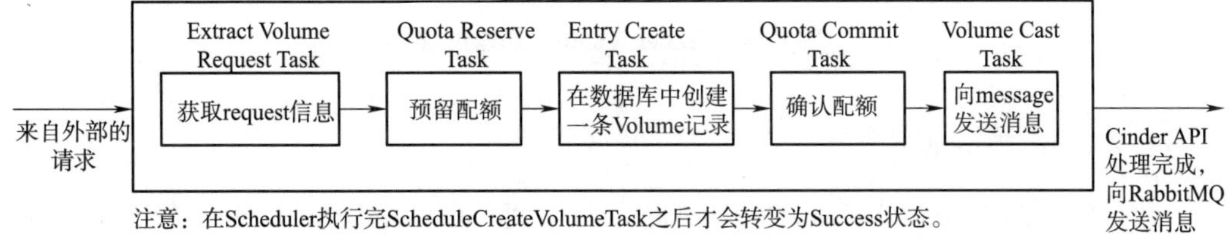

图 8-6　Cinder API 处理过程

2. Cinder Scheduler

Cinder 可以有多个存储节点，当需要创建 Volume 时，Cinder Scheduler 会根据存储节点的属性和资源使用情况选择一个最合适的节点来创建 Volume，具体处理过程如图 8-7 所示。

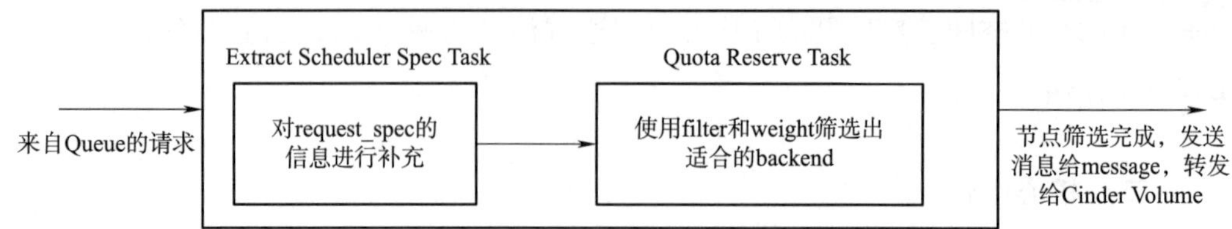

图 8-7　Cinder Scheduler 处理过程

3. Cinder Volume

Cinder Volume 在存储节点上运行，OpenStack 对 Volume 的操作，最后都是交给 Cinder Volume 来完成的，具体处理过程如图 8-8 所示。但是 Cinder Volume 自身并不管理真正的存储设备，存储设备是由 Volume Provider 管理的。Cinder Volume 与 Volume Provider 一起实现 Volume 生命周期的管理。Cinder Volume 会定期向 Cinder 报告存储节点的空闲容量，做筛选启动，实现 Volume 生命周期管理，包括 Volume 的 Create、Extend、Attach、Snapshot、Delete 等环节。

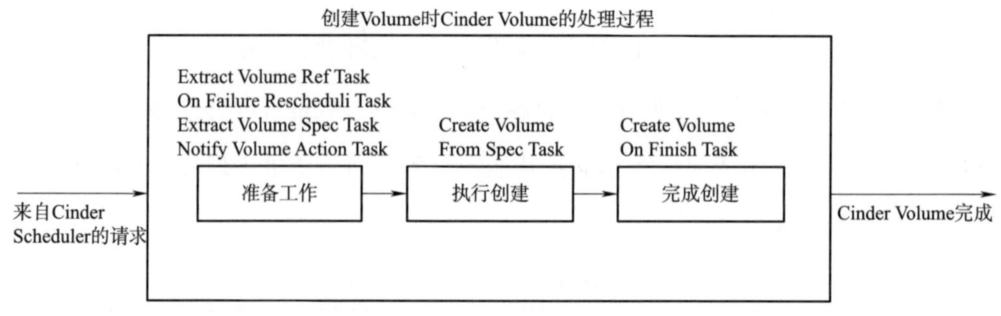

图 8-8　Cinder Volume 处理过程

4. Volume Provider

数据的存储设备为 Volume 提供物理存储空间。Cinder Volume 支持多种 Volume Provider，如图 8-9 所示，每种 Volume Provider 通过自己的 Driver 与 Cinder Volume 协调工作。

5. Message Queue

Cinder 各个子服务通过消息队列实现进程间的通信和相互协作。因为有了消息队列，子服务之间实现了解耦，这种松散的结构也是分布式系统的重要特征。

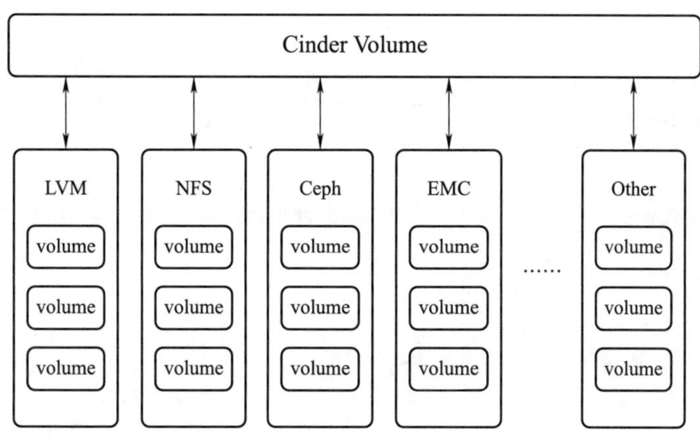

图 8-9　支持多种 Volume Provider

三、块存储卷的创建和使用

当虚拟机存储空间不足需要扩容存储时，可以使用 Cinder 卷进行挂载扩容；或者当虚拟机为了保证数据安全，需要将数据存放在外置存储中时，也可使用 Cinder 卷挂载虚拟机，将数据存储在块存储中。

块存储服务硬盘是独立的一个服务系统，可以简单存在于控制节点、计算节点中，也可以存在于高性能存储服务系统中。将数据存储于块存储中是当前云服务的一个主要场景。

公有云中云服务器启动的存储空间就是块存储服务提供的云硬盘，它提供高性能的数据安全服务。

（一）创建块存储卷

通过“openstack volume create”命令创建一个 Cinder Volume 卷，大小为 1 GB，命令如下：

```
[root@ openstack ~]# openstack volume create --size 1 cinder-volume
```

查询当前虚拟机列表，然后通过命令将创建的 Cinder Volume 卷连接至云主机上，命令如下：

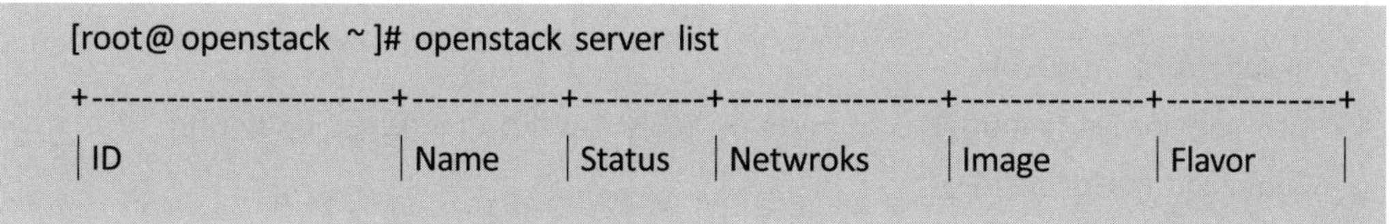

```
[root@ openstack ~]# openstack server list
+-----------------------+------------+----------+-----------------+---------------+--------------+
| ID                    | Name       | Status   | Netwroks        | Image         | Flavor       |
```

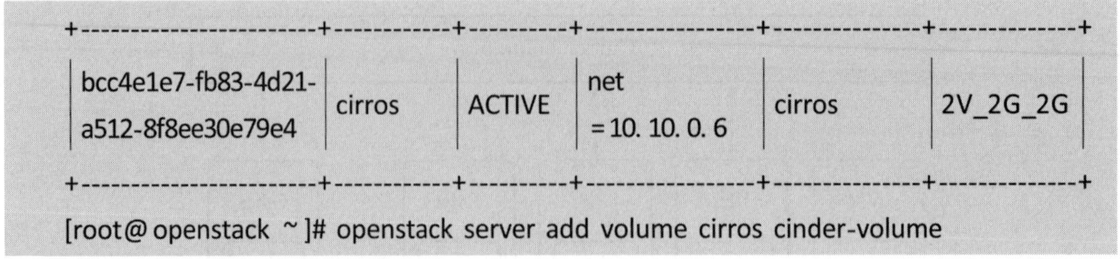

```
+-----------------------+-----------+---------+---------------+-------------+-------------+
| bcc4e1e7-fb83-4d21-   | cirros    | ACTIVE  | net           | cirros      | 2V_2G_2G    |
| a512-8f8ee30e79e4     |           |         | =10. 10. 0. 6 |             |             |
+-----------------------+-----------+---------+---------------+-------------+-------------+
[root@ openstack ~]# openstack server add volume cirros cinder-volume
```

查看 volume 列表信息，命令如下：

```
[root@ openstack ~]# openstack volume list
+------------------------+------------------+--------+--------+------------------------+
| ID                     | Name             | Status | Size   | Attached to            |
+------------------------+------------------+--------+--------+------------------------+
| 6b726da3- 7e77- 4e92-  | cinder-volume    | in-use | 1      | Attached tocirros on / |
| b0eb-81449ad52bdb      |                  |        |        | dev/vdb                |
+------------------------+------------------+--------+--------+------------------------+
```

通过返回信息可以发现所创建的 Cinder Volume 卷已经被使用，它被挂载至 cirros 的/dev/vdb 设备上。

（二）使用块存储卷

通过 SSH 连接工具登录 cirros 虚拟机，cirros 镜像可以使用用户名 cirros 和密码 “cubswin:）” 进行远程登录访问。通过 lsblk 命令查询云主机中磁盘信息，命令如下：

```
$ lsblk
NAME     MAJ:MIN   RM        SIZE   RO   TYPE   MOUNTPOINT
vda      253:0     0           1G    0   disk
`-vda1   253:1     0      1011. 9M   0   part   /
vdb      253:16    0           1G    0   disk
```

可以在虚拟机中查看到一个 vdb 设备，大小为 1 GB，此设备为挂载的 Cinder Volume 卷设备。对此设备进行分区操作，将全部空间划分为一个 vdb1 分区。因为 cirros 用户没有 root 权限，可使用 sudo 命令赋权，命令如下：

```
$ sudo fdisk /dev/vdb
Warning: invalid flag 0x0000 of partition table 4 will be corrected by w(rite)
Command (m for help): n
```

```
Partition type:
      p    primary (0 primary, 0 extended, 4 free)
      e    extended
Select (default p): p
Partition number (1-4, default 1): 1
First sector (2048-2097151,default 2048):
Using default value2048
Last sector,+sectors or +size{K,M,G}(2048-2097151,default 2097151):
Using default value 2097151

Command (m for help): w
The partition table has been altered!

Calling ioct1() to re-read partition table.
Syncing disks.
```

使用 mkfs. ext3 命令对/dev/vdb1 分区进行格式化操作，命令如下：

```
$ sudo mkfs. ext3 /dev/vdb1
```

格式化完成后，对分区进行挂载，便可对其进行数据读写操作。将/dev/vdb1 分区挂载至/mnt 目录下，在该目录中创建一个 cinder 目录和一个 cinder-volume 文件，命令如下：

```
$ sudo mount /dev/vdb1 /mnt/
$ sudo lsblk
NAME          MAJ:MIN   RM        SIZE  RO TYPE     MNOUNTPOINT
vda           253:0     0           1G   0  disk
`-vda1        253:1     0     1011. 9M   0  part     /
vdb           253:16    0           1G   0  disk
`-vdb1        253:17    0        1023M   0  part     /mnt
$ sudo mkdir /mnt/cinder
$ sudo touch /mnt/cinder-volume
$ 1s /mnt
cinder        cinder-volume       lost+found
```

通过本节内容的学习，读者了解了块存储的使用场景、架构和使用方法。块存储可以简单地理解为外接硬盘，在服务器使用过程中，当空间不够用时，可以给服务器插入硬盘。当云主机空间不够时，可以使用块存储卷外接到云主机，扩展云主机的存储空间。块存储卷还可以实现持久化存储，如果数据都存放在云主机的根磁盘，一旦释放云主机，数据也就不复存在了，但是存储在块存储中的数据，可以得到保留。

第三节　容器云持久化存储卷

考核知识点及能力要求：

- 了解容器云平台持久化存储的概念。
- 掌握容器云平台中 PV 与 PVC 的关系。
- 能够使用 PV 和 PVC 实现持久化存储。

一、相关概念介绍

在学习 Kubernetes 中的持久化存储卷之前，先来了解几个概念。

（一）Volume 卷

所谓容器的 Volume 卷，通俗地讲，其实就是将一个宿主机上的目录，跟一个容器里的目录绑定挂载在一起。

（二）持久化 Volume 卷

持久化 Volume 卷，指的就是这个宿主机上的目录，具备“持久性”，即这个目录里面的内容，既不会因为容器的删除而被清理掉，也不会跟当前的宿主机绑定。这样，

当容器被重启或者在其他节点上重建出来之后，它仍然能够通过挂载这个 Volume，访问到这些内容。

默认情况下容器的数据都是非持久化的，在容器消亡以后数据也跟着丢失，所以 Docker 提供了 Volume 机制以便将数据持久化存储。

类似的，Kubernetes 提供了更强大的 Volume 机制和丰富的插件，解决了容器数据持久化和容器间共享数据的问题。与 Docker 不同，Kubernetes Volume 的生命周期与 Pod 绑定，容器挂掉后 kubelet 再次重启容器时，Volume 的数据依然还在，而 Pod 删除时，Volume 才会被清理。数据是否丢失取决于具体的 Volume 类型。Kubernetes 提供了众多的 Volume 类型，包括 emptyDir、hostPath、nfs、glusterfs、cephfs、ceph rbd 等。在上述 Volume 中，hostPath 和 emptyDir 类型的 Volume 并不具备持久化存储的特性，它们既有可能被 kubelet 清理掉，也不能被“迁移”到其他节点上。

大多数情况下，持久化 Volume 的实现，往往依赖于一个远程存储服务，比如远程文件存储（NFS、GlusterFS）、远程块存储（公有云提供的远程磁盘）等。

（三）PV

PV 的全称是 Persistent Volume（持久化卷），是对底层数据存储的抽象，PV 由管理员创建、维护以及配置，它和底层的数据存储实现方法有关，比如 Ceph、NFS、ClusterFS 等，都是通过插件机制完成和共享存储对接。

（四）PVC

PVC 的全称是 Persistent Volume Claim（持久化卷声明），用户可以将 PV 比喻为接口，里面封装了底层的数据存储，PVC 就是调用接口实现数据存储操作，PVC 消耗的是 PV 的资源。

（五）StorageClass

StorageClass 其实就是创建 PV 的模板。具体地说，StorageClass 对象会定义如下两部分内容，第一，PV 的属性，比如，存储类型、Volume 的大小等；第二，创建这种 PV 需要用到的存储插件。Kubernetes 只会将 StorageClass 相同的 PVC 和 PV 绑定起来。

二、 PV和PVC介绍

在 Kubernetes 集群中，PV 作为存储资源存在。PVC 是对 PV 资源的请求和使用，也是对 PV 存储资源的“提取证”，而 Pod 通过 PVC 来使用 PV。关于 PV 和 PVC 的相关知识如下：

（一）生命周期

PV 和 PVC 之间的交互过程有着自己的生命周期，这个生命周期分为五个阶段。

• 供应（Provisioning）：即 PV 的创建，可以直接创建 PV（静态方式），也可以使用 StorageClass 动态创建。

• 绑定（Binding）：将 PV 分配给 PVC。

• 使用（Using）：Pod 通过 PVC 使用该 Volume。

• 释放（Releasing）：Pod 释放 Volume 并删除 PVC。

• 回收（Reclaiming）：回收 PV，可以保留 PV 以便下次使用，也可以直接从云存储中删除。

根据上述五个阶段，存储卷拥有下面四种状态。

• Available：可用状态，处于此状态表明 PV 准备就绪了，可以被 PVC 使用。

• Bound：绑定状态，表明 PV 已被分配给了 PVC。

• Released：释放状态，表明 PVC 解绑 PV，但还未执行回收策略。

• Failed：错误状态，表明 PV 发生错误。

（二）持久化存储卷类型

在 Kubernetes 中，PV 通过各种插件进行实现，当前支持下面这些类型的插件：GCEPersistentDisk、AWSElasticBlockStore、AzureFile、AzureDisk、FC（光纤信道）、FlexVolume、Flocker、NFS、iSCSI、RBD（Ceph 块设备）、CephFS、Cinder、GlusterFS 等。

通过 Yaml 配置文件配置持久化存储卷，并指定使用哪个插件类型。下面是一个持久化存储卷的 Yaml 配置文件。在此配置文件中要求提供 5Gi 的存储空间，存储模式为 Filesystem，访问模式是 ReadWriteOnce，通过 Recycle 回收策略进行持久化存储卷的回

收，指定存储类为 slow，使用 NFS 的插件类型。需要注意的是，NFS 服务需要提供存在。

```
apiVersion:v1
kind:PersistentVolume
metadata:
  name:pv0003
spec:
  capacity: #容量
     storage:5Gi
volumeMode:Filesystem #存储卷模式
accessModes: #访问模式
  -ReadWriteOnce
  persistentVolumeReclaimPolicy:Recycle #持久化卷回收策略
storageClassName:slow #存储类
mountOptions: #挂接选项
   - hard
   -nfsvers = 4. 1
nfs:
      path:/tmp
      server:172. 17. 0. 2
```

Yaml 文件中的参数说明如下：

1. 容量（capacity）

一般来说，PV 会指定存储容量。这里通过使用 PV 的 capacity 属性进行设置。目前，capacity 属性仅有 storage（存储大小）唯一一个资源需要被设置。

2. 存储卷模式（volumeMode）

在 Kubernetes v1. 9 之前的版本，存储卷模式的默认值为 Filesystem，不需要指定。在 v1. 9 版本，用户可以指定 volumeMode 的值，除了支持文件系统（Filesystem）外也支持块设备（raw block devices）。volumeMode 是一个可选的参数，如果不进行设定，则默认为 Filesystem。

3. 访问模式（accessModes）

只要资源提供者支持，持久卷能够通过任何方式加载到主机上。每种存储都会有不同的能力，每个 PV 的访问模式也会被设置成为该卷所支持的特定模式。例如 NFS 能够支持多个读写客户端，但某个 NFS PV 可能会在服务器上以只读方式使用。每个 PV 都有自己的一系列访问模式，这些访问模式取决于 PV 的能力。

访问模式的可选范围如下：

- ReadWriteOnce：该卷能够以读写模式被加载到一个节点上。
- ReadOnlyMany：该卷能够以只读模式加载到多个节点上。
- ReadWriteMany：该卷能够以读写模式被多个节点同时加载。

（三）持久化卷声明

下面是一个名称为 myclaim 的 PVC Yaml 配置文件，它的访问模式为 ReadWriteOnce，存储卷模式是 Filesystem，需要的存储空间大小为 8 Gi，指定的存储类为 slow，并设置了标签选择器和匹配表达式。

```
kind: PersistentVolumeClaim
apiVersion: v1
metadata:
  name:myclaim
spec:
  accessModes: #访问模式
    -ReadWriteOnce
  volumeMode: Filesystem #存储卷模式
  resources: #资源
    requests:
      storage: 8Gi
  storageClassName: slow #存储类
  selector: #选择器
    matchLabels:
      release: "stable"
    matchExpressions: #匹配表达式
      - {key: environment, operator: In, values: [dev]}
```

Yaml 文件中的参数说明如下：

1. 选择器

在 PVC 中可以通过标签选择器来进一步过滤 PV。仅仅与选择器匹配的 PV 才会被

绑定到 PVC 中。选择器的组成如下：

- matchLabels：只有存在与此处的标签一样的 PV 才会被 PVC 选中。
- matchExpressions：匹配表达式由键、值和操作符组成，操作符包括 In、NotIn、Exists 和 DoesNotExist，只有符合表达式的 PV 才能被选择。

如果同时设置了 matchLabels 和 matchExpressions，则会进行求与运算，即只有同时满足上述匹配要求的 PV 才会被选择。

2. 存储类

如果 PVC 使用 storageClassName 字段指定一个存储类，那么只有指定了同样存储类的 PV 才能被绑定到 PVC 上。对于 PVC 来说，存储类并不是必需的，依赖于安装方法，可以在安装过程中使用 add-on 管理器将默认的 StorageClass 部署至 Kubernetes 集群中。当 PVC 指定了选择器，并且指定了 StorageClass，则在匹配 PV 时，取两者之间的与，即仅仅同时满足存储类和带有要求标签值的 PV 才能被匹配上。

3. PVC 作为存储卷

Pod 通过使用 PVC 来访问存储，而 PVC 必须和使用它的 Pod 在同一个命名空间中。Pod 会在同一个命名空间中选择一个合适的 PVC，并使用 PVC 为其获取存储卷，再将 PV 挂接到主机和 Pod 上。

三、 PV 和 PVC 实战

下面使用 NFS 创建 PV 存储作为 Nginx 服务的后端，然后创建 PVC 绑定 PV 卷使用。

（一）环境准备

可以直接使用物理服务器或者虚拟机进行 Kubernetes 集群的部署，考虑到环境准备的便捷性，使用 VMWare Workstation 进行实验，考虑到 PC 机的配置，使用单节点安装 Kubernetes 服务，即将 Master 节点和 Node 节点安装在一个节点上（此时，Master 节点既是 Master 也是 Node），还需要一个 NFS 服务节点提供 NFS 服务，其节点规划见表 8-2。

表 8-2　　节点规划

节点角色	主机名	内存（GB）	硬盘（GB）	IP 地址
Master/Node	master	12	100	192. 168. 200. 19
NFS Server	nfs	4	100	192. 168. 200. 20

此次安装 Kubernetes 服务的系统为 CentOS7. 5－1804，Docker 版本为 docker-ce-19. 03. 13，Kubernetes 版本为 1. 18. 1。

（二）安装 NFS 服务

在两个节点均安装 NFS 服务，在 NFS 节点使用提供的 kubernetes-repo 目录，配置本地 Yum 源，Master 节点是 Kubernetes 节点，使用已有的 Yum 源即可，安装命令如下：

```
# yum install -ynfs-utils rpcbind
... ...
... ...
Complete!
```

（三）NFS 服务配置

创建存储目录并进行相关配置，使 Master 节点可以使用 NFS 提供的服务。

1. 创建存储目录

在 NFS 节点，建立存储卷对应的目录，命令如下：

```
[root@ nfs ~]# mkdir -p /data/volumes
[root@ nfs ~]# cd /data/volumes/
[root@ nfs volumes]# mkdir v{1,2,3,4,5}
[root@ nfs volumes]# ls
v1   v2   v3   v4   v5
```

在每个目录下分别创建 index. html 文件，并写入内容，命令如下：

```
[root@ nfs volumes]# echo "<h1>NFS store 01</h1>" > v1/index. html
[root@ nfs volumes]# echo "<h1>NFS store 02</h1>" > v2/index. html
[root@ nfs volumes]# echo "<h1>NFS store 03</h1>" > v3/index. html
[root@ nfs volumes]# echo "<h1>NFS store 04</h1>" > v4/index. html
[root@ nfs volumes]# echo "<h1>NFS store 05</h1>" > v5/index. html
```

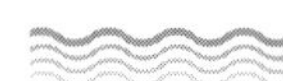

2. 修改 NFS 配置

编辑/etc/exports 文件，添加内容如下：

```
/data/volumes/v1    192. 168. 200. 0/24(rw,no_root_squash)
/data/volumes/v2    192. 168. 200. 0/24(rw,no_root_squash)
/data/volumes/v3    192. 168. 200. 0/24(rw,no_root_squash)
/data/volumes/v4    192. 168. 200. 0/24(rw,no_root_squash)
/data/volumes/v5    192. 168. 200. 0/24(rw,no_root_squash)
```

3. 查看配置

查看 NFS 服务的配置，命令如下：

```
[root@ nfs volumes]# exportfs -arv
exporting 192. 168. 200. 0/24:/data/volumes/v5
exporting 192. 168. 200. 0/24:/data/volumes/v4
exporting 192. 168. 200. 0/24:/data/volumes/v3
exporting 192. 168. 200. 0/24:/data/volumes/v2
exporting 192. 168. 200. 0/24:/data/volumes/v1
```

4. 生效配置

启动 NFS 服务和 rpcbind，并生效配置，命令如下：

```
[root@ nfs volumes]# systemctl start nfs
[root@ nfs volumes]# systemctl start rpcbind
[root@ nfs volumes]# showmount -e
Export list fornfs:
/data/volumes/v5 192. 168. 200. 0/24
/data/volumes/v4 192. 168. 200. 0/24
/data/volumes/v3 192. 168. 200. 0/24
/data/volumes/v2 192. 168. 200. 0/24
/data/volumes/v1 192. 168. 200. 0/24
```

至此，NFS 服务配置完毕，接下来在 Master 节点编写 Yaml 文件。

(四) 创建 PV

在 Master 节点创建 pv-test. yaml 文件用于创建 5 个 PV 存储卷，命令如下：

```
[root@ master ~]# vi pv-test. yaml
```

编写 pv-test. yaml 文件内容如下：

```
apiVersion: v1
kind:PersistentVolume
metadata:
  name: pv001
  labels:
    name: pv001
spec:
  nfs:
    path: /data/volumes/v1
    server:nfs
  accessModes: ["ReadWriteMany","ReadWriteOnce"]
  capacity:
    storage:5Gi
---
apiVersion: v1
kind:PersistentVolume
metadata:
  name: pv002
  labels:
    name: pv002
spec:
  nfs:
    path: /data/volumes/v2
    server:nfs
  accessModes: ["ReadWriteOnce"]
  capacity:
    storage: 5Gi
---
apiVersion: v1
kind:PersistentVolume
metadata:
  name: pv003
  labels:
    name: pv003
```

```
spec:
  nfs:
    path: /data/volumes/v3
    server:nfs
  accessModes: ["ReadWriteMany","ReadWriteOnce"]
  capacity:
    storage:5Gi
---
apiVersion: v1
kind:PersistentVolume
metadata:
  name: pv004
  labels:
    name: pv004
spec:
  nfs:
    path: /data/volumes/v4
    server:nfs
  accessModes: ["ReadWriteMany","ReadWriteOnce"]
  capacity:
    storage: 10Gi
---
apiVersion: v1
kind:PersistentVolume
metadata:
  name: pv005
  labels:
    name: pv005
spec:
  nfs:
    path: /data/volumes/v5
    server:nfs
  accessModes: ["ReadWriteMany","ReadWriteOnce"]
  capacity:
    storage: 15Gi
```

创建 5 个 PV，存储大小各不相同，是否可读也不相同，因为 server 字段使用的是 NFS 节点名称，故还需在 Master 节点上配置/etc/hosts 文件，添加内容如下：

```
[root@master ~]# vi /etc/hosts
#添加一行代码如下：
192.168.200.19    nfs
```

修改完 hosts 文件后，创建 PV 卷，命令如下：

```
[root@master ~]# kubectl apply -f pv-test.yaml
persistentvolume/pv001 created
persistentvolume/pv002 created
persistentvolume/pv003 created
persistentvolume/pv004 created
persistentvolume/pv005 created
```

可以看到 5 个 PV 被正常创建了，查看当前存在的 PV，命令如下：

```
[root@master ~]# kubectl get pv
NAME   CAPACITY  ACCESS MODES  RECLAIM POLICY  STATUS     CLAIM  STORAGE CLASS  REASON  AGE
pv001  5Gi       RWO. RWX      Retain          Available                                67s
pv002  5Gi       RWO           Retain          Available                                67s
pv003  5Gi       RWO. RWX      Retain          Available                                67s
pv004  10Gi      RWO. RWX      Retain          Available                                67s
pv005  15Gi      RWO. RWX      Retain          Available                                67s
```

PV 创建成功，接下来编写 PVC 的 Yaml 文件，绑定 PV 使用。

（五）创建 PVC

在 Master 节点，创建 pvc-test.yaml 文件，用于创建 PVC，并使用 Nginx 镜像启动一个 Pod，让 Pod 使用上面创建的 PV，命令如下：

```
[root@master ~]# vi pvc-test.yaml
```

编写 pvc-test.yaml 文件内容如下：

```
apiVersion: v1
kind: PersistentVolumeClaim
metadata:
  name:mypvc
  namespace: default
spec:
  accessModes: ["ReadWriteMany"]
  resources:
    requests:
      storage: 6Gi
---
apiVersion: v1
kind: Pod
metadata:
  name: pod-nginx-pvc
spec:
  containers:
    - name:nginx-pvc
      image:nginx
      imagePullPolicy: IfNotPresent
      ports:
        - containerPort: 80
          name: "http-server"
      volumeMounts:
        - name: pv-storage
          mountPath: /usr/share/nginx/html/
  volumes:
    - name: pv-storage
      persistentVolumeClaim:
        claimName: mypvc
```

执行 pvc-test. yaml 文件，命令如下：

```
[root@ master ~]# kubectl apply -f pvc-test. yaml
persistentvolumeclaim/mypvc created
pod/pod-nginx-pvc created
```

查看创建的 PVC，命令如下：

```
[root@ master ~]# kubectl get pvc
NAME     STATUS    VOLUME    CAPACITY   ACCESS MODES    STORAGECLASS    AGE
mypvc    Bound     pv004     10Gi       RWO,RWX                         6s
```

可以看到，因为创建的 PVC，需要 6 GB 存储，所以不会匹配 pv001、pv002、pv003。查询验证可以发现 PVC 已经绑定到 pv004 上了。

（六）验证持久化存储卷

查看创建的 Pod，命令如下：

```
[root@ master ~]# kubectl get pod
NAME                   READY    STATUS     RESTARTS    AGE
pod-nginx-pvc          1/1      Running    0           8s
```

查看 Pod 的详细信息，命令如下：

```
[root@ master ~]# kubectl get pod -o wide
NAME                  READY    STATUS     RESTARTS    AGE       IP
pod-nginx-pvc         1/1      Running    0           6m41s     10. 244. 0. 16
```

查看 Nginx 服务的后端是否和 pv004 进行了绑定，命令如下：

```
[root@ master ~]# curl 10. 244. 0. 16
<h1>NFS store 04</h1>
```

可以看到 Nginx 主页显示的内容为 pv004 中的内容，绑定成功。

通过本节内容的学习，读者了解了容器云平台持久化存储卷的概念，了解了 PVC 和 PV 相当于面向对象编程思想中的接口和实现，掌握了 PV 和 PVC 的创建和使用。通过 Pod 关联 PVC，由系统匹配合适的 PV 绑定到 PVC 上，从而为 Pod 提供合适的“永久卷”。更多关于 Kubernetes 持久化存储卷的内容与知识，读者可以自行查找资料学习。

第四节　公有云云硬盘存储

考核知识点及能力要求：

- 了解公有云云硬盘的使用场景。
- 掌握公有云中云硬盘的申请与使用。
- 能够使用公有云云硬盘解决云主机存储空间不足的问题。

一、云硬盘简介

云硬盘（Elastic Volume Service）是一种为 ECS（云主机）、BMS（裸金属服务器）等计算服务提供持久性块存储的服务，通过数据冗余和缓存加速等多项技术，提供高可用性和持久性以及稳定的低时延性能。用户可以对云硬盘做格式化、创建文件系统等操作，并对数据做持久化存储。

二、购买云硬盘

在华为云平台首页左上角服务列表中，选择“存储→云硬盘 EVS”菜单命令，进入云硬盘页面，如图 8-10 所示。

在云服务器控制台的云硬盘页面，单击页面右上角“购买磁盘”按钮购买云硬盘服务，如图 8-11 所示。

在跳转的“购买云硬盘”页面上选择云硬盘参数。选择计费模式为按需计费，可用区为云服务器区域可用区 1，磁盘类型为高 IO 类型，如图 8-12 所示。

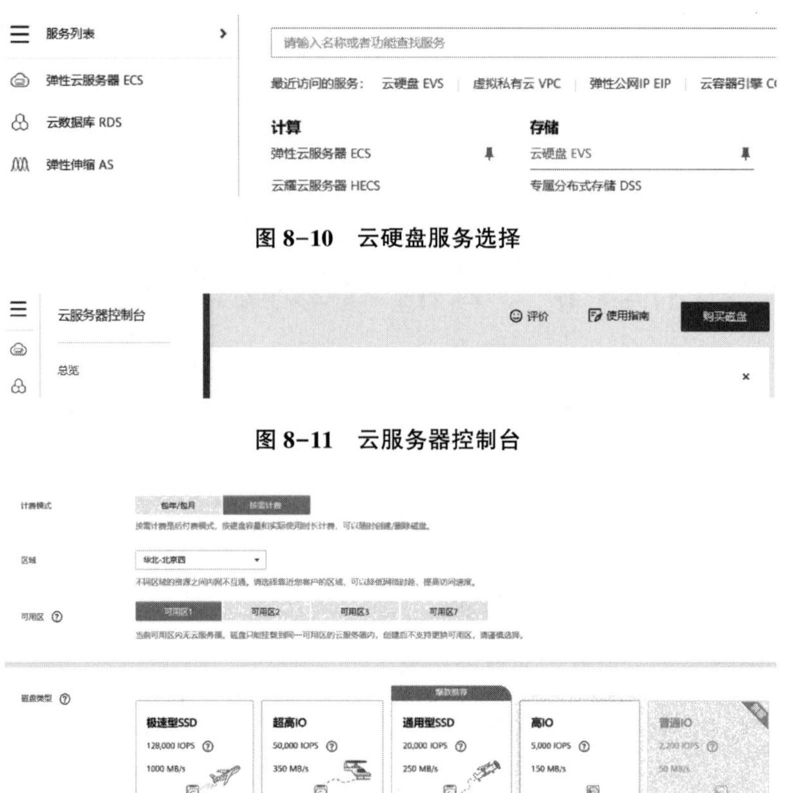

图 8-10　云硬盘服务选择

图 8-11　云服务器控制台

图 8-12　购买云硬盘

选择磁盘大小为 40 GB，设置磁盘名称为 disk，然后单击“立即购买”按钮，如图 8-13 所示。

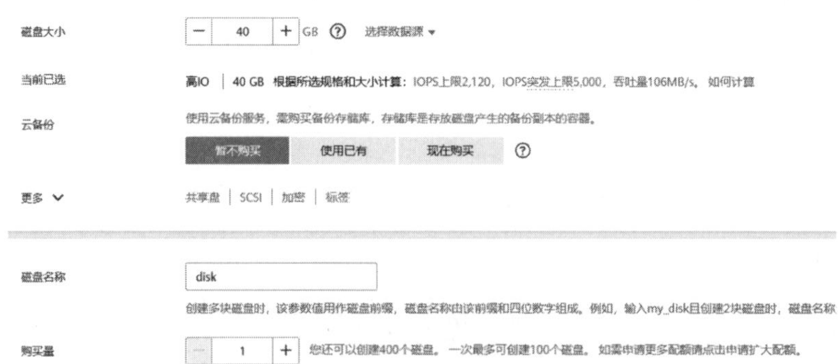

图 8-13　设置云硬盘名称

单击“提交”按钮确认配置并提交购买请求，如图 8-14 所示。

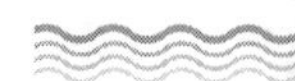

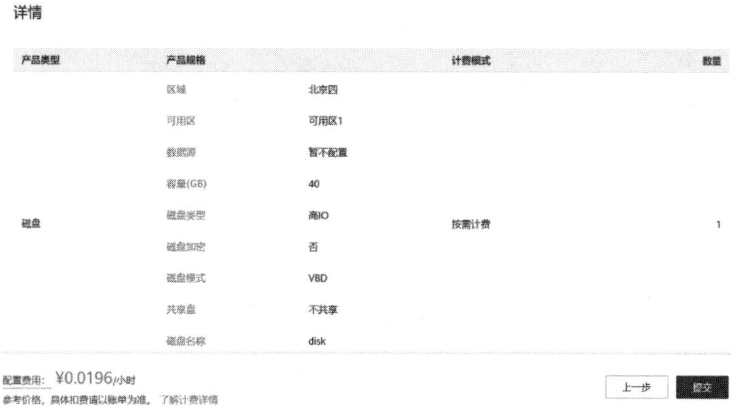

图 8-14　提交购买信息

购买成功后，返回云硬盘控制台页面，可以看到创建的云硬盘 disk，如图 8-15 所示。

删除　所有状态　磁盘名称　标签搜索

磁盘名称	状态	磁...	磁盘属性	挂载云...	共...	磁...	加...	可...	计...	操作
Ch...	正...	通用型S... 40GB	系统盘	ChinaSki... ECS	不共享	VBD	否	可用区1	按需计费 2021/12...	挂载 | 扩容 | 更多
Ch...	正...	通用型S... 40GB	系统盘	ChinaSki... ECS	不共享	VBD	否	可用区1	按需计费 2021/12...	挂载 | 扩容 | 更多
disk	可用	高IO 40GB	数据盘	--	不共享	VBD	否	可用区1	按需计费 2021/12...	挂载 | 扩容 | 更多

图 8-15　云硬盘控制台

三、云硬盘挂载

单击云硬盘 disk 后面的“挂载”按钮，在弹出的“挂载磁盘”页面中选中所需要挂载的云服务器，然后单击“确定”按钮即可挂载至云服务器上，如图 8-16 所示。

通过远程连接工具访问云服务器，使用 lsblk 命令查看硬盘情况，命令如下：

```
[root@ chinaskill-node-0001  ~]# lsblk
NAME       MAJ:MIN  RM  SIZE  RO  TYPE  MOUNTPOINT
vdb        253:16   0   40G   0  disk
vda        253:0    0   40G   0  disk
 ├─vda2    253:2    0   39G   0  part  /
 └─vda1    253:1    0    1G   0  part  /boot/efi
```

可以看到一块未使用的硬盘 vdb，这就是挂载的云硬盘。

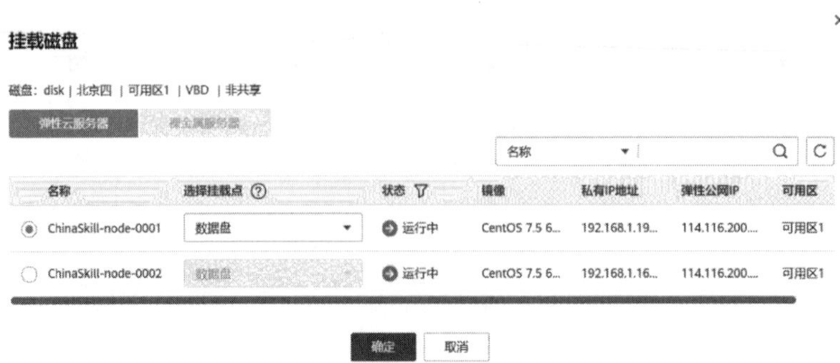

图 8-16　云硬盘挂载

可以对该硬盘进行分区、挂载、使用等操作。

对云硬盘 vdb 磁盘进行分区，使用 fdisk 命令分区完成后，再使用 mkfs. ext4 命令对分区进行格式化操作，命令如下：

```
[root@ chinaskill-node-0001 ~]# fdisk /dev/vdb

命令(输入 m 获取帮助):n
Partition type:
   p    primary (0 primary, 0 extended, 4 free)
   e    extended
Select (default p): p
分区号 (1-4,默认 1):1
起始 扇区 (2048-83886079,默认为 2048):2048
Last 扇区, +扇区 or +size{K,M,G} (2048-83886079,默认为 83886079):83886079
分区 1 已设置为 Linux 类型,大小设为 40 GiB

命令(输入 m 获取帮助):w
The partition table has been altered!

Callingioctl() to re-read partition table.
正在同步磁盘
[root@ chinaskill-node-0001 ~]# mkfs. ext4 /dev/vdb1
```

使用 mount 命令进行挂载，然后使用 lsblk 命令查看，此时可以查看到 vdb1 挂载至/mnt 目录下，命令如下：

```
[root@ chinaskill-node-0001 ~]# mount /dev/vdb1 /mnt/
[root@ chinaskill-node-0001 ~]# lsblk
NAME          MAJ:MIN RM   SIZE   RO TYPE  MOUNTPOINT
vdb           253:16   0    40G   0  disk
└──vdb1       253:17   0    40G   0  part  /mnt
vda           253:0    0    40G   0  disk
├──vda2       253:2    0    39G   0  part  /
└──vda1       253:1    0     1G   0  part  /boot/efi
```

四、卸载云硬盘

在 ChinaSkillnode1 云服务器上对磁盘执行取消挂载操作，命令如下：

```
[root@ chinaskill-node-0001 ~]# umount   /mnt/
[root@ chinaskill-node-0001 ~]# lsblk
NAME          MAJ:MIN    RM    SIZE    RO    TYPE  MOUNTPOINT
vdb           253:16     0     40G     0     disk
└──vdb1       253:17     0     40G     0     part
vda           253:0      0     40G     0     disk
├──vda2       253:2      0     39G     0     part   /
└──vda1       253:1      0      1G     0     part   /boot/efi
```

使用云硬盘可随时对其进行移动、数据转移、数据备份等操作。将 ChinaSkillnode1 云主机上的云硬盘挂载至 ChinaSkillnode2 云主机上使用。在云硬盘控制台页面单击 disk 后面的“更多”按钮，在下拉菜单中选择“卸载”菜单命令，如图 8-17 所示。

图 8-17　卸载云硬盘

卸载磁盘之前需要在云服务器中使用 umount 命令取消挂载云硬盘，如图 8-18 所示。

重新挂载云硬盘至 chinaskillnode2 云服务器上，如图 8-19 所示。

通过远程连接工具连接至 chinaskillnode2 节点，查看磁盘信息并挂载云硬盘至/mnt 目录下，命令如下：

图 8-18　卸载磁盘

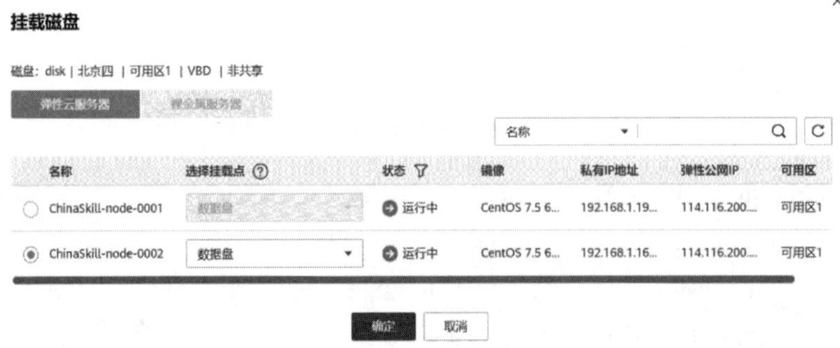

图 8-19　重新挂载

```
[root@ chinaskill-node-0002 ~ ]# lsblk
NAME          MAJ:MIN   RM   SIZE   RO   TYPE  MOUNTPOINT
vdb           253:16    0    40G    0    disk
 └──vdb1      253:17    0    40G    0    part
vda           253:0     0    40G    0    disk
 ├──vda2      253:2     0    39G    0    part /
 └──vda1      253:1     0     1G    0    part /boot/efi
[root@ chinaskill-node-0002 ~ ]# mount /dev/vdb1 /mnt/
[root@ chinaskill-node-0002 ~ ]# lsblk
NAME          MAJ:MIN   RM   SIZE RO     TYPE  MOUNTPOINT
vdb           253:16    0    40G    0    disk
 └──vdb1      253:17    0    40G    0    part /mnt
vda           253:0     0    40G    0    disk
 ├──vda2      253:2     0    39G    0    part /
 └──vda1      253:1     0     1G    0    part /boot/efi
```

五、扩容云硬盘

当云硬盘使用空间不足时，可以对云硬盘扩容，在云硬盘控制台页面，单击该磁盘后的“扩容”按钮进行扩容，如图 8-20 所示。

图 8-20　云硬盘控制台

选择新增容量的磁盘大小，然后单击“下一步”按钮进行扩容，如图 8-21 所示。

图 8-21　扩容磁盘

对云硬盘扩容后，通过远程连接工具访问云服务器，查看当前磁盘信息，可以看到 vdb 磁盘已经是扩容至 50 GB，但是 vdb1 分区并没有扩容，命令如下：

```
[root@ chinaskill-node-0002 ~ ]# lsblk
NAME        MAJ:MIN   RM   SIZE   RO    TYPE  MOUNTPOINT
vdb         253:16    0    50G    0     disk
 └──vdb1    253:17    0    40G    0     part /mnt
vda         253:0     0    40G    0     disk
 ├──vda2    253:2     0    39G    0     part /
 └──vda1    253:1     0     1G    0     part /boot/efi
```

接下来对 vdb1 分区进行扩容，如果使用 growpart 命令会提示以下错误，只需要执行 LANG 代码即可，命令如下：

```
[root@ chinaskill-node-0002 ~]# growpart /dev/vdb 1
unexpected output insfdisk --version [sfdisk,来自 util-linux 2. 23. 2]
[root@ chinaskill-node-0002 ~]# LANG = en_US. UTF-8
[root@ chinaskill-node-0002 ~]# growpart /dev/vdb 1
CHANGED: partition = 1 start = 2048 old: size = 83884032 end = 83886080 new: size =
104855519 end = 104857567
```

执行 growpart 命令后，通过 lsblk 命令可以看到 vdb1 分区已经扩容了，但是使用 df 命令查看分区并没有扩容，命令如下：

```
[root@ chinaskill-node-0002 ~]# lsblk
NAME        MAJ:MIN   RM    SIZE RO TYPE MOUNTPOINT
vdb         253:16    0     50G 0   disk
└─vdb1      253:17    0     50G 0   part /mnt
vda         253:0     0     40G 0   disk
├─vda2      253:2     0     39G 0   part /
└─vda1      253:1     0      1G 0   part /boot/efi
[root@ chinaskill-node-0002 ~]# df -TH
Filesystem     Type       Size  Used   Avail  Use%   Mounted on
... ...
/dev/vdb1      ext4       43G   51M    40G     1%    /mnt
```

此时需要使用 resize2fs 命令对磁盘进行扩展操作，命令如下：

```
[root@ chinaskill-node-0002 ~]# resize2fs /dev/vdb1
[root@ chinaskill-node-0002 ~]# df -TH
Filesystem     Type       Size  Used   Avail  Use%   Mounted on
... ...
/dev/vdb1      ext4       53G   55M     51G   1%     /mnt
```

至此扩容成功。

通过本节内容的学习，读者可以掌握公有云的云硬盘存储服务的申请、挂载、使用和扩容等操作。云硬盘增加了云主机使用存储的灵活性，给用户的使用提供了便利。

思考题

1. 简述对象存储和块存储的使用场景。

2. 对象存储为什么叫对象存储？对象又是什么？

3. 使用对象存储的优势是什么？

4. 块存储使用的底层技术是什么？

5. 为什么要使用块存储，而不是直接使用系统盘？

6. 如何创建和使用动态的 PV 卷？

7. PV 的后端存储卷除了使用 NFS 外，还能够使用什么存储技术？

8. 简述 PV 的访问模式。

9. 公有云的云硬盘和 OpenStack 云计算平台中的 Cinder 服务有什么相同和不同之处？

第九章　云计算平台网络服务应用

网络服务是云计算平台中一个重要的基础服务，网络服务提供给云服务器以相互访问的环境和云服务器与外部网络通信的需求。管理云服务器通信网络、规划云服务器通信网络、维护云服务器通信网络的安全是一个云计算工程技术人员必须掌握的能力。

- **职业功能**：云计算平台应用（云计算平台网络服务应用）。
- **工作内容**：创建云计算平台私有网络，为云主机提供网络连接，能够定义安全组策略保护云主机安全。
- **专业能力要求**：能够根据网络使用需求，提供 VPC 专属私有网络服务；能够根据网络安全需求，提供安全组服务。
- **相关知识要求**：掌握 VPC 网络知识；掌握安全组知识。

第一节　VPC 专用私有网络

考核知识点及能力要求：

- 了解 IP 地址的划分方法与策略。
- 掌握 VPC 专用私有网络架构与创建方法。
- 掌握路由器的概念与创建方法。
- 能够使用私有云创建 VPC 私有网络并使用。

一、 VXLAN 私有网络架构

首先介绍网络中 Underlay 和 Overlay 的概念。Underlay 指物理网络层，Overlay 指在物理网络层之上的逻辑网络，又称为虚拟网络。Overlay 建立在 Underlay 的基础上，需要物理网络中的设备两两互联。Overlay 的出现突破了 Underlay 的物理局限性，使得网络的架构更为灵活。以 VLAN 为例，在 Underlay 环境下，不同网络的设备需要连接至不同的交换机，如果要改变设备所属的网络，则要调整设备的连线。引入 VLAN 后，调整设备所属网络只需要将设备加入目标 VLAN 下，避免了设备的连线调整。

（一）云计算平台下 VLAN 的痛点

在平时使用私有云时，最常用的网络模式是 VLAN，应对用户量不大的情况，VLAN 模式可以应付自如，但是 VLAN 模式也有不足，具体如下。

1. VLAN ID 数量不足

VLAN Header 由 12 bit 组成，理论上限为 4 096 个，可用 VLAN 数量为 1～4 094

个，无法满足云环境下的需求。

2. 虚拟机热迁移

云计算场景下，传统服务器变成一个个运行在宿主机上的虚拟机（VM）。VM 是运行在宿主机的内存中，所以可以在不中断的情况下从宿主机 A 迁移到宿主机 B，前提是迁移前后 VM 的 IP 和 MAC 地址不能发生变化，这就要求 VM 处在同一个二层网络中。因为在三层环境下，不同 VLAN 使用不同的 IP 段。

3. MAC 表项有限

普通的交换机 MAC 表项有 4 KB 或者 8 KB 等，在小规模场景下这不会成为瓶颈。然而在云计算环境下，每台物理服务器上运行多台 VM，每个 VM 可能有多张虚拟网卡，MAC 地址会成倍增长，此时交换机的 MAC 表项的最大数量限制将成为必须面对的问题。

（二）针对痛点 VXLAN 的解决方法

VXLAN 模式可以看作是 VLAN 模式的升华，几乎拥有无限的数量，在公有云中被广泛应用，VXLAN 的优点如下。

1. 以多取胜

VXLAN Header 由 24 bit 组成，所以理论上 VNI 的数量为 16 777 216 个，解决了 VLAN ID 数量不足的问题。

在 OpenStack 中，尽管 br-tun 上的 VNI 数量增多，但 br-int 上的网络类型只能是 VLAN，所有 VM 都有一个内外 VNI 转换的过程，将用户层的 VNI 转换为本地层的 VLAN ID。

尽管 br-tun 上 VNI 的数量为 16 777 216 个，但 br-int 上 VLAN ID 只有 4 096 个，那引入 VXLAN 是否有意义？答案是肯定的，以目前的物理机计算能力来说，假设每个 VM 属于不同的 Tenant，1 台物理机上也不可能运行 4 094 个 VM，所以这样映射是有意义的。

如图 9-1 所示的 VXLAN 架构，所有的 VM 属于同一个 Tenant，尽管在用户层同一 Tenant 的 VNI 一致，但在本地层，同一 Tenant 由 Nova-compute 分配的 VLAN ID 可以不

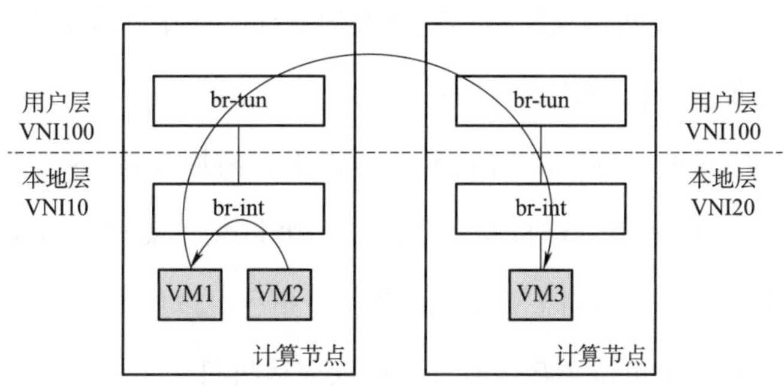

图 9-1　VXLAN 架构图

一致。同一宿主机上同一 Tenant 的相同 subnet 之间的 VM 相互访问不需要经过内外 VNI 转换，而不同宿主机上相同 Tenant 的 VM 之间相互访问则需要经过 VNI 转换。

2. 暗度陈仓

如图 9-2 所示，VM 的热迁移需要迁移前后 IP 和 MAC 地址不能发生任何改变，所以需要 VM 处于一个二层网络中。VXLAN 可以将原有的报文进行再次封装，利用 UDP 进行传输，因而也称为 MAC In UDP，表面上传输的是封装后的 IP 和 MAC，实际传播的是封装前的 IP 和 MAC。

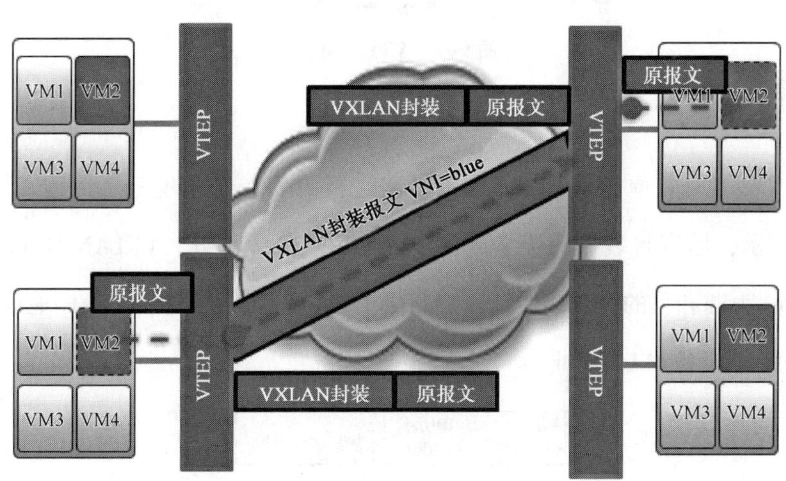

图 9-2　VXLAN 封装报文

3. 销声匿迹

在云计算环境下，接入交换机的表项大小会成为瓶颈，解决这个问题的方法无外乎两种。

（1）扩大表项。更高级的交换机有着更大的表项，使用高级交换机取代原有接入交换机，此举会增加交换机设备成本。

（2）隐藏 MAC 地址。在不增加成本的前提下，使用 VXLAN 也能达到同样的效果。通过前文可知，VXLAN 是对原有的报文再次封装，实现 VXLAN 功能的 VTEP（VXLAN Tunnel End Point，VXLAN 隧道的终点）角色可以位于交换机或者 VM 所在的宿主机中。如果 VTEP 角色位于宿主机上，接入交换机只会学习经过再次封装后 VTEP 的 MAC 地址，不会学习宿主机上 VM 的 MAC 地址。

图 9-3 所示为 VTEP 角色实现 VXLAN 功能的过程。

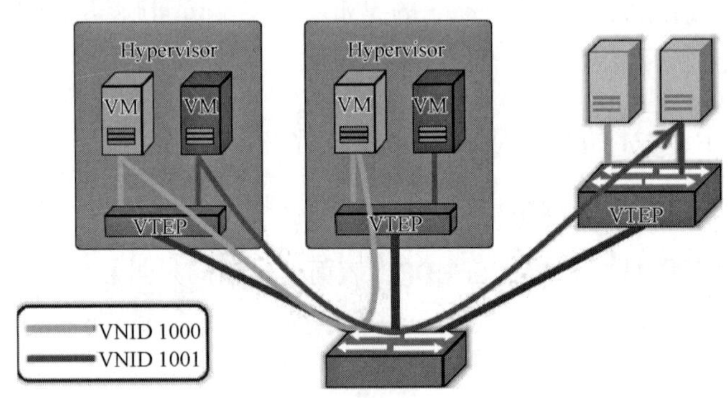

图 9-3　VTEP 角色

（三）VXLAN 报文

VXLAN 报文是在原有报文的基础上再次进行封装，来实现三层传输二层的目的。如图 9-4 所示，原有封装后的报文成为 VXLAN 的 Data 部分，VXLAN Header 为 VNI，IP 层 Header 为源和目的 VTEP 地址，链路层 Header 为源 VTEP 的 MAC 地址和到目的 VTEP 的下一个设备 MAC 地址。

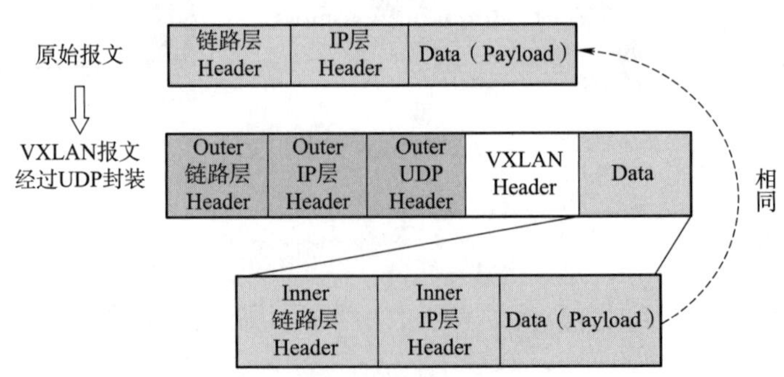

图 9-4　VXLAN 报文

二、 VPC 专用网络的创建

下面通过案例介绍在私有云计算平台创建 VPC 私有网络的步骤与流程。

(一) 创建网络

在云计算平台中，用户默认创建的网络模式为 VXLAN，通过“openstack network create”命令创建 int1 网络，命令如下：

```
[root@openstack ~]# openstack network create int1
```

通过返回信息可以查看关于 int1 网络的信息，其中“provider：network_type”字段表示当前网络为 VXLAN 模式，“provider：segmentation_id”字段为当前 VXLAN 网络的 VNI。

通过“openstack network create”命令创建一个 VXLAN 网络 int2，命令如下：

```
[root@openstack ~]# openstack network create int2
```

(二) 创建子网

通过命令创建的 int1 网络，只是一个网络模式，并不能直接进行使用，需要在 int1 网络中创建子网。通过使用“openstack subnet create”命令创建 int1-subnet 子网，网段使用 10. 10. 1. 0/24，命令如下：

```
[root@openstack ~]# openstack subnet create --subnet-range 10. 10. 1. 0/24 --network int1 int1-subnet
```

通过命令在 int2 网络中创建子网。通过“openstack subnet create”命令创建 int2-subnet 子网，网段使用 10. 10. 2. 0/24，命令如下：

```
[root@openstack ~]# openstack subnet create --subnet-range 10. 10. 2. 0/24 --network int2 int2-subnet
```

至此，VPC 私有网络创建完毕。接下来创建云主机，使用创建的 VPC 私有专用网络。

三、虚拟机的创建

下面通过案例介绍如何在私有云中创建云主机并使用 VPC 私有网络。

（一）使用网络创建虚拟机

使用网络创建虚拟机之前，需要查询网络 ID 信息。通过“openstack network list”命令查询所创建的 int1、int2 网络信息，命令如下：

```
[root@openstack ~]# openstack network list
+-----------------------------------------+-------+-----------------------------------------+
| ID                                      | Name  | Subnets                                 |
+-----------------------------------------+-------+-----------------------------------------+
| 19b09afc-60f6-4f18-b1ad-ac7f7f693fd8    | net   | ad726677-174f-4acb-8ae5-88e40db3713a    |
| 6695bee3-57bd-4f46-a73a-ea6dfa7500ac    | int1  | 40ccd397-bfde-4590-82e4-dc1a26064a2e    |
| a9d40050-c16c-4163-95bf-a8a32ac026f8    | int2  | 95dc3fcc-7641-4e1c-9aed-f799c6129b68    |
+-----------------------------------------+-------+-----------------------------------------+
```

通过“openstack server create”命令，使用 cirros 镜像、1V_1G_1G 云主机类型、int1 网络创建一个 int1-vm 云服务器，命令如下：

```
[root@openstack ~]# openstack server create --flavor centos --image cirros-raw --nic net-id=6695bbe3-57bd-4f46-a73a-ea6dfa7500ac int1-vm
```

通过“openstack server create”命令，使用 cirros 镜像、1V_1G_1G 云主机类型、int2 网络创建一个 int2-vm 云服务器，命令如下：

```
[root@openstack ~]# openstack server create --flavor 1V_1G_1G --image cirros --nic net-id=a9d40050-c16c-4163-95bf-a8a32ac026f8 int2-vm
```

（二）查看网络拓扑

登录 Dashboard 页面，选择左侧菜单栏“项目→网络→网络拓扑”菜单命令，查看当前网络拓扑图。如图 9-5 所示可以发现，所创建的 int1 和 int2 两个网络为独立的网络，中间不进行连通通信。

至此，云主机创建完毕，网络使用的是创建的 VPC 私有网络，但此时该网络还不能互相通信，还需要借助路由，下面创建路由进行网络连接。

四、路由创建使用

在网络实际使用过程中，有时候可能需要将两个专用私有网络连通，这时就可以

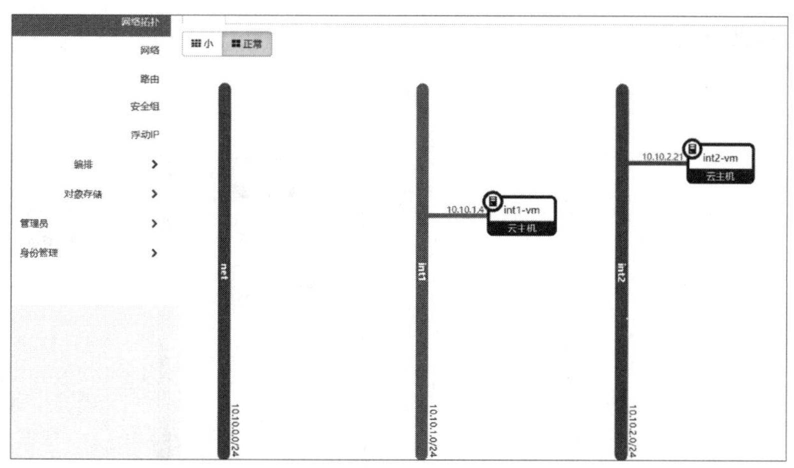

图 9-5　网络拓扑

使用路由器将它们连接起来。路由使用的组件与连通内部网络相同，使用 Namespace 创建一个隔离的 Container，允许 subnet 间的网络包进行中转。

通过“openstack router create”命令创建一个路由器 router1，命令如下：

```
[root@openstack ~]# openstack router create router1
```

通过“openstack router add”命令将 int1-subnet 和 int2-subnet 子网接口添加至路由器 router1 中，命令如下：

```
[root@openstack ~]# openstack router add subnet router1 int1-subnet
[root@openstack ~]# openstack router add subnet router1 int2-subnet
```

登录 Dashboard 页面，选择左侧菜单栏“项目→网络→网络拓扑”菜单命令，查看当前网络拓扑图。如图 9-6 所示，可以发现所创建的 int1 和 int2 两个网络直接通过 router1 设备进行连接，int1 和 int2 网络的网关存在于 router1 设备上，这样两个网络就可以直接相互访问了。

选择左侧菜单栏“项目→资源管理→云主机”菜单命令，查看当前项目云主机列表，在 int2-vm 云主机后的下拉菜单中选择“控制台”命令，如图 9-7 所示，进入云主机控制台界面。

进入控制台界面后，使用用户名 cirros 和密码“cubswin:)”进行登录访问，用户名密码在控制台界面有提示信息，如图 9-8 所示。

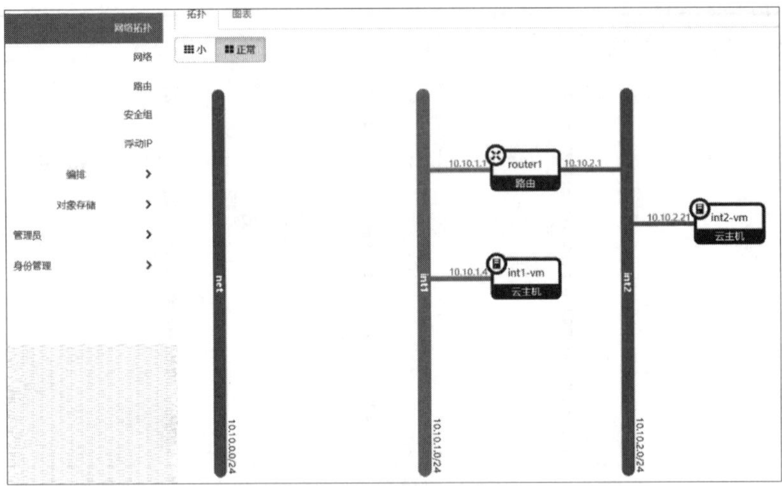

图 9-6　网络拓扑图

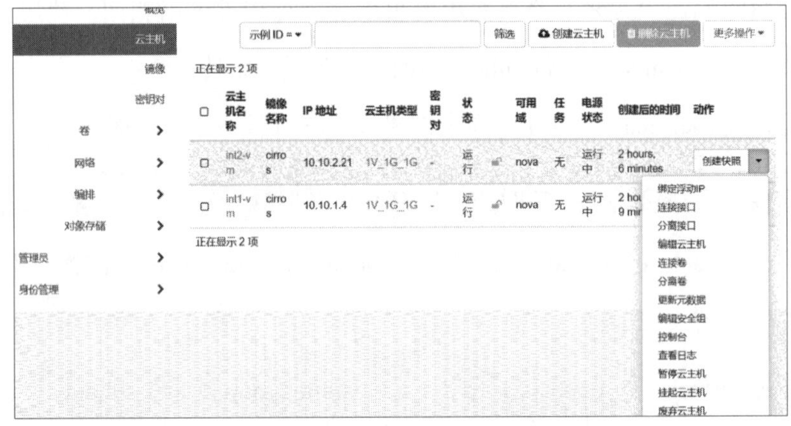


```
login as 'cirros' user. default password: 'cubswin:)'. use 'sudo' for root.
int2-vm login: cirros
Password:
$ ip a
1: lo: <LOOPBACK,UP,LOWER_UP> mtu 16436 qdisc noqueue
    link/loopback 00:00:00:00:00:00 brd 00:00:00:00:00:00
    inet 127.0.0.1/8 scope host lo
    inet6 ::1/128 scope host
       valid_lft forever preferred_lft forever
2: eth0: <BROADCAST,MULTICAST,UP,LOWER_UP> mtu 1450 qdisc pfifo_fast qlen 1000
    link/ether fa:16:3e:2d:73:3d brd ff:ff:ff:ff:ff:ff
    inet 10.10.2.21/24 brd 10.10.2.255 scope global eth0
    inet6 fe80::f816:3eff:fe2d:733d/64 scope link
       valid_lft forever preferred_lft forever
```

图 9-8　控制台访问

使用 int2-vm 云主机控制台对 int1-vm 云主机进行访问测试，使用 Ping 命令测试连通性，命令如图 9-9 所示。

```
$ ping 10.10.1.4 -c 4
PING 10.10.1.4 (10.10.1.4): 56 data bytes
64 bytes from 10.10.1.4: seq=0 ttl=63 time=2.531 ms
64 bytes from 10.10.1.4: seq=1 ttl=63 time=1.874 ms
64 bytes from 10.10.1.4: seq=2 ttl=63 time=1.952 ms
64 bytes from 10.10.1.4: seq=3 ttl=63 time=1.642 ms

--- 10.10.1.4 ping statistics ---
4 packets transmitted, 4 packets received, 0% packet loss
round-trip min/avg/max = 1.642/1.999/2.531 ms
```

图 9–9　测试云主机连通性

此时，int2-vm 云主机可以通过 router1 路由器访问 int1-vm 云主机。

通过本节内容的学习，读者了解了 VXLAN 的工作模式、路由的工作原理，掌握了 VPC 私有云网络的创建与连接，掌握了路由器的创建使用，能通过路由器连通专用私有网络。与公有云相比，私有云计算平台中的网络模式并不是太复杂，感兴趣的读者可以更加深入地学习云计算平台网络。

第二节　安全组服务

考核知识点及能力要求：

- 了解基础网络协议。
- 掌握云计算平台安全组配置的方法。
- 能够使用云计算平台安全组管理访问连接。

一、基础网络协议

在使用云计算平台中的安全组服务之前，先来了解一下常用的基础网络协议。

（一）ICMP 协议

Internet 控制报文协议（ICMP，Internet Control Message Protocol）是 TCP/IP 协议簇的一个子协议，用于在 IP 主机、路由器之间传递控制消息。控制消息是指网络是否通畅、主机是否可达、路由是否可用等网络本身的消息。这些控制消息虽然并不传输用户数据，但是对于用户数据的传递起着重要的作用。

Ping 命令是用来探测本机与网络中另一主机之间是否能通信的命令，如果两台主机之间 Ping 不通，则表明这两台主机不能建立连接。Ping 是定位网络连通性的一个重要手段，它是基于 ICMP 协议来工作的，Ping 命令会发送一份 ICMP 回显请求报文给目标主机，并等待目标主机返回 ICMP 回显应答。因为 ICMP 协议会要求目标主机在收到消息之后，必须返回 ICMP 应答消息给源主机，如果源主机在一定时间内收到了目标主机的应答，则表明两台主机之间网络是可达的。

（二）TCP 协议

传输控制协议（TCP，Transmission Control Protocol）是一种面向连接的、可靠的、基于字节流的传输层通信协议，由 IETF（国际互联网工程任务组）的 RFC793 定义。TCP 旨在适应支持多网络应用的分层协议层次结构。网络中计算机中进程之间依靠 TCP 提供可靠的通信服务。TCP 假设它可以从较低级别的协议获得简单的、可能不可靠的数据报服务。原则上，TCP 应该能够在从硬线连接到分组交换或者电路交换网络的各种通信系统上操作。

SSH（Secure Shell）协议由 IETF 的网络小组（Network Working Group）所制定，它是建立在应用层基础上的安全协议。SSH 专为远程登录会话和其他网络服务提供安全性协议。SSH 在正确使用时可以弥补网络中的漏洞，利用 SSH 协议可以有效防止远程管理过程中的信息泄露问题。SSH 最初是 Unix 系统上的一个程序，后来又迅速扩展到其他操作平台，它的客户端适用于多种平台，例如几乎所有 Unix 平台（包括 HP-UX、Linux、AIX、Solaris、Digital Unix、Irix 以及其他平台）都可以运行 SSH。

（三）UDP 协议

用户数据报协议（UDP，User Datagram Protocol）是一种无连接的简单的面向数据报的

传输层通信协议，RFC768 描述了 UDP 。UDP 不提供可靠性，它只是把应用程序传给 IP 层的数据报发送出去，但是并不能保证它们能到达目的地。由于 UDP 在传输数据报前不用在客户和服务器之间建立一个连接，且没有超时重发等机制，故而传输速度很快。

UDP 主要用于不要求分组顺序到达的传输中，提供面向事务的简单不可靠信息传送服务。UDP 协议基本上是 IP 协议与上层协议的接口，它适用于端口分别运行在同一台设备上的多个应用程序。

二、安全组的定义和规则

安全组（Security Group）是一些规则的集合，用来对虚拟机的访问流量加以限制，对应到底层，就是给虚拟机所在的宿主机添加 iptables 规则。

管理员可以定义 *N* 个安全组，每个安全组可以有 *N* 个规则，也可以给每个实例绑定 *N* 个安全组。Nova 中总有一个 default 安全组，这个是不能被删除的。创建实例时，如果不指定安全组，默认会使用 default 安全组。

安全组主要是用于主机防护，针对每一个 port 做网络访问控制，所以它更像是一个主机防火墙。

安全组定义的是允许通过的规则集合，即规则的动作就是 ACCEPT。换句话说，定义的是白名单规则，因此如果虚拟机关联的是一个空规则安全组，则虚拟机既出不去也进不来。因为是白名单规则，所以无所谓安全组规则的顺序，而且一个虚拟机 port 可以同时关联多个安全组，此时相当于规则集合的并集。

每个安全组中的关联规则控制着组中访问实例的流量。任何进入的流量与规则不匹配将会默认被拒绝。用户可以在安全组中添加或者删除规则，并且可以修改默认的或任何其他安全组中的规则，来允许通过不同的端口和协议访问实例。比如，用户可以为实例上运行的 DNS 修改规则来允许通过 SSH 访问实例或者允许 UDP 流量。

三、安全组配置

下面通过案例进行安全组的配置，具体步骤如下。

（一）管理安全规则

通过浏览器访问 http://192.168.100.10/dashboard，使用管理员用户登录云管理平台。

1. 创建云主机

利用所创建的 Flat 网络 net，创建云主机 test，测试本机与云主机连通性，如图 9-10 所示。

图 9-10　云主机列表

在本机上打开 CMD 命令窗口，通过“ping 10.10.0.3”命令测试网络连通性，如图 9-11 所示。

```
管理员: C:\Windows\system32\cmd.exe
Microsoft Windows [版本 6.1.7601]
版权所有 (c) 2009 Microsoft Corporation。保留所有权利。

C:\Users\Administrator>
C:\Users\Administrator>
C:\Users\Administrator>ping 10.10.0.3

正在 Ping 10.10.0.3 具有 32 字节的数据:
请求超时。
请求超时。
请求超时。
请求超时。

10.10.0.3 的 Ping 统计信息:
    数据包: 已发送 = 4，已接收 = 0，丢失 = 4 (100% 丢失)，

C:\Users\Administrator>
        半:
```

图 9-11　测试连通性

2. 配置规则

在 Dashboard 界面中，选择左侧导航栏“项目→网络→安全组”菜单命令，在“安全组”页面单击“管理规则”按钮，如图 9-12 所示。

图 9-12　安全组

在弹出框中选择“所有 ICMP 协议”“所有 TCP 协议”“所有 UDP 协议”的入口和出口规则。具体操作步骤不再赘述，可以参考第二章中 OpenStack 云计算平台初始化与使用的操作案例。

3. 测试网络连通性

配置安全规则完成后，测试本机与云主机的连通性，命令如下：

```
MicrosoftWindows [版本 6. 1. 7601]
版权所有<c> 2009 Microsoft Corporation。保留所有权利。
c:\Users\Administrator>ping 10. 10. 0. 3
正在 Ping 10. 10. 0. 3 具有 32 字节的数据:
来自 10. 10. 0. 3 的回复:字节=32 时间<1ms TTL=64
来自 10. 10. 0. 3 的回复:字节=32 时间<1ms TTL-64
来自 10. 10. 0. 3 的回复:字节=32 时间<1ms TTL-64
来自 10. 10. 0. 3 的回复:字节- 32 时间<1ns TTL-64
10. 10. 0. 3 的 Ping 统计信息:
    数据包:已发送 =4，已接收 = 4，丢失 = 0 <0% 丢失>，往返行程的估计的时间
<以毫秒为单位>:
    最短= 0ms，最长 = 0ms，平均 = 0ms
```

（二）创建安全组

通过“openstack security group create”命令创建安全组 test，命令如下：

```
[root@controller ~]# openstack security group create test --description ceshi
```

通过“openstack security group list”命令查询安全组列表，命令如下：

```
[root@controller ~]# openstack security group list
```

```
+------------------------------+--------+-----------------+----------------------------------+
| ID                           | Name   | Description     | Project                          |
+------------------------------+--------+-----------------+----------------------------------+
| 492d920f-c4bc-42bf-ad59-     | test   | ceshi           | 55b50cbb4dd4459b873cb15          |
| 794fb9e986c9                 |        |                 | a8b03db43                        |
| 7cf5e817-6090-49d5-9482-     | default| Default         | 55b50cbb4dd4459b873cb15          |
| b457ed065d75                 |        | secyruty group  | a8b03db43                        |
| 7fabf6a4-472d-413f-bc79-     | default| Default         | a184a157399043c2a40abc5          |
| bc95034f896e                 |        | secyruty group  | 2df0459a2                        |
+------------------------------+--------+-----------------+----------------------------------+
```

通过“openstack security group delete”命令删除所创建的安全组，命令如下：

```
# openstack security group delete test
```

通过本节内容的学习，读者可以了解常用的基础网络协议，掌握云计算平台安全组的创建与配置、安全组规则的创建。在云计算平台中，安全组策略是一道保护屏障，类似于防火墙。在后续实战练习中使用安全组规则，保障云主机或应用的安全。

第三节　公有云网络

考核知识点及能力要求：

- 了解公有云中私有网络、安全组的相关概念。
- 掌握公有云中私有网络 VPC 的创建与使用。
- 掌握公有云中安全组的创建与使用。

- 能够使用公有云创建私有网络，建立稳定、高效的专属云上网络。

一、华为云私有网络简介

虚拟私有云（VPC，Virtual Private Cloud）是用户在华为云上申请的隔离的、私密的虚拟网络环境。用户可以基于 VPC 构建独立的云上网络空间，配合弹性公网 IP、云连接、云专线等服务实现与 Internet、云内私网、跨云私网互通，帮助用户打造可靠、稳定、高效的专属云上网络。

二、虚拟私有云控制台

登录华为云，单击右上角“控制台”按钮进入后台，在服务列表中选择“网络→虚拟私有云 VPC”菜单命令，如图 9-13 所示。

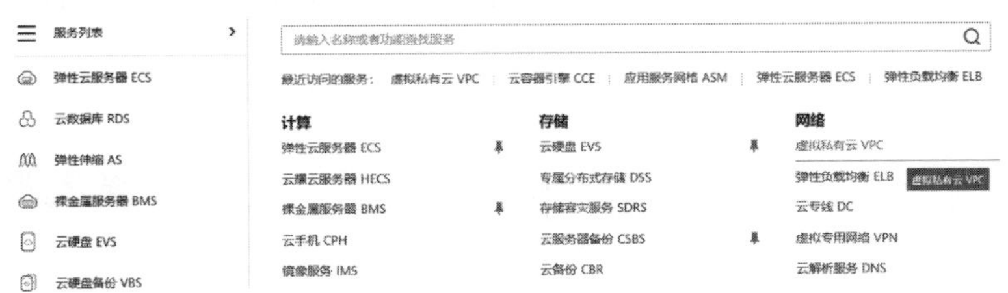

图 9-13　虚拟私有云

三、创建虚拟私有云

单击“创建虚拟私有云”按钮，创建私有网络名称为 intnet1，IPv4 地址配置为 192.168.0.0/16，子网名称配置为 subnet1，地址为 192.168.1.0/24，子网可用区域设置为可用区 1（此区域必须为可以申请云服务器的区域）。配置完成后单击“立即创建”按钮，如图 9-14 所示。

四、创建安全组

在网络控制台页面的左侧菜单栏中选择“访问控制→安全组”菜单选项，单击“创建安全组”按钮，在弹出的对话框中，安全组名称设置为 ChinaSkill-security-group，模板为开放全部端口，配置完成后单击“确定”完成创建，如图 9-15 所示。

图 9-14　创建私有网络 intnet1　　　　图 9-15　创建安全组

五、弹性公网 IP

在网络控制台页面左侧菜单栏中选择“弹性公网 IP 和带宽→弹性公网 IP”菜单命令，如图 9-16 所示。

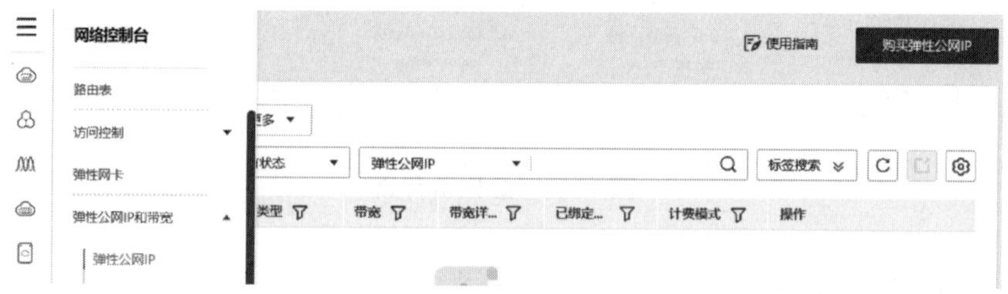

图 9-16　弹性公网 IP 控制台

单击页面右上角“购买弹性公网 IP”按钮，在跳转页面中计费模式选择“按需计费”，线路选择静态 BGP（全动态 BGP 可在线路发生故障时自动切换网络）。带宽大小根据需求进行选择，此处选择 5 Mbit/s，自行设置弹性公网 IP 的名称，最后单击“立即购买”按钮，如图 9-17 所示。

创建完成后，可以在弹性公网 IP 页面查看到所创建的弹性公网 IP，当前状态为未绑定状态，如图 9-18 所示。

图 9-17　购买弹性公网 IP

图 9-18　弹性公网 IP 列表

六、对等连接

公有云中的虚拟私有云是一个独立的虚拟网络,默认两个虚拟私有云中的主机地址不能相互通信，可以使用对等连接的方式将两个虚拟私有云连通，做到业务和数据的网络分离。

在网络控制台页面中选择“虚拟私有云”菜单命令，如图 9-19 所示。

图 9-19　虚拟私有云控制

单击“创建虚拟私有云”按钮，配置网络名称为 intnet2，IPv4 网段使用 172. 16. 0. 0/16，默认子网使用可用区选择为“可用区 2”，名称为 subnet2，子网 IPv4 网段使用 172. 16. 1. 0/24，最后单击“立即创建”按钮，如图 9-20 所示。

基本信息

区域　华北-北京四

不同区域的资源之间内网不互通。请选择靠近您客户的区域，可以降低网络时延、提高访问速度。

名称　intnet2

IPv4网段　172 . 16 . 0 . 0 / 16

建议使用网段: 10.0.0.0/8-24 (选择)　172.16.0.0/12-24 (选择)　192.168.0.0/16-24 (选择)

高级配置　标签 | 描述

默认子网

可用区　可用区2

名称　subnet2

子网IPv4网段　172 . 16 . 1 . 0 / 24　可用IP数：251

子网创建完成后，子网网段无法修改

子网IPv6网段　开启IPv6

关联路由表　默认

图 9-20　创建网络

在网络控制台页面中选择“对等连接”菜单命令，单击页面右上角“创建对等连接”按钮。创建一个 intnet1 和 intnet2 虚拟私有云的对等连接，名称为 peering-net1-net2，本端 VPC 网段为 intnet1，账户选择为当前账户，对端 VPC 为 intnet2，最后单击“确定”按钮，如图 9-21 所示。

创建完成后，提示需要在路由表中添加两个 VPC 的网段路由才可以通信，如图 9-22 所示。

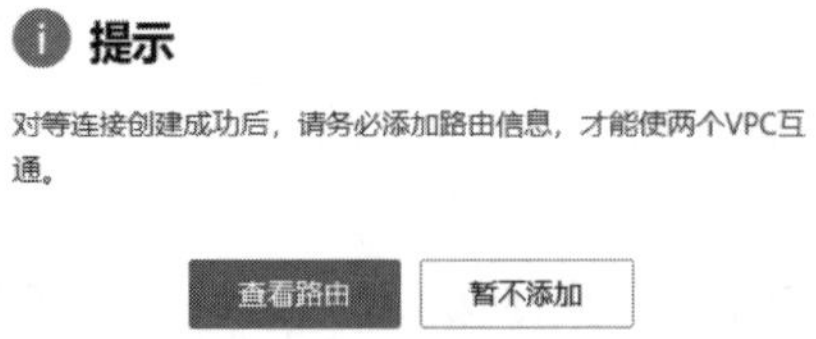

提示

对等连接创建成功后，请务必添加路由信息，才能使两个VPC互通。

查看路由　暂不添加

图 9-22　创建完成

创建对等连接

选择本端VPC

* 名称　peering-3ab7

* 本端VPC　intnet1

本端VPC网段　192.168.0.0/16

选择对端VPC

* 帐户　当前帐户　其他帐户

* 对端项目　cn-north-4

* 对端VPC　intnet2

对端VPC网段　172.16.0.0/16

描述　0/255

确定　取消

图 9-21　创建对等连接

在网络控制台页面中选择“路由表”菜单命令，如图 9–23 所示。在 rtb-intnet1 和 rtb-intnet2 路由表中各添加一条路由规则。

图 9–23　路由表

单击路由表 rtb-intnet1 名称，在跳转页面单击“添加路由”按钮，在弹出的“添加路由”对话框中，添加 rtb-intnet1 路由表目的地址为 intnet2，下一跳类型选择对等连接，如图 9–24 所示。

图 9–24　添加 intnet2 路由

同样，在“添加路由”对话框中，添加 rtb-intnet2 路由表目的地址为 intnet1，下一跳类型选择对等连接，如图 9–25 所示。

至此对等连接配置完毕。

通过本节内容的学习，读者可以掌握在华为云中 VPC 的创建、安全组的创建、公网 IP 的创建和对等连接的创建与使用等。在公有云的使用过程中，VPC 是一个非常重要的功能，用户可以基于 VPC 私有云网络，打造一个可靠、稳定、高效的专属云上网络。

图 9-25 添加 intnet1 路由

思考题

1. 私有云的 VPC 私有网络和公有云的 VPC 私有网络有区别吗？
2. 简述 VXLAN 网络架构的优势。
3. 云计算平台中路由的作用是什么？
4. 云计算平台的安全组是基于什么实现的？
5. 能否将云计算平台的安全组看作是一个防火墙？为什么？

第四篇 云安全管理

云计算相关的安全问题统称为云安全，这一概念包含两个方面的含义，第一是云计算本身的安全保护，通常称为云计算安全，主要是针对云计算自身存在的安全隐患，研究相应的安全防护措施和解决方案，如云计算安全体系架构、云计算应用服务安全、云计算环境的数据保护等，云计算安全是云计算健康可持续发展的重要前提。第二是使用云的形式提供和交付的安全，这也是云计算技术在信息安全领域的具体应用，称为安全云计算，主要利用云计算架构，采用云服务模式，实现安全的服务化或者统一安全监控管理。目前，云计算有三种典型的交付模式：

• 软件即服务（SaaS），提供给用户以服务的方式使用应用程序的能力。

• 平台即服务（Paas），提供给用户在云基础设施之上部署和使用开发环境的能力。

• 基础设施即服务（IaaS），提供给用户以服务的方式使用处理器、存储、网络以及其他基础计算资源的能力。

核心服务层中的 SaaS 及 PaaS 均是以 IaaS 为基础的，所以 IaaS 的安全决定着整个云计算平台的安全。

近年来云计算安全能力备受关注，影响企业的选择。2020 年中国信息通信研究院的云计算发展调查报告显示，42.4%的企业在选择公有云服务商时会考虑服务安全性，43%的企业在私有云安全上的投入占 IT 总投入的 10%以上，较上一年度提升了 4.8%。企业如何构建安全的云计算平台成为上云的关键要素。

第十章　云计算平台设备安全管理

云计算平台设备安全管理是云计算平台对外提供服务的第一道屏障。硬件安全管理包括防火墙、上网行为管理设备的上架，设备间的连线、配置等；设置管理员复杂密码、配置管理员权限、部署堡垒机服务等。

- **职业功能**：云安全管理（云计算平台设备安全管理）。
- **工作内容**：配置防火墙与上网行为管理设备的连接，对服务器设置复杂密码与用户管理，配置堡垒机服务，保障服务器安全。
- **专业能力要求**：能够根据硬件设备上网需求，配置与连接服务器、防火墙和上网行为管理设备等；能够设置复杂服务器管理员密码，并进行定期更换；能够配置服务器的管理员登录权限；能够使用堡垒机管理服务器、网络设备等。
- **相关知识要求**：掌握防火墙配置知识；掌握上网行为管理设备配置知识；掌握服务器密码与权限配置知识；掌握堡垒机使用知识。

第一节　防火墙与行为管理设备

考核知识点及能力要求：

- 了解防火墙设备的基本信息。
- 了解上网行为管理设备的基本信息。
- 掌握防火墙与上网行为管理设备基本连接的方法。
- 能够配置防火墙、上网行为管理设备与云计算平台设备的连接。

一、防火墙设备

防火墙是云计算数据中心机房必不可少的硬件设备，它关系到云计算数据中心机房是否可以对外访问，以及云计算数据中心机房的安全性、访问控制等。

（一）防火墙简介

防火墙是一个由软件和硬件设备组合而成，架设在内部网络和外部网络之间以及专用网络与公共网络之间的保护屏障，是一种获取安全性方法的形象说法。防火墙可以由一台路由器，也可以由一台或一组主机构成。一般放置在内外网的接口处，用来过滤进出网络的数据包，即按照系统管理员预先定义好的规则来控制数据包的进出。它常运用在一些大型机房中。

如图 10-1 所示，在 Internet（因特网）与 Intranet（内联网）之间建立起一个 Security Gateway（安全网关），从而使得内部网络避免非法用户入侵。防火墙主要由服

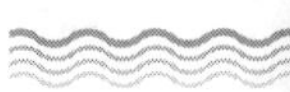

务访问规则、验证工具、包过滤和应用网关四个关键部分组成。

防火墙实际上就是一个位于计算机和其所连接的网络之间的软件或者硬件，计算机流入流出的所有网络通信都需要通过防火墙，它常运行在一些大型机房中。

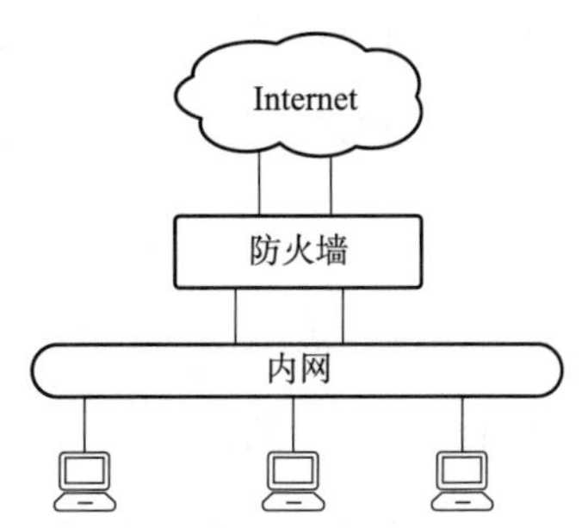

图 10-1　Internet 上的防火墙结构

（二）防火墙的作用功能

防火墙设备具有良好的保护功能。外部入侵者想要入侵目标计算机，必须首先穿越防火墙的第一道安全防线，才可以接触到目标计算机。用户可以将防火墙配置成不同的安全保护级别，级别越高安全性能越高，但是往往高级别的保护会禁用掉一些服务，比如视频流等。

防火墙对流经它的网络进行安全扫描，如此便会过滤掉一些潜在的攻击，以免其在目标计算机上被执行。防火墙还可以关闭不使用的网络端口，而且能禁止特定的网络端口的流出通信，封锁木马。它还可以禁止来自特殊站点的访问，从而防止来自不明入侵者的所有通信。

（三）防火墙技术类型

根据工作原理，防火墙技术可以分为包过滤技术、应用代理技术、状态检测技术。

1. 包过滤技术

包过滤是一种最早使用的防火墙技术，它的第一代是“Static Packet Filtering”（静态包过滤）。使用包过滤技术的防火墙通常工作在 OSI 模型中的 Network Layer（网络层）之上，后来发展为“Dynamic Packet Filtering”(动态包过滤)，在此之上增加了 Transport Layer（传输层）。简而言之，包过滤技术工作的地方就是基于 TCP/IP 协议的数据报文进出的通道，它把这两层作为数据监控的对象，对每个数据包的头部、协议、地址、端口、类型等信息进行分析，并与预先设定好的防火墙过滤规则进行核对，一旦发现某个包的某个或多个部分与过滤规则相匹配，并且条件为阻止的时候，这个包就会被丢弃。适当地设置包过滤规则，可以让防火墙变得更加安全有效，但是这种技术只能根据预设的过滤规则进行判断，一旦出现管理员意料之外的有害数据包，那防火墙就形同虚设了。为了解决这种问题，人们对于包过滤技术进行了改进，改进后的技术就是动态包过滤技术，该技术在保持原有静态包过滤技术和过滤规则的基础上，会对已经成功与计算机连接的报文传输进行跟踪，并且判断该连接所发送的数据包是否会对系统构成威胁，一旦触发自身判断机制，防火墙就会自动产生新的过滤规则，或者对已经存在的过滤规则进行修改，从而阻止该有害数据的继续传输。但是由于动态包过滤需要消耗额外的资源和时间来提取数据包内容，进行判断处理，所以与静态包过滤相比较，运行的效率会大幅度降低。

基于包过滤技术的防火墙设备，其优点是对用户透明，处理速度快且易于维护。其缺点是非法访问一旦突破防火墙，即可对主机上的软件和配置漏洞进行攻击。同时，进行一切正常工作的前提都依赖于过滤规则的实施，又不能满足建立精细规则的要求，且只能工作在网络层和传输层，并不断地判断高级协议里的数据是否有害。

2. 应用代理技术

由于包过滤技术无法提供完善的数据保护措施，而一些特殊的报文攻击仅靠包过滤技术方法并不能消除危害，比如 SYN 攻击、ICMP 洪水攻击等，因此需要一种更为全面的保护技术，这样就衍生出应用代理技术类型的防火墙。

这种代理技术的防火墙使用代理服务器的方式应用于内部网络和外部网络之间，在应用层上实现安全控制功能，起到内联网络和外联网络之间应用服务的转接作用。

3. 状态检测技术

状态检测防火墙，采用了状态检测包过滤技术，等同于继“包过滤”技术和“应用代理”技术后的扩展。状态检测防火墙在网络层上有一个检查引擎，截获数据包并抽取出与应用层状态有关的信息，并以此为依据判断是否接受该连接，所以这种技术提供了高度安全的解决方案，同时具备良好的适应性和扩展性。

状态检测防火墙基本保持了简单包过滤防火墙的优点，性能相对稳定，同时对应用是透明的，在此基础上对于安全性有了很大的提升。这种防火墙摒弃了简单包过滤防火墙仅考察进出网络的数据包而不关心数据包状态的缺点，在防火墙的核心部分建立状态连接表，维护了连接，将进出的数据包当成每个事件来处理。可以说应用代理型防火墙是规范了特定的应用协议上的行为，而状态检测包过滤防火墙则是规范了网

络层和传输层的行为。

二、上网行为管理设备

上网行为管理设备能够有效规范用户的上网行为、保障内部信息安全、防止带宽资源滥用、防止无关网络行为影响工作效率、记录上网轨迹满足法规要求、管控外发信息降低泄密风险、掌握组织动态、优化用户管理、为网络管理与优化提供决策依据等。目前上网行为管理设备的使用越来越广泛，下面将介绍它的定义与连接。

（一）上网行为管理设备的定义

上网行为管理设备是专门用于防止在网络上进行非法信息传播，避免国家重要信息和商业及科研成果机密泄露的产品，它可以用来实时监控、管理网络资源的使用情况，提高整体工作效率。上网行为管理设备经常适用于实施内容审计与行为监控、行为管理的环境，尤其是按等级进行计算机信息系统安全保护的相关单位或者部门。

（二）上网行为管理设备的连接

上网行为管理设备在进行连接部署时，与路由器、交换机、防火墙之间的连接有一定的顺序。防火墙主要用来防止黑客入侵以及病毒木马的袭击，上网行为管理设备是用来审计内网人员上网时使用，这样一来防火墙就需要放置在上网行为管理设备之前，依次为路由器→防火墙→上网行为管理设备→核心交换机，其连接拓扑图如图 10-2 所示。通俗来讲就好比防火墙是防盗门，而上网行为管理设备就等同于室内门。

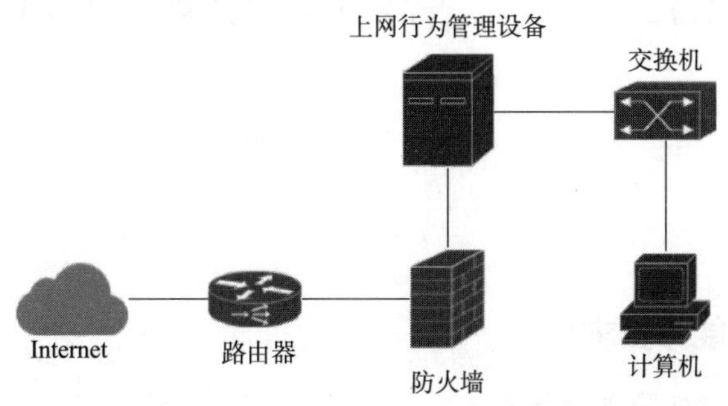

图 10-2　上网行为管理设备的连接拓扑图

一般来说这种顺序比较烦琐且设备众多，在部署上网行为管理设备时不一定要求使用硬件设备，同样可以采取软件的方式进行部署。比如使用 WFilter，如果采用这种软件旁路连接的方式，那么上网行为管理设备就要连接在核心交换机上，顺序结构依次为路由器→防火墙→核心交换机→上网行为管理设备（旁路部署），连接拓扑图如图 10-3 所示。

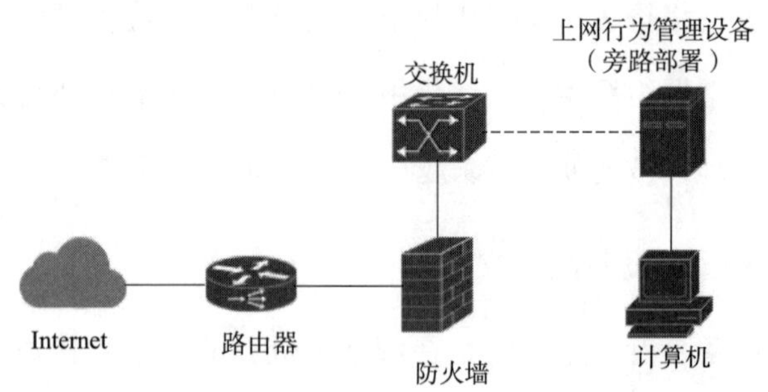

图 10-3　上网行为管理设备（旁路部署）的连接拓扑图

通过本节内容的学习，读者可以了解防火墙设备、上网行为管理设备的基本信息及作用，掌握设备间的连线部署。使用好防火墙与上网行为管理设备，可以有效地保障云计算数据中心的安全。

第二节　密码与权限管理

考核知识点及能力要求：

- 了解服务器密码管理的方法。
- 掌握设置复杂密码的方法。
- 掌握用户与组的管理。

• 能够对服务器进行密码管理、用户管理和权限管理。

一、密码管理制度

机房管理人员应当遵守机房服务器密码管理制度。密码管理制度的具体内容如下：

第一，机房工作人员应严格执行密码管理规定，对操作密码定期进行更改，任何密码不得外泄，如有因密码外泄而造成各种损失的情况，由当事人负全部责任。

第二，不同级别的管理人员应掌握不同权限的密码，密码由各管理人员负责，不得记在纸上，不得用字母或者数字简单构成。

第三，最高级别的密码最多只能由两名本单位相关部门的最高管理人员拥有。

第四，如因安装软硬件网络设备而需要安装单位知道密码时，在安装调试好后，应及时更改安装设备和相关设备的密码。

第五，网站各业务的注册人员的密码，本单位网站管理人员不得公开、编辑或者透露。因用户个人原因造成自己的账号与密码丢失时，将由用户个人承担一切后果。

二、复杂密码的创建

对于机房的服务器来讲，密码安全尤为重要，一旦密码泄露或者被破解，面临的可能是整个数据中心机房的瘫痪，损失可达几千万甚至上亿。服务器使用复杂密码，可以在一定程度上提升服务器的安全性。Linux 系统有多种方式可以自动生成复杂密码，具体方式如下。

(一) SHA 算法获取随机密码

可以使用当前日期的 SHA 值作为创建随机密码的基础。

创建一个 10 位的随机密码，命令如下：

```
[root@ localhost ~]# date +% s |sha256sum |base64 |head -c 10 ;echo
YWMzZWE4OD
```

创建一个 15 位的随机密码，命令如下：

```
[root@ localhost ~]# date +% s |sha256sum |base64 |head -c 15 ;echo
YmZhMTBjMDY2YTF
```

（二）使用/dev/urandom 模块创建随机密码

使用内嵌的/dev/urandom 模块可以创建随机密码，但是最多只支持 32 个字符。

生成一个 10 位的由小写字母组成的密码，命令如下：

```
[root@ localhost ~]# < /dev/urandom tr -dc a-z |head -c  $ {1:- 10};echo
nfcmcorffd
```

生成一个 10 位的由大写字母组成的密码，命令如下：

```
[root@ localhost ~]# < /dev/urandom tr -dc A-Z |head -c  $ {1:- 10};echo
SDVDIHRRGY
```

生成一个 10 位的由数字组成的密码，命令如下：

```
[root@ localhost ~]# < /dev/urandom tr -dc 0- 9 |head -c  $ {1:- 10};echo
4052649675
```

生成一个 10 位的由数字和大写字母组成的密码，命令如下：

```
[root@ localhost ~]# < /dev/urandom tr -dc 0- 9-A-Z |head -c  $ {1:- 10};echo
LC0GOM1T3T
```

生成一个 10 位的随机密码（包含数字、大小写字母），命令如下：

```
[root@ localhost ~]# < /dev/urandom tr -dc 0- 9-A-Z-a-z |head -c  $ {1:- 10};echo
DSGTnM0mTW
```

生成一个 10 位的随机密码（包含数字、大小写字母、特殊字符），命令如下：

```
[root@ localhost ~]# < /dev/urandom tr -dc 0- 9-A-Z-a-z-/ |head -c  $ {1:- 10};echo
xYTYFS4/dB
```

注意：使用特殊字符的密码可能导致系统无法识别，此方法慎用。

（三）OpenSSL 随机函数

在 Linux 系统中，可以使用系统自带的 OpenSSL 函数生成随机密码。

使用 base 64 编码格式生成随机密码，命令如下：

```
[root@ localhost ~]# openssl rand -base64 10
1bpuW3uNWDfqbQ==
```

使用十六进制编码格式生成随机密码，命令如下：

```
[root@ localhost ~]# openssl rand -hex 10
37bb530ce4a7ba556827
```

以上是三种最常用的创建复杂密码的方法，感兴趣的读者还可以自行查找资料，寻找更多创建复杂密码的方法。

三、 Linux 用户与组管理

Linux 是一个多用户、多任务的操作系统。Linux 系统支持多个用户在同一时间内登录，不同用户可以执行不同的任务，且互不影响。不同用户具有不同的访问权限，每个用户在权限允许的范围内完成不同的任务，Linux 正是通过这种权限的划分与管理，实现了多用户多任务的运行机制。

（一）用户与组

在 Linux 操作系统中，每个用户都有唯一的用户名和密码。登录系统时，只有正确输入用户名和密码，才能进入系统和自己的主目录。

用户组是具有相同特征用户的逻辑集合。简单来说，有时人们需要让多个用户具有相同的权限，比如查看、修改某一个文件的权限，一种方法是分别对多个用户进行文件访问授权，如果有 10 个用户的话，就需要授权 10 次，那如果有 100、1 000 甚至更多的用户呢？显然，这种方法不太合理。最好的方式是建立一个组，让这个组具有查看、修改此文件的权限，然后将所有需要访问此文件的用户放入这个组中。那么，所有用户就具有了和组一样的权限，这就是用户组。

将用户分组是 Linux 系统中对用户进行管理及控制访问权限的一种手段，通过定义用户组，简化对用户的管理工作。

用户和用户组的对应关系有以下四种。

1. 一对一

一个用户可以存在于一个组中，是组中的唯一成员。

2. 一对多

一个用户可以存在于多个用户组中，此用户具有多个组的共同权限。

3. 多对一

多个用户可以存在于一个组中，这些用户具有和组相同的权限。

4. 多对多

多个用户可以存在于多个组中，也就是以上三种关系的扩展。

（二）用户与组的配置文件

在 Linux 中，万物皆文件，所以用户与组也以配置文件的形式保存在系统中。登录 Linux 系统时，虽然输入的是自己的用户名和密码，但其实 Linux 系统并不认识这些用户名称，它只认识用户名对应的 ID 号（也就是一串数字）。Linux 系统将所有用户与组的配置信息存放在以下四个文件中。

- /etc/passwd：用户及其属性信息（名称、UID、主组 ID 等）。
- /etc/group：组及其属性信息。
- /etc/shadow：用户密码及其相关属性。
- /etc/gshadow：组密码及其相关属性。

下面依次对这四个文件做详细的讲解，首先使用 root 用户登录 Linux 操作系统。

1. /etc/passwd

查看/etc/passwd 文件的第一行，命令如下：

```
[root@ localhost ~]# cat /etc/passwd  |head -1
root:x:0:0:root:/root:/bin/bash
```

每行用户信息都以“:”作为分隔符，划分为七个字段，每个字段所表示的含义如下。

- root：登录用户名。用户名仅为了方便用户记忆，Linux 系统是通过 UID 来识别用户身份、分配用户权限的。/etc/passwd 文件中定义了用户名和 UID 之间的对应关系。
- x：密码。表示此用户设有密码，但不是真正的密码，真正的密码保存在/etc/shadow 文件中。
- 0（第一个）：UID，也就是用户 ID。每个用户都有唯一的一个 UID，Linux 系统

通过 UID 来识别不同的用户，0 代表超级用户。

• 0（第二个）：GID（Group ID，组 ID），表示用户初始组的组 ID 号。

• root：全名或者注释。这个字段并没有什么重要的用途，只是用来解释这个用户的意义。

• /root：用户宿主目录，就是用户登录后有操作权限的访问目录，通常称为用户的主目录。

• /bin/bash：用户默认使用 Shell。Shell 就是 Linux 的命令解释器，是用户和 Linux 内核之间沟通的桥梁。

2. /etc/group

查看/etc/group 文件的第一行，命令如下：

```
[root@ localhost ~]# cat /etc/group |head -1
root:x:0:
```

每行用户信息都以“:”作为分隔符，划分为四个字段，每个字段所表示的含义如下。

• root：群组名称，也就是用户组的名称，由字母或者数字构成。同/etc/passwd 中的用户名一样，组名也不能重复。

• x：群组密码。和/etc/passwd 文件一样，这里的“x”仅仅是密码标识，真正加密后的组密码默认保存在/etc/gshadow 文件中。

• 0：GID，就是群组的 ID 号。Linux 系统是通过 GID 来区分用户组的，同用户名一样，组名也只是为了便于管理员记忆。这里的组 GID 与/etc/passwd 文件中第 4 个字段的 GID 相对应，实际上，/etc/passwd 文件中使用 GID 对应的群组名，就是通过此文件对应得到的。

• 最后一个字段：组内用户列表，显示这个组的所有用户，多个用户之间用逗号分隔。

3. /etc/shadow

查看/etc/shadow 文件的第一行，命令如下：

```
[root@localhost ~]# cat /etc/shadow |head -1
root:$6$95LQTIC/$I3iCkZjYgFVcQZ5wov1qQUgqoUNOXhd647sUtk90h3PMHwXDQw
R2DEJcpveVhMSRq2Wtw5hK.tCaJ9Ve5qxiP/:18103:0:99999:7:::
```

每行用户信息都以“:”作为分隔符，划分为九个字段，每个字段所表示的含义如下。

• root：登录用户名，同/etc/passwd 文件的用户名有相同的含义。

• $6$95LQTIC/$I3iCkZjYgFVcQZ5wov1qQUgqoUNOXhd647sUtk90h3PMHwXDQwR2DEJcpveVhMSRq2Wtw5hK.tCaJ9Ve5qxiP/：密码。这里保存的是真正加密的密码。目前 Linux 的密码采用的是 SHA512 散列加密算法，原来采用的是 MD5 或者 DES 加密算法。SHA512 散列加密算法的加密等级更高，也更加安全。

• 18103：表示最后一次修改密码的时间。18103 表示此 root 账号在 1970 年 1 月 1 日（Unix 诞生之日）之后的第 18 103 天修改了 root 用户密码。

• 0：最小修改间隔时间。也就是说，该字段规定了从第三字段（最后一次修改密码的日期）起，多长时间之内不能修改密码。如果是 0，则密码可以随时修改；如果是 10，则代表密码修改后 10 天之内不能再次修改密码。

• 99999：代表密码有效期。这个字段可以指定距离第三字段（最后一次修改密码）多长时间内需要再次变更密码，否则该账户密码会过期。该字段的默认值为 99999，也就是 273 年，可认为是永久生效。如果改为 90，则表示密码被修改 90 天之后必须再次修改，否则该账户即将过期。管理服务器时，通过这个字段强制用户定期修改密码。

• 7：表示密码需要变更前的警告天数，与第五字段相比较，当账户密码有效期快到期时，系统会发出警告信息给此账户，该字段的默认值是 7，也就是说，距离密码有效期到期还有 7 天开始，每次登录系统都会向该账户发出“修改密码”的警告信息。

• 倒数第三个字段：表示密码过期多久后账户将被锁定。如果此字段规定的宽限天数是 10，则代表密码过期 10 天后失效；如果是 0，则代表密码过期后立即失效；如果是-1，则代表密码永远不会失效。

• 倒数第二个字段：表示账号失效时间。同第三个字段一样，使用自 1970 年 1 月 1 日以来的总天数作为账户的失效时间。该字段表示账号在此字段规定的时间之外，不论密码是否过期，都将无法使用！该字段通常被使用在具有收费服务的系统中。

• 最后一个字段：这个字段目前没有被使用，等待新功能的加入。

4. /etc/gshadow

查看/etc/gshadow 文件的第一行，命令如下：

```
[root@localhost ~]# cat /etc/gshadow |head -1
root:::
```

每行用户信息都以“:”作为分隔符，划分为 4 个字段，每个字段所表示的含义如下。

• root：群组名称，同/etc/group 文件中的组名相对应。

• 第二个字段：群组密码。对于大多数用户来说，通常不设置组密码，因此该字段常为空，但有时为“!”，指的是该群组没有组密码，也不设有群组管理员。

• 第三个字段：组管理员列表。考虑到 Linux 系统中账号太多，而超级管理员 root 可能比较忙碌，因此，当有用户想要加入某群组时，root 或许不能及时做出回应。这种情况下，如果有群组管理员，那么他无须通过 root，就能将用户加入自己管理的群组中。不过，由于目前有 sudo 之类的工具，因此，群组管理员的这个功能已经很少使用了。

• 最后一个字段：组内用户列表和/etc/group 文件中最后一个字段显示内容相同。

（三）用户与组创建

用户和组创建，就是添加用户和用户组、更改密码和设定权限等操作。读者可能会觉得用户管理没有意义，因为在使用个人计算机的时候，不管执行什么操作，都以管理员账户登录，而从来没有添加和使用过其他普通用户。这样做对个人计算机来讲影响不大，但在服务器上却是行不通的。

比如一个管理团队，共同维护一组服务器，难道每个人都能够被赋予管理员权限吗？这显然是不行的，因为不是所有的数据都可以对每位管理员公开，而且在运维团队中，如果有某位管理员对 Linux 系统不熟悉，那么赋予他管理员权限的后果可能是灾难性的。因此，越是对安全性要求高的服务器，越需要建立合理的用户权限等级制度和服务器操作规范。

Linux 系统中，使用 useradd 命令新建用户，其基本格式如下：

```
[root@localhost ~]# useradd [参数] 用户名
```

useradd 常用参数及含义如下：

- -u：UID。普通用户的 UID 由系统从 1000 开始依次指定。Centos 7 以前的版本是从 500 开始。
- -d：主目录。指定用户的主目录。主目录必须写绝对路径，如果需要手动指定主目录，则一定要注意权限。
- -c：用户说明。指定/etc/passwd 文件中各用户信息中第五个字段的描述性内容，可以随意配置。
- -g：组名或者组 ID。指定用户的初始组。一般以和用户名相同的组作为用户的初始组，在创建用户时会默认建立初始组。
- -G：组名或者组 ID。指定用户的附加组。把用户加入其他组，一般都使用附加组。
- -s：shell。指定用户登录后所使用的 Shell，默认是/bin/bash。
- -e：日期。指定用户的失效日期，格式为“YYYY-MM-DD”，也就是/etc/shadow 文件的第八个字段。
- -o：允许创建用户的 UID 相同。例如，执行“useradd -u 0 -o usertest”命令创建用户 usertest，它的 UID 和 root 用户的 UID 相同，都是 0。
- -m：建立用户时强制建立用户的 home 目录。在建立系统用户时，该选项是默认的。
- -r：创建系统用户，也就是 UID 在 1000 以下，供系统程序使用的用户。由于系统用户主要用于运行系统所需服务的权限配置，因此创建系统用户时，默认不会创建主目录。

1. 创建用户

Linux 系统已经规定了非常多的默认值，在没有特殊要求下，无须使用任何参数即可成功创建用户。

以系统默认值创建用户 skill，命令如下：

```
[root@ localhost ~]# useradd skill
```

在用户信息文件/etc/passwd 中查询与 skill 用户相关的数据，命令如下：

```
[root@ localhost ~]# cat /etc/passwd  |grep skill
skill:x:1001:1001::/home/skill:/bin/bash
```

可以发现，skill 用户的 UID 为 1001。初始组 ID 为 1001，附加组 ID 为 1001，其 home 目录为/home/skill/，用户的登录 Shell 为/bin/bash。

在用户密码文件/etc/shadow 中查询与 skill 用户相关的数据，命令如下：

```
[root@ localhost ~]# cat /etc/shadow  |grep skill
skill:!!:18814:0:99999:7:::
```

可以发现，skill 用户还没有设置密码，所以密码字段是“!!”，这表示用户没有合理密码，不能正常登录。同时会按照默认值设定时间字段，例如密码有效期有 99999 天，距离密码过期 7 天系统会提示用户“密码即将过期”等。

在创建用户时，系统默认会创建与用户同名的群组，比如在组群文件/etc/group 文件中查询与 skill 组相关的数据，命令如下：

```
[root@ localhost ~]# cat /etc/group  |grep skill
skill:x:1001:
```

在组群文件/etc/gshadow 中查询与 skill 组相关的数据，命令如下：

```
[root@ localhost ~]# cat /etc/gshadow  |grep skill
skill:!::
```

上述命令没有设定组密码，所以这里没有密码，也没有组管理员。

使用 useradd 命令创建用户的过程，其实就是修改了与用户相关的几个文件或者目录。

2. 修改密码

使用 useradd 命令创建新用户时，并没有设定用户密码，因此创建的用户还无法用来登录系统，在 Linux 系统中，使用 passwd 命令为用户设置或者修改密码。

passwd 命令的基本格式如下：

```
[root@ localhost ~]# passwd [参数] 用户名
```

passwd 常用参数及含义如下：

• -S：查询用户密码的状态，也就是/etc/shadow 文件中此用户密码的内容。仅 root 用户可用。

• -l：暂时锁定用户，该选项会在/etc/shadow 文件中指定用户的加密密码串前添加“!”，使密码失效。仅 root 用户可用。

• -u：解锁用户，和-l 选项相对应，只能 root 用户使用。

• -stdin：可以将通过管道符输出的数据作为用户的密码。主要在批量添加用户时使用。

• -n 天数：设置该用户修改密码后多长时间内不能再次修改密码，对应/etc/shadow 文件中各行密码的第四个字段。

• -x 天数：设置该用户的密码有效期，对应/etc/shadow 文件中各行密码的第五个字段。

• -w 天数：设置用户密码过期前的警告天数，对应/etc/shadow 文件中各行密码的第六个字段。

• -i 日期：设置用户密码失效日期，对应/etc/shadow 文件中各行密码的第七个字段。

使用 root 账户修改 skill 普通用户的密码，命令如下：

```
[root@ localhost ~]# passwd skill
Changing password for user skill.
New password:                        #输入密码 123456
BAD PASSWORD: The password is shorter than 8 characters
Retype new password:                 #再次输入密码 123456
passwd: all authentication tokens updated successfully.
```

可以看到提示，skill 用户的密码设置成功。可自行尝试退出 root 用户，使用 skill 用户登录。

3. 删除用户

在 Linux 系统中，使用 userdel 命令删除用户。userdel 命令功能很简单，就是删除用户的相关数据。此命令只有 root 用户才能使用。

删除用户 skill，命令如下：

```
[root@ localhost ~]# userdel -r skill
```

- -r 参数表示在删除用户的同时删除用户的 home 目录。

注意：在删除用户的同时如果不删除用户的 home 目录，那么 home 目录就会变成没有属主和属组的目录，也就是垃圾文件。

4. 创建用户组

在 Linux 系统中，使用 groupadd 命令创建用户组，其基本格式如下：

```
[root@ localhost ~]# groupadd [参数] 组名
```

groupadd 常用参数如下：

- -g GID：指定组 ID。
- -r：创建系统群组。

创建新群组 group1，命令如下：

```
[root@ localhost ~]# groupadd group1
```

在组群文件/etc/group 文件中查询与 group1 组相关的数据，命令如下：

```
[root@ localhost ~]# cat /etc/group  |grep group1
group1:x:1002:
```

5. 修改用户组

对于创建完成的用户组，可以使用 groupmod 命令修改其用户组的相关信息。

将用户组 group1 改名为 testgroup，命令如下：

```
[root@ localhost ~]# groupmod -n testgroup group1
```

在组群文件/etc/group 文件中查询与 testgroup 组相关的数据，命令如下：

```
[root@ localhost ~]# grep "testgroup" /etc/group
testgroup:x:1002:
```

可以发现，组名变成了 testgroup，但是 GID 还是 1002。

注意：用户名、组名和 GID 不要随意修改，因为非常容易导致管理员逻辑混乱。如果非要修改用户名或者组名，则建议先删除旧的，再建立新的。

6. 删除用户组

在 Linux 系统中，使用 groupdel 命令删除用户组（群组），其基本格式如下：

```
[root@ localhost ~]# groupdel 组名
```

使用 groupdel 命令删除群组，其实就是删除/etc/group 文件和/etc/gshadow 文件中有关目标群组的数据信息。

删除上面创建的群组 group1（改名为 testgroup），命令如下：

```
[root@ localhost ~]# grep "testgroup" /etc/group /etc/gshadow
/etc/group:testgroup:x:1002:
/etc/gshadow:testgroup:!::
[root@ localhost ~]# groupdel testgroup
[root@ localhost ~]# grep "testgroup" /etc/group /etc/gshadow
```

在删除前可以查看文件内的组信息，删除后，组信息也被相应删除了。

注意：不能使用 groupdel 命令随意删除群组。此命令仅适用于删除那些“不是任何用户初始组”的群组，换句话说，如果有群组还是某个用户的初始群组，则无法使用 groupdel 命令删除。

已经创建的用户 testuser，系统会默认创建 testuser 组作为 testuser 用户的初始组，在/etc/passwd 文件和/etc/gourp、/etc/gshadow 文件中查询 testuser 用户和 testuser 组的相关信息，命令如下：

```
[root@ localhost ~]# grep "testuser" /etc/passwd /etc/group /etc/gshadow
/etc/passwd:testuser:x:1003:1003::/home/testuser:/bin/bash
/etc/group:testuser:x:1003:
/etc/gshadow:testuser:!::
```

尝试删除群组 testuser，命令如下：

```
[root@ localhost ~]# groupdel testuser
groupdel: cannot remove the primary group of user 'testuser'
```

可以发现，groupdel 命令删除 testuser 群组失败，提示“不能删除 testuser 用户的初始组”。如果一定要删除 testuser 群组，要么修改 testuser 用户的 GID，也就是将其初始组改为其他群组，要么先删除 testuser 用户。

7. 用户加入或者移除群组

为了避免系统管理员（root）太忙碌，无法及时管理群组，可以使用 gpasswd 命令给群组设置一个群组管理员，代替 root 完成将用户加入或移出群组的操作。

gpasswd 命令的基本格式如下：

```
[root@localhost ~]# gpasswd 参数 组名
```

gpasswd 常用参数及含义如下：

- 参数为空：表示给群组设置密码，仅 root 用户可用。
- -A user1，...：表示将群组的控制权交给 user1，... 等用户管理，也就是说，设置 user1，... 等用户为群组的管理员，仅 root 用户可用。
- -M user1，...：表示将 user1，... 加入此群组中，仅 root 用户可用。
- -r：移除群组的密码，仅 root 用户可用。
- -R：让群组的密码失效，仅 root 用户可用。
- -a user：将 user 用户加入群组中。
- -d user：将 user 用户从群组中移除。

从以上参数可以发现，除 root 可以管理群组外，还可设置多个普通用户作为群组的管理员，但也只能做“将用户加入群组”和“将用户移出群组”的操作。

创建新群组 groupa，为组群 groupa 设置密码，创建用户 testa，设置 testa 为群组管理员，在/etc/group 和/etc/gshadow 文件中查看相关信息，命令如下：

```
[root@localhost ~]# groupadd groupa              #创建组 groupa
[root@localhost ~]# gpasswd groupa               #给群组创建密码
Changing the password for groupgroupa
New Password:                                    #输入密码 123456
Re-enter new password:                           #输入密码 123456
[root@localhost ~]# useradd testa                #创建用户 testa
```

```
[root@localhost ~]# gpasswd -A testa groupa       #设置群组管理员
[root@localhost ~]# grep "groupa" /etc/group /etc/gshadow
/etc/group:groupa:x:1004:
/etc/gshadow: groupa: $6 $KvjExWAjoC/hAE $AYSa4PNb7QfenJ5/gzSyjBPnO2gqZp/
FOvBCdsHQwTFUtGVxkrDK4jXal9oe9t0o8Z5BObN7NA7ak4XZ1vgkw0:testa:
```

此时可以发现 testa 用户已经成为 groupa 群组的管理员。

四、 Linux 权限管理

在学习 Linux 权限管理之前，首先要搞清楚一个问题，Linux 系统中为什么需要设定不同的权限，所有用户都直接使用管理员（root）身份不好吗？

由于绝大多数用户使用的是个人计算机，使用者一般都是被信任的人（如家人、朋友等）。在这种情况下，都可以使用管理员身份直接登录。但在服务器上就不是这种情况了，往往运行的数据越重要（如游戏数据、用户数据），价值越高（如电子商城数据、银行数据、身份信息数据），则服务器中对权限的设定就要越详细，用户的分级也要越明确。

Linux 系统和 Windows 系统不同，Linux 系统为每个文件都添加了很多的属性，最大的作用就是维护数据的安全。例如，在 Linux 系统中，和系统服务相关的文件通常只有 root 用户才能读或写，如/etc/shadow 这个文件，此文件记录了系统中所有用户的密码数据，非常重要，因此绝不能让任何人读取（否则密码数据会被窃取），只有 root 才可以有读取权限。

如果有一个软件开发团队，组长希望团队中的每个人都可以使用某一些目录下的文件，对非团队的其他人则不予以开放。通过前面章节所学，只需要将团队中的所有人加入新的群组，并赋予此群组读写目录的权限，即可实现要求。反之，如果目录权限没有设置好，就很难防止其他人在系统中乱操作。

例如，root 用户才能使用开关机、新增或者删除用户等命令，一旦允许任何人都拥有这些权限，系统很可能会经常莫名其妙地挂掉。而且，万一 root 用户的密码被其他人获取，就可以登录系统，执行一些只有 root 用户才允许的操作，在实际生产中，这是绝对不允许发生的。

因此，在服务器上绝对不是所有用户都使用 root 身份登录，而要根据不同的工作和职位需要，合理分配用户等级和权限等级。

（一）文件的权限

Linux 系统，最常见的文件权限有三种，即对文件的读（用 r 表示）、写（用 w 表示）和执行（用 x 表示，针对可执行文件或目录）权限。在 Linux 系统中，每个文件都明确规定了不同身份用户的访问权限，通过 ls -l 或者 ll 命令即可查看文件或目录的权限。

使用 root 用户登录 Linux 系统，创建文件 testa 和目录 testb 并查看，命令如下：

```
[root@ localhost ~]# touch testa
[root@ localhost ~]# mkdir testb
[root@ localhost ~]# ls -l
total 0
-rw-r--r-- 1 root root 0 Jul   6 09:34 testa
drwxr-xr-x 2 root root 6 Jul   6 09:34 testb
```

可以发现，每行的第一列表示的就是各文件针对不同用户设定的权限，一共 10 位，第 1 位表示文件类型，其中“d”即表示目录；“-”表示普通文件。第 2～10 位共 9 个字符表示该文件或目录不同用户的读、写和执行权限。以 ls 命令输出信息中的 testa 文件为例，其权限为“-rw-r--r--”，各权限位的含义如图 10-4 所示。

从图 10-4 中可以看出，Linux 将访问文件或目录的用户分为三类，分别是文件的所有者、所属组以及其他人。很显然，Linux 系统为三种不同的用户身份分别规定了是否对文件有读、写和执行权限。以图 10-4 为例，文件所有者拥有对文件的读和写权限，但是没有执行权限（该文件不是可执行文件）；所属组中的用户只拥有读权限，也就是说，这部分用户只能读取文件内容，无法修改文件；除此之外其他人也是只能读取该文件。

所属组权限

rw-　　r--　　r--

所有者权限　　　　其他人权限

图 10-4　各权限位的含义

Linux 系统中，多数文件的文件所有者和所属群组都是 root（都是 root 账户创建的），这也就是为什么 root 用户是超级管理员，权限足够大的原因。

（二）修改文件或目录的所有者和所属组

在 Linux 系统中，使用 chown 命令（“change owner”的缩写）可以修改文件或目录的所有者，除此之外，这个命令也可以修改文件或目录的所属组。

当只需要修改所有者时，chown 命令的基本格式如下：

```
[root@localhost ~]# chown -R 所有者 文件或目录
```

注意：-R 选项表示连同子目录中的文件或目录，都更改所有者。

如果需要同时更改所有者和所属组，chown 命令的基本格式如下：

```
[root@localhost ~]# chown -R 所有者:所属组 文件或目录
```

如果只需要更改所属组，chown 命令的基本格式如下：

```
[root@localhost ~]# chown -R :所属组 文件或目录
```

注意：使用 chown 命令修改文件或目录的所有者（或所属者）时，要保证所有者（或用户组）存在，否则该命令无法正确执行，会提示“invalid user”或者“invaild group”。

1. 修改文件或目录的所有者

首先，创建 user 普通用户，然后使用 root 用户在/home/user 目录下创建文件 test1 并写入“hello world”，命令如下：

```
[root@localhost ~]# useradd user
[root@localhost ~]# cd /home/user/
[root@localhost user]# touch test1
[root@localhost user]# echo "hello world" > test1
[root@localhost user]# ll
total 0
-rw-r--r-- 1 root root 0 Jul   6 09:22 test1
```

可以发现文件的所有者是 root，普通用户 user 对这个文件拥有只读权限，切换到 user 用户，对 test1 文件进行操作，命令如下：

```
[root@ localhost user]# su user
[user@ host-172-128-11-14 ~] $ ll
total 0
-rw-r--r-- 1 root root 0Jul   7 01:35 test1
[user@ host-172-128-11-14 ~] $ cat test1
hello world
```

切换到 user 用户之后，可以查看 test1 文件，但是当编辑 test1 文件时，会提示权限不足，命令如下：

```
[user@ host-172-128-11-14 ~] $ echo "hello world2" >> test1
bash: test1: Permission denied
```

切换回 root 用户，使用 chown 命令更改文件的所有者为 user，命令如下：

```
[user@ host-172-128-11-14 ~] $ exit
[root@ localhostuser]# chown user test1
[root@ localhostuser]# ll
total 0
-rw-r--r--1 user root 0Jul   6 09:34 test1
```

可以发现所有者变成了 user 用户，这时 user 用户对这个文件就拥有了读、写权限。切换 user 用户，对 test1 文件进行编辑操作，命令如下：

```
[root@ localhost user]# su user
[user@ host-172-128-11-14 ~] $ echo "hello world2" >> test1
[user@ host-172-128-11-14 ~] $ cat test1
hello world
hello world2
```

此时可以发现 user 用户对于 test1 文件有了写的权限。

2. 修改所属组

使用 chown 命令修改 test1 文件所属组，在修改所属组前，确保组是确实存在的。

将 test1 文件的所属组从 root 修改为 user，命令如下：

```
[root@ localhost user]# chown :user test1
[root@ localhost user]# ll
```

```
total 4
-rw-r--r--1 user user 25 Jul   7 01:56 test1
```

user 组不用创建，因为在创建 user 用户的时候，系统默认就创建了。可以发现此时 test1 文件的所有者和所属组均为 user。

（三）修改文件或目录的权限

文件权限对于一个系统至关重要，每个文件都设定了针对不同用户的访问权限。那么，是否可以手动修改文件的访问权限呢？答案是肯定的，通过 chmod 命令即可修改文件或目录的权限。chmod 命令设定文件权限有两种方式，使用数字或者符号来修改权限。

1. 使用数字方式修改权限

Linux 系统中，文件的基本权限由 9 个字符组成，以“rwxrw-r-x”为例，使用数字来代表各个权限，各个权限与数字的对应关系如下：

```
r - - > 4
w - - > 2
x - - > 1
```

由于这 9 个字符分属三类用户，因此每种用户身份包含三个权限（r、w、x），通过将三个权限对应的数字累加，最终得到的值即可作为每种用户所具有的权限。以“rwxrw-r-x”为例，所有者、所属组和其他人分别对应的权限值为：

```
所有者 = rwx = 4+2+1 = 7
所属组 = rw- = 4+2 = 6
其他人 = r-x = 4+1 = 5
```

所以，此权限对应的权限值就是 765。使用数字方式修改文件权限的基本格式如下：

```
[root@ localhost ~]# chmod [-R] 权限值 文件名
```

注意：-R 选项表示连同子目录中的文件或目录，也都修改设定的权限，该参数在修改文件权限的时候可以不加。

将 test1 文件设置为 755 的权限，命令如下：

```
[root@ localhost user]# chmod 755 test1
[root@ localhost user]# ll
```

```
total 4
-rwxr-xr-x 1 user user 25 Jul   7 01:56 test1
```

通过返回信息可以发现修改文件权限成功。

2. 使用符号方式修改权限

既然文件的基本权限就是三种用户身份（所有者、所属组和其他人）搭配三种权限（r、w、x），chmod 命令中使用 u、g、o 分别代表三种身份（所有者、所属组、其他人），使用 a 表示全部的身份（all 的缩写）。

使用符号方式修改文件权限的基本格式如图 10-5 所示。

	u			
	g	+（加入）	r	
chmod		-（删除）	w	文件或目录名
	o	=（设定）	x	
	a			

图 10-5　使用符号方式修改文件权限的基本格式

新建 test2 文件，并设定 test2 文件权限为“rwxr-xr-x”，命令如下：

```
[root@ localhost ~]# touch test2
[root@ localhost ~]# ll
total 0
-rw-r--r--1 root root 0 Jul   7 03:01 test2
[root@ localhost ~]# chmod u = rwx,go = rx test2
[root@ localhost ~]# ll
total 0
-rwxr-xr-x 1 root root 0 Jul   7 03:01 test2
```

增加 test2 文件所有用户写的权限，命令如下：

```
[root@ localhost ~]# chmod a+w test2
[root@ localhost ~]# ll
total 0
-rwxrwxrwx 1 root root 0 Jul   7 03:01 test2
```

（四）禁止 root 远程登录

Linux 系统中，root 用户几乎拥有所有的权限，远高于 Windows 系统中的 administrator 用户权限。一旦 root 用户信息泄露，对于服务器来说将是极为致命的威胁。所以禁止 root 用户通过 SSH 方式进行远程登录，可以极大地提高服务器的安全性，即使是 root 用户密码泄露也能够保障服务器的安全。

在日常机房管理工作中，一般禁止 root 用户直接远程登录，一般开设一个或多个普通用户进行登录。如果必须使用 root 用户，可以使用 su 命令切换 root 用户或者使用 sudo 命令拥有 root 权限来执行命令。

禁止 root 用户远程 SSH 登录，需要修改 Linux 系统的配置文件/etc/ssh/sshd_config，修改命令如下：

```
[root@ localhost ~]# vi /etc/ssh/sshd_config
```

定位到/etc/ssh/sshd_ config 配置文件的第 38 行，将“# PermitRootLogin yes”修改为“PermitRootLogin no”，然后重启 SSHD 服务。命令如下：

```
[root@ localhost ~]# systemctl restart sshd
```

重启服务之后，不影响已经连接的 SSH，只对以后的连接产生影响。读者可自行使用远程连接工具 SSH 测试连接。

通过本节内容的学习，读者可以了解密码管理制度，掌握复杂密码的创建、用户与用户组的管理、权限管理等。在云计算平台的日常使用中，为了安全，服务器只有少数人员能够操作，而且不会直接使用 root 用户进行操作。

第三节　堡垒机服务部署使用

考核知识点及能力要求：

- 了解堡垒机的基本架构与原理。

- 掌握堡垒机服务的安装与使用方法。
- 能够部署堡垒机服务，通过堡垒机对服务器进行访问管理。

一、堡垒机服务简介

堡垒机，即在一个特定的网络环境下，为了保障网络和数据不受来自外部和内部用户的入侵和破坏，而运用各种技术手段监控和记录运维人员对网络内的服务器、网络设备、安全设备、数据库等操作行为，以便集中报警、及时处理及审计定责。

（一）云堡垒机

云堡垒机（CBH，Cloud Bastion Host）是一款4A统一安全管控平台，为企业提供集中的账号（Account）、授权（Authorization）、认证（Authentication）和审计（Audit）等管理服务。

云堡垒机是一种可提供高效运维、认证管理、访问控制、安全审计和报表分析功能的云安全服务。云租户运维人员可以通过云堡垒机完成资产的运维和操作审计。云堡垒机通过基于协议正向代理，实现对SSH、Windows远程桌面、SFTP等常见运维协议的数据流进行全程记录，再通过数据流重置的方式进行录像回放，达到运维审计的目的。

云堡垒机提供云计算安全管控的系统和组件，包含部门、用户、资源、策略、运维、审计等功能模块，集单点登录、统一资产管理、多终端访问协议、文件传输、会话协同等功能于一体。通过统一运维登录入口，基于协议正向代理技术和远程访问隔离技术，实现对服务器、云主机、数据库、应用系统等云上资源的集中管理和运维审计。

云堡垒机无须安装部署，可以通过HTML 5技术连接管理多个云服务器，企业用户只需使用主流浏览器或者手机App，即可随时随地实现高效运维。云堡垒机支持RDP、SSH、Telnet、VNC等多种协议，可以访问所有Windows、Linux或者Unix操作系统。企业用户可以通过云堡垒机管理多台云服务器，满足三级等保对用户身份鉴别、访问控制、安全审计等条款的要求。

从功能上讲，它综合了核心系统运维和安全审计管控两大主干功能；从技术实现上讲，它通过切断终端计算机对网络和服务器资源的直接访问，而采用协议代理的方式，接管了终端计算机对网络和服务器的访问。形象地说，终端计算机对目标的访问，均需要经过运维安全审计的翻译。正如同运维安全审计扮演着看门者的工作，所有对网络设备和服务器的请求都要从这扇大门经过。因此，运维安全审计能够拦截非法访问和恶意攻击，对不合法命令进行阻断，过滤掉所有对目标设备的非法访问行为，并对内部人员误操作和非法操作进行审计监控，以便事后责任追踪。

传统堡垒机多以硬件形式进行售卖，硬件一体机本质上就是将软件部署在独立的硬件设备之上，其架构如图 10-6 所示。尽管硬件一体机在部署上线和独立运维上有其优势，但在面临新一代堡垒机需要解决的各种需求时，越来越成为一种限制。同时，硬件一体机带来的额外硬件维护管理工作也成为运维人员的一种负担。随着硬件虚拟化技术及云计算平台的普及，软件部署方式成为堡垒机的首选。相较于硬件而言，软件模式不仅更易于部署和维护，还在扩缩容、高可用方案上更具灵活的优势。

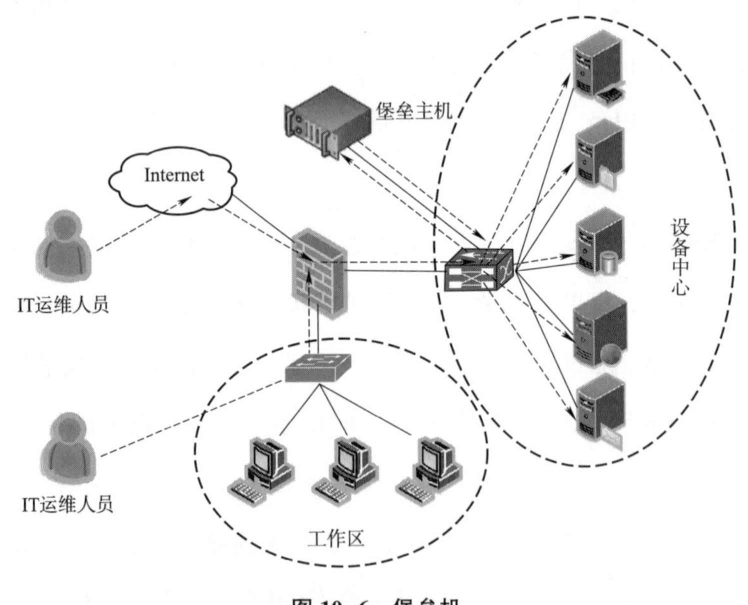

图 10-6　堡垒机

（二）云堡垒机优势

云堡垒机的优势主要表现以下六个方面：

1. HTML 5 一站式管理

无须安装特定客户端，无须安装任何插件，通过任意终端的主流浏览器（包括移动端 App 浏览器）登录，用户随时随地打开即可进行运维。

HTML 5 管理界面简洁易用，集中管理用户、资源和权限，支持批量创建用户、批量导入资源、批量授权运维、批量登录资源等高效运维管理方式。

2. 操作指令精准拦截

针对资源敏感操作进行二次复核，系统预置标准 Linux 字符命令库或者自定义命令，对运维操作指令和脚本精准拦截，并通过异步“动态授权”，实现对敏感操作的动态管控，防止误操作或者恶意操作的发生。

3. 核心资源二次授权

借鉴银行金库授权机制，针对重要资源的运维权限设置多人授权。若需登录重要资源，需多位授权候选人进行“二次授权”，加强对核心资源数据的保护，提升数据安全防护和管理能力，保障核心资源数据的绝对安全。

4. 应用发布扩展

针对数据库类、Web 应用类、客户端程序类等不同应用资源，提供统一访问入口，并可提高对应用操作的图形化审计。

5. 数据库运维审计

针对 DB2、MySQL、SQL Server 和 Oracle 等云数据库，支持统一资源运维管理，以及 SSO 单点登录工具一键登录数据库，提供对数据库操作的全程记录，实现对云数据库的操作指令进行解析，100%还原操作指令。

6. 自动化运维

自动化运维是将系统运维管理中复杂的、重复的、数量基数大的操作，通过统一的策略、任务将复杂运维精准化和效率化，帮助运维人员从重复的体力劳动中解放出来，提高运维效率。

二、堡垒机服务安装

JumpServer 是全球首款完全开源、符合 4A 规范（包含认证、授权、账号和审计）

的运维安全审计系统。JumpServer 的后端技术栈为 Python 和 Django，前端技术栈为 Vue. js 和 Element UI，遵循 Web 2. 0 规范。

与传统堡垒机相比，JumpServer 采用了分布式架构设计，可以灵活扩展，水平扩容。JumpServer 还采用了领先的容器化部署方式，并且提供体验极佳的纯浏览器化 Web Terminal。产品交互界面美观、用户体验优异，同时支持对接多种公有云计算平台，满足企业在多云环境下的部署和使用。针对企业用户网络安全等级保护要求，JumpServer 堡垒机已经获得公安部颁发的“计算机信息系统安全专用产品销售许可证”，助力企业快速构建身份鉴别、访问控制、安全审计等方面的能力，为企业通过等级保护评估提供支持。

（一）服务器环境准备

准备一台物理服务器或者使用 VMWare 软件准备一台虚拟机，最低配置要求如下。

- 堡垒机节点：2 CPU/4 GB 内存/50 GB 硬盘。

（二）操作系统准备

安装 CentOS 7. 5 系统，使用 CentOS-7-x86_64-DVD-1804. iso 镜像文件进行最小化安装。

（三）网络环境准备

节点只需要一个网络，若使用物理服务器，需要配合三层交换机使用，交换机上需要划分一个 VLAN，为了方便记忆，VLAN 可以配置成 192. 168. 100. 0/24 网段；只需配置第一个网卡，例如，堡垒机节点配置 IP 为 192. 168. 100. 102。

若使用 VMWare 环境，虚拟机网卡使用仅主机模式，在 VMWare 工具的虚拟网络编辑器中，配置仅主机模式的网段，如图 10-7 所示，并给节点的第一个网卡配置 IP，堡垒机节点配置为 192. 168. 100. 102。

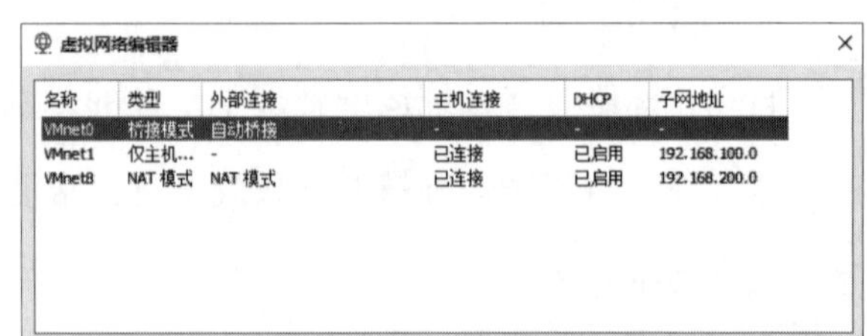

图 10-7　虚拟网络配置

（四）基础环境配置

在按照要求配置和启动虚拟机后，配置节点的虚拟机 IP 地址为 192. 168. 100. 102，使用远程连接工具进行连接。成功连接后，进行如下操作。

1. 修改主机名

修改节点的主机名为 jumpserver，命令如下：

```
# hostnamectl set-hostname jumpserver
```

2. 关闭防火墙与 SELinux

将节点的防火墙与 SELinux 关闭，并设置永久关闭 SELinux，命令如下：

```
# systemctl disable firewalld --now
# setenforce 0
# sed  -i  s#SELINUX=enforcing#SELINUX=disabled#  /etc/selinux/config
# iptables -F
# iptables -X
# iptables -Z
# /usr/sbin/iptables-save
```

3. 配置本地 Yum 源

使用提供的软件包配置 Yum 源，使用远程连接工具自带的传输工具，将 jumpserver. tar. gz 软件包上传至 JumpServer 节点的/root 目录下。

解压软件包 jumpserver. tar. gz 至/root 目录下，命令如下：

```
# tar -zxvf jumpserver. tar. gz -C /opt/
# ls /opt/
compose  config  docker  docker. service  imagesjumpserver-repo  static. env
```

将默认 Yum 源移至/media/目录，并创建本地 Yum 源文件，命令及文件内容如下：

```
# mv /etc/yum. repos. d/*  /media/
# cat >> /etc/yum. repos. d/jumpserver. repo << EOF
[jumpserver]
name=jumpserver
baseurl=file:///opt/jumpserver-repo
gpgcheck=0
```

```
enabled=1
EOF
# yumrepolist
repo id      repo name      status
jumpserver  jumpserver      2
```

4. 安装依赖环境

安装 Python 数据库，命令如下：

```
# yum install python2 -y
```

安装配置 Docker 环境，命令如下：

```
# cp -rf /opt/docker/*  /usr/bin/
# chmod 775 /usr/bin/docker*
# cp -rf /opt/docker. service /etc/systemd/system/
# chmod 755 /etc/systemd/system/docker. service
# systemctl daemon-reload
# systemctl enable docker --now
```

验证服务状态，命令如下：

```
# docker --version
Docker version 18. 06. 3-ce, build d7080c1
# docker-compose --version
docker-compose version 1. 27. 4, build 40524192
```

5. 安装 JumpServer 服务

加载 JumpServer 服务组件镜像，命令如下：

```
# cd /opt/images/
# sh load. sh
```

创建 JumpServer 服务组件目录，命令如下：

```
# mkdir -p /opt/jumpserver/{core,koko,lion,mysql,nginx,redis}
# cp -rf /opt/config /opt/jumpserver/
```

生效环境变量 static. env，使用所提供的脚本 up. sh 启动 JumpServer 服务，命令如下：

```
# cd /opt/compose/
# source /opt/static. env
# sh up. sh
Creating network "jms_net" with driver "bridge"
... ...
Creatingjms_koko    ... done
```

通过浏览器访问 http：//192. 168. 100. 102，使用用户名 admin 和密码 admin 登录 JumpServer Web，如图 10-8 所示。

单击“忘记密码”按钮，设置新密码，如图 10-9 所示，登录成功后如图 10-10 所示。

图 10-8　Web 登录

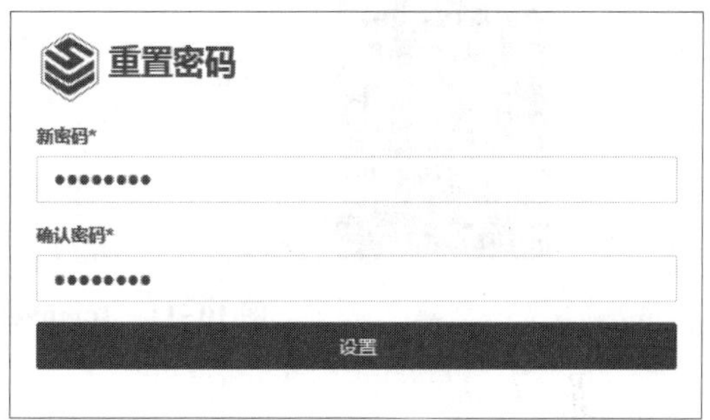

图 10-9　修改密码

图 10-10　登录成功

至此，JumpServer 服务安装完成。接下来介绍如何使用云堡垒机服务。

三、堡垒机服务使用

下面通过案例介绍如何使用堡垒机服务管理服务器。假设生产环境通过远程操控服务器导致服务器故障，为了查明故障原因及责任人，通过 JumpServer 查询记录，进行如下操作。

（一）用户管理

使用管理员用户 admin 登录 JumpServer 管理平台，如图 10-11 所示。

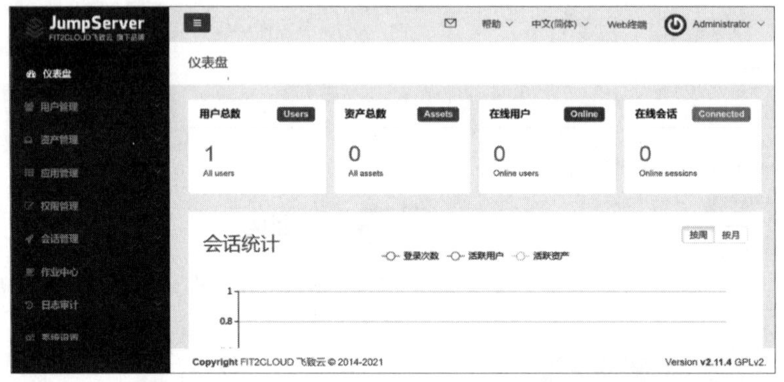

图 10-11　JumpServer 管理平台

选择左侧导航栏“用户管理→用户列表”菜单命令，单击右侧“创建”按钮，创建业务部门用户 yewu01 并设置密码，系统角色为用户，如图 10-12 所示。

创建用户

账户

* 名称　业务

* 用户名　yewu01

* 邮件　123456@qq.com

用户组　Default ×

认证

密码策略　生成重置密码链接，通过邮件发送给用户　设置密码

密码　••••••

下次登录须修改密码

多因子认证　禁用　启用　强制启用

图 10-12　创建用户

（二）管理资产

选择左侧导航栏“资产管理→管理用户”菜单命令，单击右侧“创建”按钮，如图 10-13 所示。

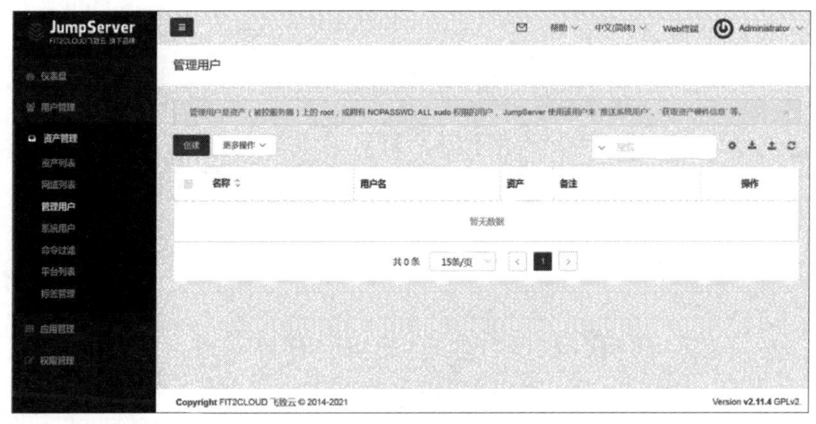

图 10-13　管理用户

在跳转页面创建远程连接用户，用户名为 root，密码为服务器密码，单击“提交”按钮进行创建，如图 10-14 所示。

图 10-14　创建管理用户

选择左侧导航栏“系统用户”菜单命令，单击右侧“创建”按钮，在跳转页面创建系统用户，选择主机协议“SSH”，设置密码为服务器 SSH 的密码，如图 10-15 所示。

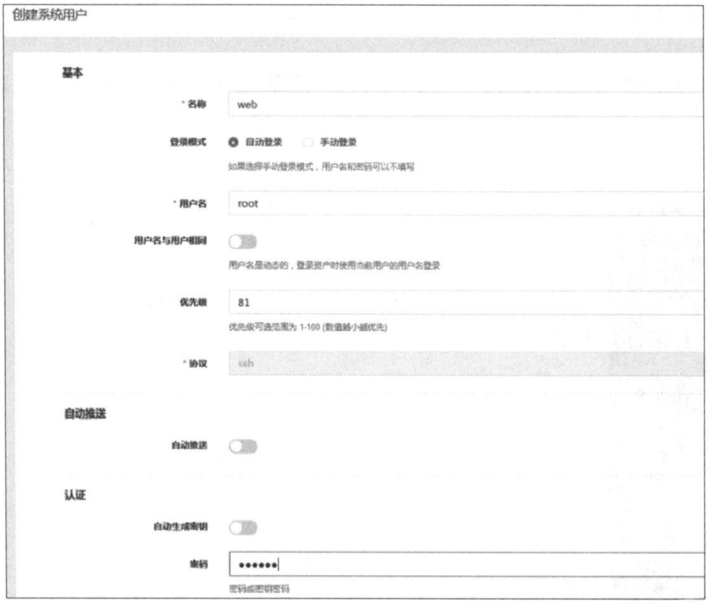

图 10-15　创建系统用户

选择左侧导航栏“资产管理→资产列表”菜单命令，单击右侧“创建”按钮，如图 10-16 所示。

图 10-16　管理资产

在跳转页面创建资产，将云管理平台主机（controller）加入资产内，如图 10-17 和图 10-18 所示。

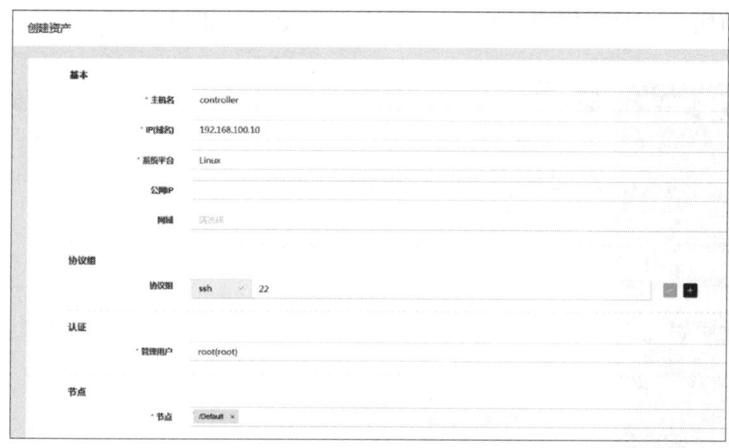

图 10-17　创建资产

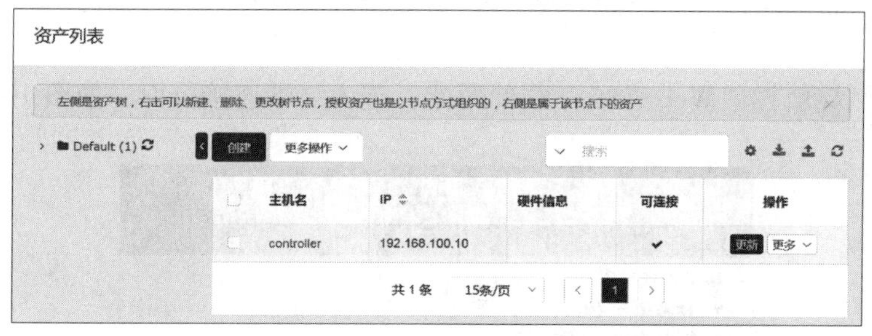

图 10-18　创建资产成功

（三）资产授权

选择左侧导航栏“权限管理→资产授权”菜单命令，单击右侧“创建”按钮，创建资产授权规则，如图 10-19 所示。

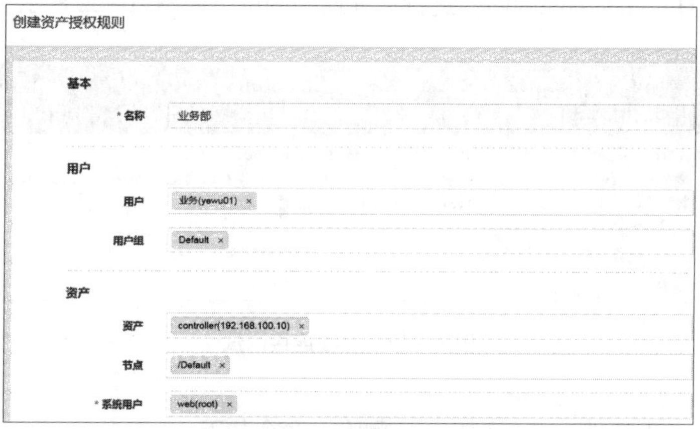

图 10-19　创建资产授权规则

退出当前用户，登录用户 yewu01，验证资产授权，如图 10-20 所示。

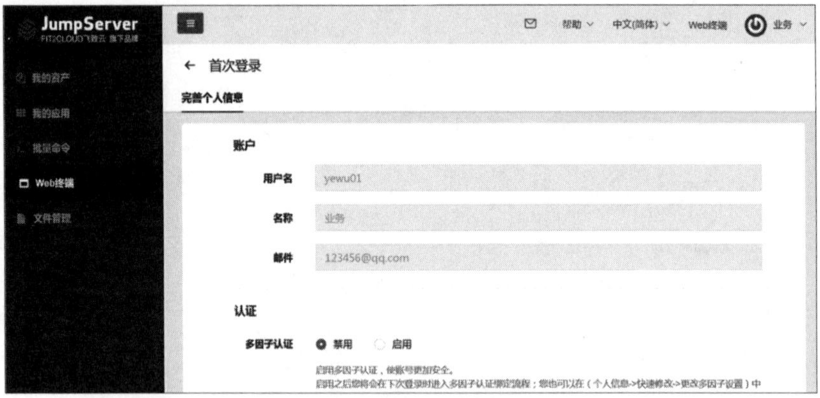

图 10-20　登录 yewu01 用户验证

现在左侧导航栏“Web 终端”菜单命令，进入终端连接页面，如图 10-21 所示。

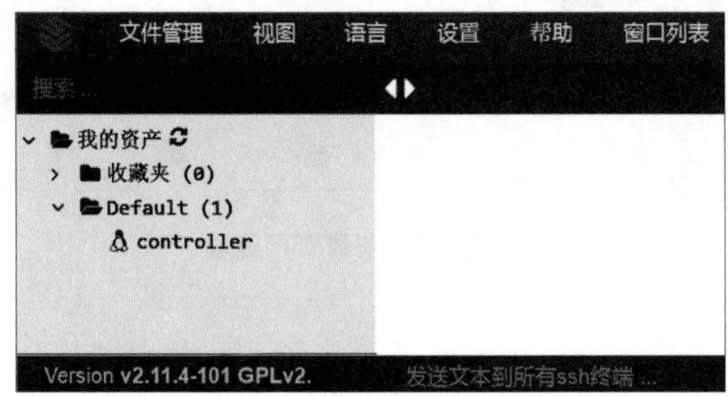

图 10-21　进入 SSH 终端

单击左侧资产主机 controller，进行远程连接测试，如图 10-22 所示。

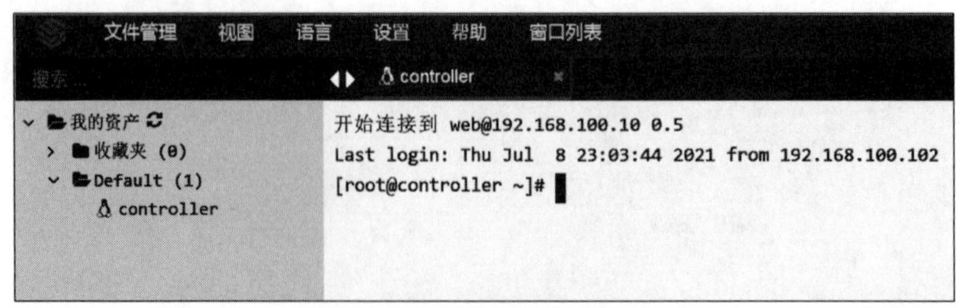

图 10-22　远程连接测试

将/root 目录下文件 anaconda-ks. cfg 删除，命令如下：

```
开始连接到 web@192. 168. 100. 10 0. 5
Last login:Thu Jul 8 23:03:44 2021 from 192. 168. 100. 102
[root@controller ~]# rm -rf anaconda-ks. cfg
```

（四）运维审计

退出当前用户登录，使用管理员用户登录平台。

选择左侧导航栏“会话管理→命令记录”菜单命令，查询操作用户及操作命令，如图 10-23 所示。

命令记录

搜索　2021-07-07 至 2021-07-09

命令	风险等级	用户	资产	系统用户	会话	日期
rm -rf anaconda-ks.cfg	普通	业务(yewu01)	controller	web(root)	转到	2021/7/9 11:21:20
df -h	普通	业务(yewu01)	controller	web(root)	转到	2021/7/9 11:21:12

共 2 条　15条/页　1

图 10-23　查询命令记录

选择左侧导航栏“会话管理→会话管理”菜单命令，单击右侧“历史会话”标签，查询连接记录，如图 10-24 所示。

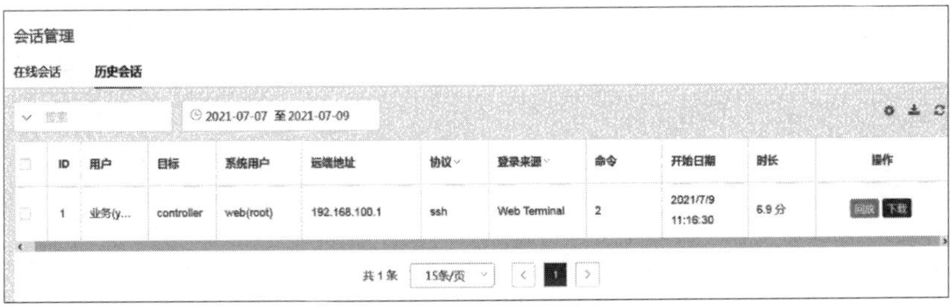

会话管理

在线会话　历史会话

搜索　2021-07-07 至 2021-07-09

ID	用户	目标	系统用户	远端地址	协议	登录来源	命令	开始日期	时长	操作
1	业务(y...	controller	web(root)	192.168.100.1	ssh	Web Terminal	2	2021/7/9 11:16:30	6.9 分	回放 下载

共 1 条　15条/页　1

图 10-24　查询连接记录

单击历史会话记录末尾的“回放”按钮，查看操作录屏，如图 10-25 所示。

凭借登录记录、操作记录及录屏，由此可以查询出对主机或者服务器误操作的运维人员，这一切体现出堡垒机审计功能的强大。

通过本节内容的学习，读者可以了解堡垒机的基本架构和原理，云堡垒机的优势，掌握堡垒机服务的安装与使用。堡垒机目前被广泛应用于云资产管理，它可以很好地

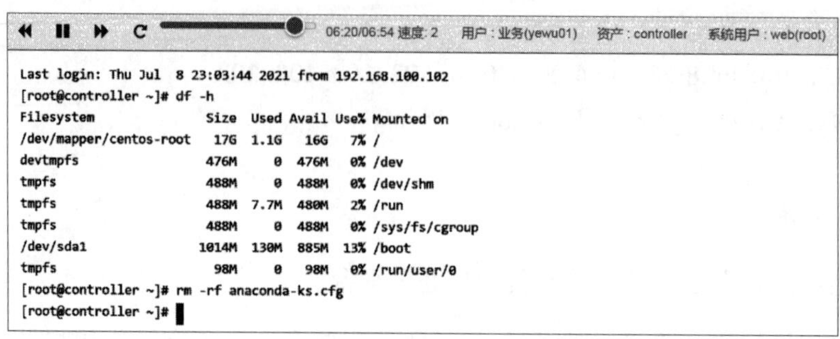

图 10-25　查询操作录屏

追溯问题所在，快速定位问题，因为所有通过堡垒机进行的操作，都会被记录下来。JumpServer 是目前开源主流的堡垒机服务，感兴趣的读者可以寻找资料深入学习堡垒机的使用。

思考题

1. 防火墙和上网行为管理设备是否都是数据中心机房必须拥有的设备？
2. 复杂的服务器密码是否也需要经常修改？
3. 简述使用云堡垒机的优势。
4. 简述创建复杂密码的方法。

第十一章　云计算平台系统安全管理

云计算平台系统安全管理主要针对的是云计算系统本身，是对云计算系统自带的安全模块进行操作与使用，主要包括云计算平台安全组的创建与使用，云计算平台中项目、用户、角色的认知与权限管理，云计算平台中的资源限制管理等。能够对云计算平台安全组、用户、项目、资源进行权限划分与管理，是云计算工程技术人员必须掌握的技能。

- **职业功能**：云安全管理（云计算平台系统安全管理）。
- **工作内容**：为不同部门创建云计算平台项目、创建用户并定义角色，创建云计算安全组保障云系统安全。
- **专业能力要求**：能够根据云计算平台使用需求，配置用户管理权限；能够查看监控日志，了解安全状态；能够应急处理各类突发的攻击或异常事件。
- **相关知识要求**：掌握云计算平台中项目、用户、角色管理知识；掌握云计算平台安全组管理知识；掌握容器云平台安全管理知识；掌握常见异常处理知识。

第一节　云计算平台用户权限管理

考核知识点及能力要求：

- 了解云计算平台中项目、用户、角色的概念。
- 掌握云计算平台中项目、用户、角色的创建与使用的方法。
- 掌握云计算平台权限管理的方法。
- 能够为不同部门创建项目与用户、定义角色、正常使用云计算平台。

一、云计算平台项目、用户、角色介绍

在云计算平台中，用户登录平台，使用平台资源，不同的用户属于不同的项目，也叫租户，且承担不同的角色。在前面的章节中，已经学习了项目、用户与角色的概念，掌握了这几种概念之间的关系。下面将更详细地介绍项目、用户与角色的概念与关系。

（一）项目

在 OpenStack 版本 Mitaka（April 2016）之前，使用的是 Tenant（租户），在 Mitaka 版本之后，更多使用的是 Project（项目）这个词，而不倾向于使用 Tenant（租户）。

项目也就是云计算平台资源的权限、配额及用户等若干对象的集合，可以给一个项目赋予若干资源、一定的权限以及若干用户。项目就好像是一个部门或者项目组的抽象概念。

• 用户通过项目访问计算管理资源（OpenStack 服务），也就是说必须指定一个相应的项目才可以申请 OpenStack 服务。

• 各项目相互独立，在当前项目下无法查看其他项目信息。

（二）用户

用户就是云计算平台资源的管理者和使用者。从使用云计算平台的角度来讲，主要有两种类型的用户，一种是超级管理员即 admin，另一种是普通用户。admin 是云计算平台默认用户，主要负责云计算平台的资源管理，包括建立租户、用户，分配资源权限等，就好比是公司负责人或者项目的总负责人。普通用户就是云计算平台资源的实际使用者，就好比是部门的员工或者项目组成员。

• 一个用户就是一个有身份验证信息的 API 消费实体。

• 一个用户可以属于多个租户（也称项目或组织）、角色。

（三）角色

角色代表特定项目中的用户操作权限，可以理解为项目是使用云环境的客户，这些客户可以是一个项目组、工作组或者公司，这些客户中会建立不同的账号（用户）及其对应的权限（角色）。

以公司某员工需要向公司财务部门申请出差费用报销为例，说明用户、项目、角色这三者的关系。

用户代表员工 A，他持有相关的信息，例如姓名、工号、电子邮箱等。用户 A 同时属于不同的几个项目组，例如，他既是 IT 项目的员工，也是市场部的员工。当员工 A 提出出差补贴的申请时，必须指定一个他所属的项目（即这个出差补贴成本从 IT 部还是市场部划出）。而角色则规定了该员工在某一个项目所拥有的权限，比如什么费用可以报销，什么费用不可以报销。

• 角色是可执行一系列特定操作的用户特性，角色规定了用户在某个项目中的一系列权利和特权。

• 一般默认有超级管理员权限 admin 和普通权限 user。

二、云计算平台项目、用户、角色的创建使用

登录已搭建完毕的 OpenStack 平台，进行下列操作。

（一）创建项目

在搭建好的 OpenStack 平台中，默认已经创建了三个项目。查看项目列表，命令如下：

```
[root@ openstack ~]# source /etc/keystone/admin-openrc. sh
[root@ openstack ~]# openstack project list
```

可以发现有 demo、admin 和 service 三个项目。在这些项目中，admin 项目代表管理组，它拥有平台的最高权限，可以更新、删除和修改系统的任何数据。service 代表平台内所有服务的总集合。平台安装的所有服务默认会被加入此项目中，为后期的统一管理提供帮助。service 项目可以修改当前项目下所有服务的配置信息，提交和修改项目的内容。demo 项目则是一个演示测试项目，没有什么实际的用处。

在创建项目时需要指定 domain，也就是域。查看域信息，命令如下：

```
[root@ openstack ~]# openstack domain list
```

创建一个新的项目 test，并描述为“test project”，命令如下：

```
[root @ openstack ~]# openstack project create --domain demo --description "test project" test
```

查看项目列表，可以查看到 test 项目，命令如下：

```
[root@ openstack ~]# openstack project list
```

登录 OpenStack 的 Dashboard 界面，选择“身份管理→项目”菜单命令，可以在页面右侧发现 test 项目已被创建，如图 11-1 所示。

（二）创建用户

创建 test 用户，并设置登录密码为 123456，命令如下：

```
[root@ openstack ~]# openstack user create --domain demo --password=123456 test
```

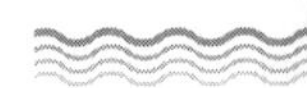

图 11-1　项目显示

查看平台中用户列表，命令如下：

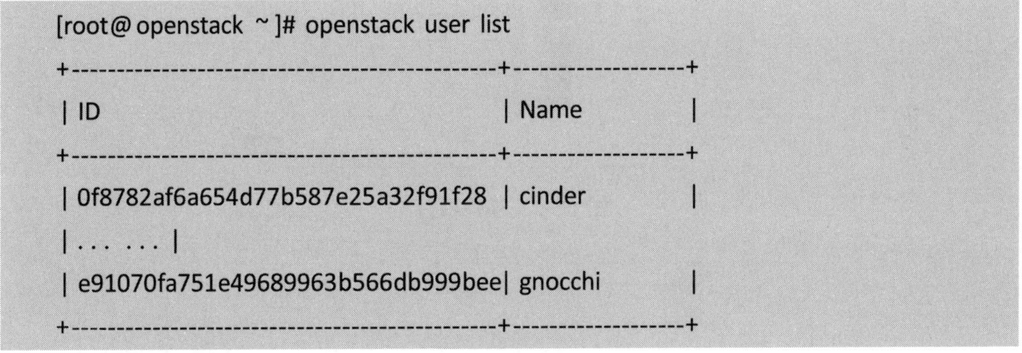

```
[root@openstack ~]# openstack user list
+--------------------------------------------+-------------------+
| ID                                         | Name              |
+--------------------------------------------+-------------------+
| 0f8782af6a654d77b587e25a32f91f28  | cinder            |
| ... ... |
| e91070fa751e49689963b566db999bee| gnocchi           |
+--------------------------------------------+-------------------+
```

通过上述代码，可以发现 test 用户已被创建。

（三）使用角色

将 test 用户加入 test 项目，并赋予 test 用户 user 角色，命令如下：

```
[root@openstack ~]# openstack role add --project test --user test user
```

执行完命令之后没有报错信息即为成功，可以在 Dashboard 查看项目中成员信息。登录 OpenStack Dashboard 界面，在左侧导航栏选择“身份管理→项目”菜单命令，在右侧页面 test 项目后的下拉菜单中选择“管理成员”命令，跳转至编辑项目“对话框”，如图 11-2 所示，在图中可以发现 test 用户在 test 项目下，且当前是 user 角色。

（四）用户使用

使用创建的 test 用户登录 OpenStack Dashboard 界面，此时可以发现左侧导航栏少了管理员选项，因为 test 用户是 user 角色。如图 11-3 所示，在左侧导航栏选择“身份管理→项目”菜单命令，也只能查看到 test 用户所在的项目，说明项目之间是隔离的。

图 11-2 编辑项目

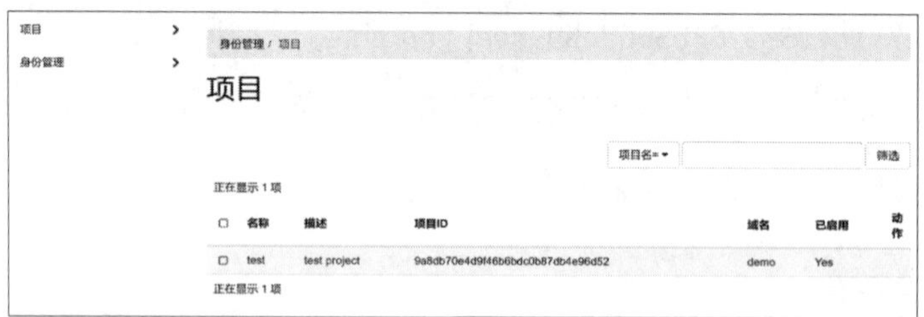

图 11-3 test 用户查看项目

对于 user 角色的用户来说，正常使用云计算平台没有任何问题。使用 test 用户创建镜像，在左侧导航栏选择“项目→资源管理→镜像”菜单命令，进入镜像管理界面，如图 11-4 所示。

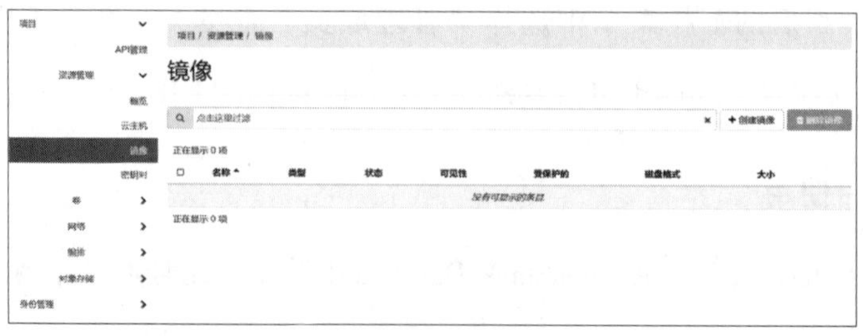

图 11-4 镜像管理

单击左上角“+创建镜像”按钮，创建镜像，按要求填写相关信息，上传镜像，如图 11-5 所示。

图 11-5　创建镜像

填写镜像名称为 test-image，选择镜像为 cirros 镜像，镜像格式为 QCOW2，确认参数填写正确后，单击右下角“创建镜像”按钮，创建完成后，如图 11-6 所示。

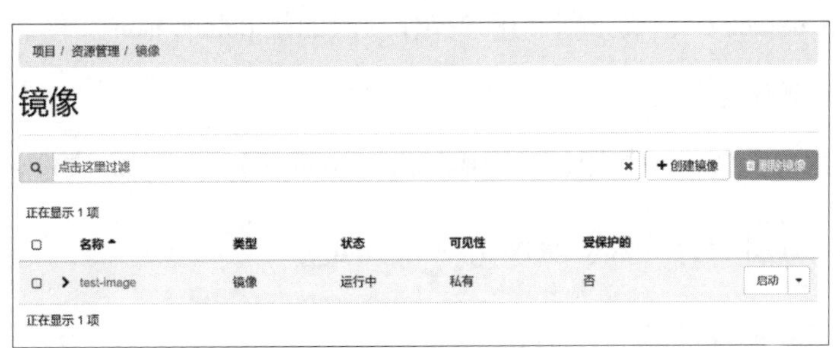

图 11-6　创建镜像完成

在等待一段时间后，test-image 镜像上传成功。

以上就是关于云计算平台项目、用户、角色的简单创建和使用。接下来会对云计算平台的权限管理做更详细的介绍与使用。

三、云计算平台权限管理

假设当前公司研发部想使用公司的云计算平台申请云主机，供研发使用，为了资源的隔离与安全，管理员首先给研发部创建了自己的项目 dev-dept，命令如下：

```
[root @ openstack ~ ]# openstack project create --domain demo --description "dev project" dev-dept
```

接着，创建研发部的用户 dev-user，设置密码为 123456，命令如下：

```
[root @ openstack ~ ]# openstack user create --domain demo --password = 123456 dev-user
```

将 dev-user 用户添加到 dev-dept 项目下，并赋予 user 角色，命令如下：

```
[root@ openstack ~]# openstack role add --project dev-dept --user dev-user user
```

这样，就完成了研发部项目与用户的创建，研发部可以通过 dev-user 用户登录到 Dashboard 界面进行相关操作。可以正常上传镜像、创建云主机。在使用的过程中，管理员发现研发部自行上传了很多镜像，占用了太多空间，研究决定取消研发部用户上传镜像的权限。

其实在 OpenStack 中，真正限制用户操作权限的是 policy. json 文件，每一个服务在/etc/服务名/下都有这个文件。

取消研发部上传镜像的权限，可以编辑/etc/glance/policy. json 文件，命令如下：

```
[root@ openstack ~]# vi /etc/glance/policy. json
```

找到第五行，进行修改。

```
"add_image":"",                    #修改前
"add_image": "role:admin",         #修改后
```

修改完 add_ image 字段后，上传镜像只有 admin 角色的用户才能操作。修改完配置文件后保存退出文件，用户可自行使用 dev-user 登录 Dashboard 界面验证上传镜像操作，测试此功能是否被禁止了。

简单来说，policy 就是用来控制某一个用户在某个项目中的权限的。这个用户能

执行什么操作，不能执行什么操作，就是通过 policy 机制来实现的。直观地看，policy 就是一个 JSON 文件，位于/etc/服务名/policy. json 中，每一个服务都有一个对应的 policy. json 文件，通过配置这个文件，实现了对 user 的权限管理。

通过本节内容的学习，读者对云计算项目、用户、角色又有了更深的认识。在企业私有云的使用中，能为各部门创建项目和用户、定义角色，让各部门在使用云计算平台的过程中互不干扰，还能对云计算平台本身的权限进行管理，保障云计算平台的安全。

第二节　云计算平台安全组管理

考核知识点及能力要求：

- 了解云计算平台安全组的作用。
- 掌握云计算平台安全组的创建与使用的方法。
- 能够创建安全组规则，保障云系统、云应用的安全。

一、云计算平台安全组

之前第九章中已经提到过安全组的概念，它是一些规则的集合，用来对虚拟机的访问流量加以限制，反映到底层，就是使用 iptables 给虚拟机所在的宿主机添加 iptables 规则。

安全组针对的是虚拟机端口（port），因为虚拟机的 IP 是已知条件，定义规则时不需要指定虚拟机 IP，比如定义入方向访问规则时，只需要定义源 IP、目标端口、协议，不需要定义目标 IP。而防火墙针对的是整个二层网络，一个二层网络肯定会有很多虚拟机，因此规则需要同时定义源 IP、源端口、目标 IP、目标端口、协议。

下面通过实战案例，介绍云计算平台安全组的使用，能让读者更加感同身受地了解云计算平台安全组是如何发挥作用的。

二、云计算平台安全组的使用

下面通过实战案例，介绍云计算平台安全组的使用。

某公司想在云计算平台上创建一个虚拟机，将公司的门户网站运行在该虚拟机上，为了确保网站的安全，管理员决定创建云计算安全组 httpuse，该安全组只放行 80 和 22 端口，即只能访问云主机的 80 和 22 端口。

（一）创建安全组

登录 OpenStack Dashboard 界面，在导航栏左侧选择“项目→网络→安全组”菜单命令，如图 11-7 所示。

图 11-7　安全组界面

在安全组界面中，单击右上角“+创建安全组”按钮，然后填写安全组名称为 httpuse，如图 11-8 所示。

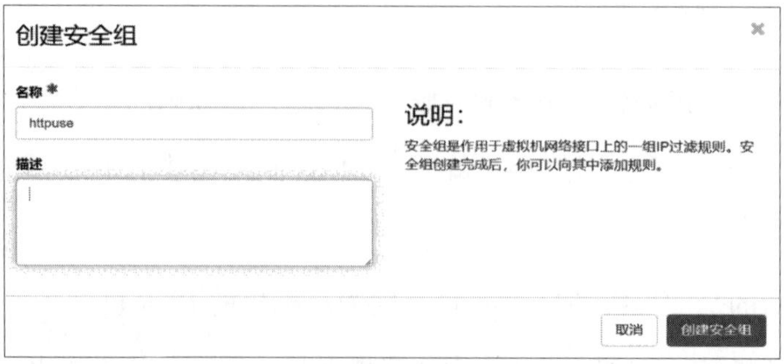

图 11-8　创建安全组

在填写完信息之后，单击右下角“创建安全组”按钮，完成创建，如图 11-9 所示。

图 11-9　创建安全组完成

(二) 管理规则

创建完安全组之后，需要添加管理规则，在 httpuse 安全组后面的下拉菜单中，选择“管理规则”按钮，跳转至管理安全组规则页面中，如图 11-10 所示。

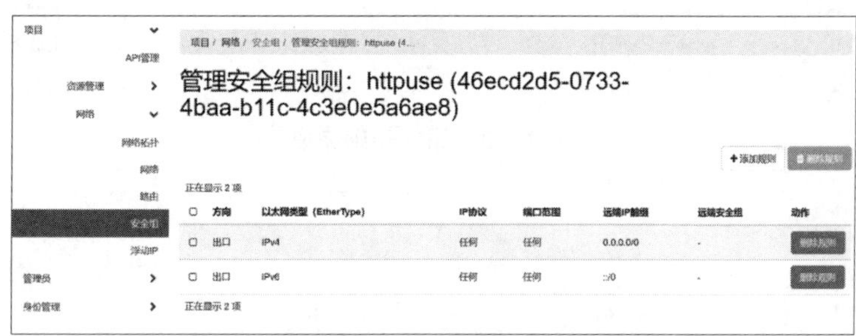

图 11-10　管理安全组规则

可以看到刚创建的安全组中存在两个默认的规则，单击右上角“+添加规则”按钮，添加放行 80 和 22 端口规则操作，如图 11-11 和图 11-12 所示。

添加完成后单击右下角“添加”按钮，即可完成规则的添加，添加完成如图 11-13 所示。

(三) 测试使用

创建完成后，可以看到管理安全组规则页面出现了两条新的规则。接下来创建一个云主机，使用 httpuse 安全规则，如图 11-14 所示。

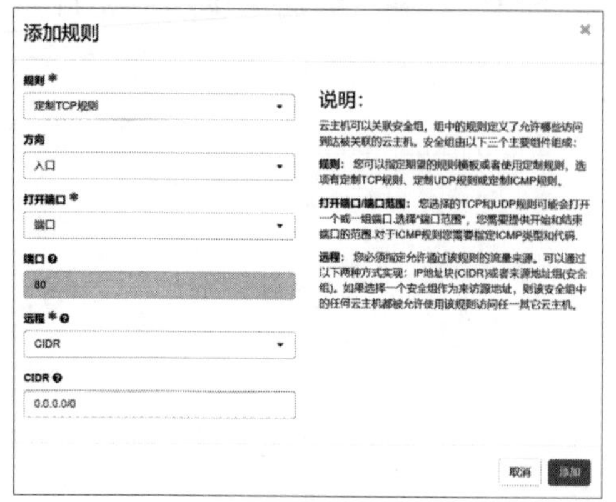

图 11-11　添加 80 端口规则

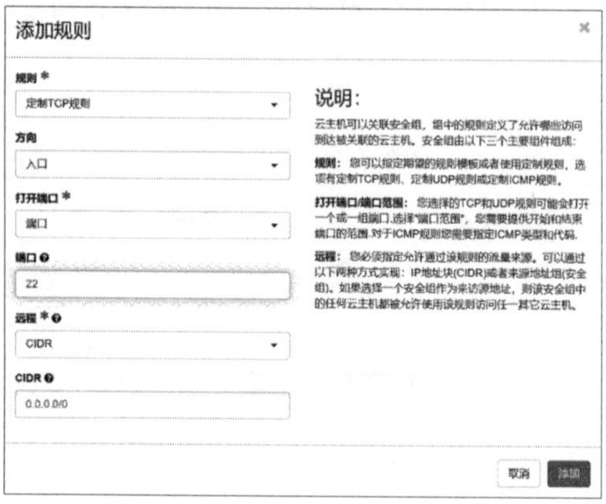

图 11-12　添加 22 端口规则

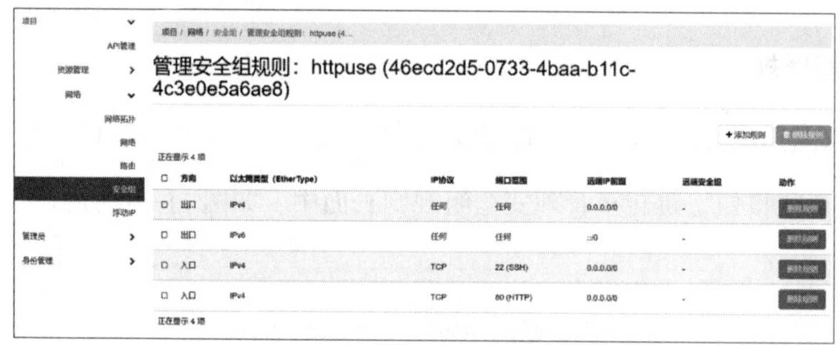

图 11-13　添加规则完成

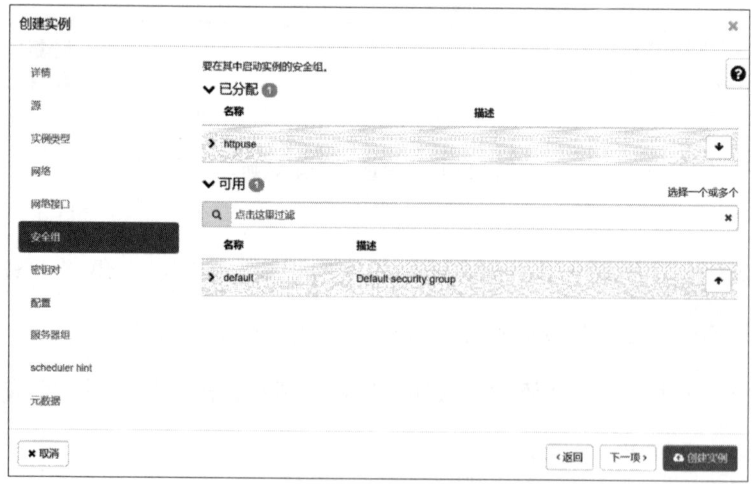

图 11-14　创建实例使用 httpuse 规则

将必要信息都填完之后，单击“创建实例”按钮创建云主机，等待云主机孵化完毕后，使用远程连接工具连接。在该云主机上安装 HTTP 服务（若云主机可以上网，

可以使用系统自带 Yum 源进行安装；若云主机不可以上网，自行配置本地 Yum 源），命令如下：

```
[root@ localhost ~]# yum install httpd -y
... ...
Complete!
```

服务安装完毕后，启动 HTTP 服务，命令如下：

```
[root@ localhost ~]# systemctl start httpd
```

通过浏览器访问 http：//云主机 IP，如图 11-15 所示。

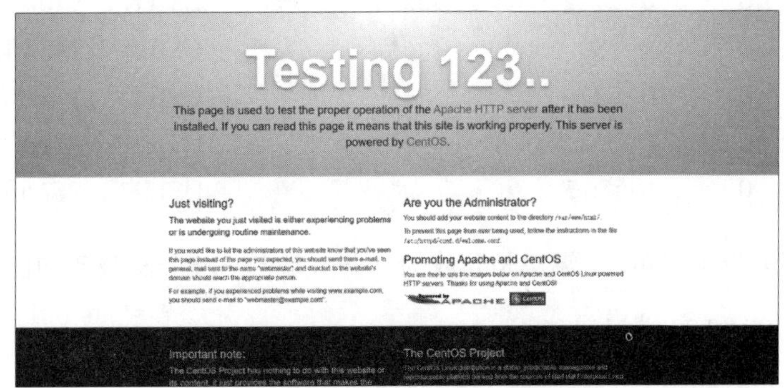

图 11-15　查看云主机 IP 地址

因为该云主机使用了 httpuse 安全组，其他的服务端口无法访问，在云主机上安装 FTP 服务进行测试，命令如下：

```
[root@ localhost ~]# yum installvsftpd -y
... ...
Installed:
vsftpd. x86_64 0:3. 0. 2- 29. el7_9

Complete!
```

安装 FTP 服务后，配置匿名访问路径为/opt 目录，命令如下：

```
[root@ localhost ~]# vi /etc/vsftpd/vsftpd. conf
```

编辑 vsftpd. conf 配置文件，在文件的第一行添加 anon_ root=/opt，然后保存退出。编辑完成后，启动 FTP 服务，命令如下：

```
[root@ localhost ~ ]# systemctl start vsftpd
```

通过网页访问云主机的 FTP 地址，发现无法访问。在云主机中使用 netstat 命令查看端口开放情况，命令如下：

```
[root@ localhost ~ ]# netstat -ntpl
Active Internet connections (only servers)
Proto Recv-Q Send-Q Local Address      Foreign Address   State     PID/Program name
tcp        0      0 0. 0. 0. 0: 111     0. 0. 0. 0:*       LISTEN    510/rpcbind
tcp        0      0 0. 0. 0. 0: 22      0. 0. 0. 0:*       LISTEN    1188/sshd
tcp        0      0 127. 0. 0. 1:25     0. 0. 0. 0: *      LISTEN    962/master
tcp6       0      0 :::111              :::*               LISTEN    510/ rpcbind
tcp6       0      0 :::80               :::*               LISTEN    1453/httpd
tcp6       0      0 :::21               :::*               LISTEN    1521/vsftpd
tcp6       0      0 :::22               :::*               LISTEN    1188/sshd
tcp6       0      0 ::1:25              :::*               LISTEN    962/master
```

可以发现 FTP 服务的 21 端口是开放的（防火墙与 SELinux 服务均已关闭），验证安全组只开放 80 和 22 端口成功。

通过本节内容的学习，读者对云安全组的使用有了一定的认识，在日常的工作中，可以根据需求，创建安全组策略，满足用户对云系统或云应用的安全访问。

第三节　容器云平台安全管理

考核知识点及能力要求：

- 了解容器云平台的安全框架和安全机制。

• 掌握容器云平台中各安全机制的工作流程与原理。

• 掌握容器云平台中的三大安全模块。

一、 Kubernetes 安全框架与机制

Kubernetes 作为一个分布式集群的管理工具，保证集群的安全性是其一个重要任务。API Server 是集群内部各个组件通信的中介，也是外部控制的入口。所以 Kubernetes 的安全机制基本就是围绕保护 API Server 来设计的。

（一）Kubernetes 安全框架

Kubernetes 安全框架如图 11-16 所示。

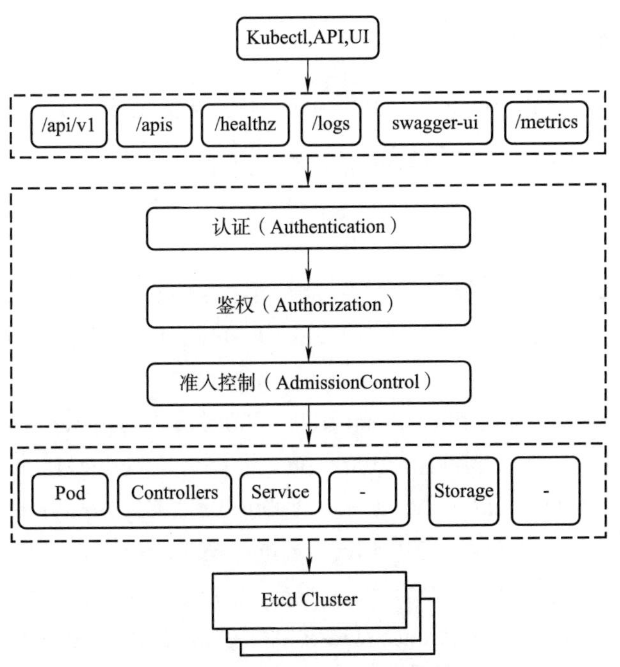

图 11-16　Kubernetes 安全框架

Kubernetes 使用了认证（Authentication）、鉴权（Authorization）、准入控制（AdmissionControl）三步来保证 API Server 的安全。当用户使用 kubectl、API、UI，实际上就是操作 API Server 上的资源，之前制作容器镜像创建的 Deployment，使用 API 版本为 apps/v1，也就是这个，代码显示如下：

```
# API 版本号
apiVersion: apps/v1
# 类型,如:Pod/ReplicationController/Deployment/Service/Ingress
kind: Deployment
```

在用户创建 Deployment 的时候，API Server 会识别用户请求的资源，也就是上面的版本号和类型，如果无法识别则直接报错，识别成功后会经历三个关卡：第一关是认证（Authentication）；第二关是鉴权（Authorization）；第三关是准入控制（AdmissionControl）。

只有通过这三个关卡才可能会被 Kubernetes 创建资源。Kubernetes 安全控制框架主要由上面三个阶段进行控制，每一个阶段都支持插件方式，通过 API Server 配置来启用插件。

（二）Kubernetes 安全机制

通常用户如果要安全访问集群 API Server 往往需要证书、Token 或者用户名加密码，Token 在安装 Kubernetes Dashboard 的时候就配置过。

查看当前的 Token，命令如下：

```
[root@ master ~]# kubectl -n kubernetes-dashboard describe secret $(kubectl -n kubernetes-dashboard get secret | grep dashboard-admin | awk '{print $1}')
... ...
token:eyJhbGciOiJSUzI1NiIsImtpZCI6IkpVTkI1emR0R2Z1TVdWbUVpQnE1bjBFNEtNR0ktemk5SWxEaWxaaGRFcFkifQ. eyJpc3MiOiJrdWJlcm5ldGVzL3NlcnZpY2VhY2NvdW50Iiwia3ViZXJuZXRlcy5pby9zZXJ2aWNlYWNjb3VudC9uYW1lc3BhY2UiOiJrdWJlcm5ldGVzLWRhc2hib2FyZCIsImt1YmVybmV0ZXMuaW8vc2VydmljZWFjY291bnQvc2VjcmV0Lm5hbWUiOiJkYXNoYm9hcmQtYWRtaW4tdG9rZW4tZGh0ZjliLCJrdWJlcm5ldGVzLmlvL3NlcnZpY2VhY2NvdW50L3NlcnZpY2UtYWNjb3VudC5uYW1lIjoiZGFzaGJvYXJkLWFkbWluIiwia3ViZXJuZXRlcy5pby9zZXJ2aWNlYWNjb3VudC9zZXJ2aWNlLWFjY291bnQudWlkIjoiNGIyZjkxOWQtNjJkYS00MDYyLWExMzEtZjRlMGNlMjc1NTE2Iiwic3ViIjoic3lzdGVtOnNlcnZpY2VhY2NvdW50Omt1YmVybmV0ZXMtZGFzaGJvYXJkOmRhc2hib2FyZC1hZG 1pbiJ9. zt0lH9FNAWQ1Lw5QtIMufM7ScXWthoLEzy-ovLti5C5knGcVRKJ_z481vpbeQnULC-mfolVGorivHdXEA2glbqeqYUur6oLGYopGmW40rW7Bx24HsjDmL-tBaFbOzd2IrekHRyEUt7gB5mwAnmmnTx90pT023l2pHe0eUfcaeu6eCvcXtjs2NJadsySR4XLr4VdOu-NnF_4Ro7l9gz8oWtWjcsib_L6Pw0MlFi96GAsNH0-3_912oSBgPmUl4ySY0V3iz2TFjuTjf6qaTaWQVecp_Te_O1dubyWolGF1VqkO6MZ3ld2MYHJCpLTk7Gwni92eo43f5O3TmossjOuaNg
ca. crt:     1025 bytes
```

除了Token的方式，还可以通过ServerAccount在Pod中去访问API Server，查看当前的默认ServerAccount，命令如下：

```
[root@master ~]# kubectl get sa
NAME        SECRETS    AGE
default     1          7d
```

除了使用上述的两种安全机制，Kubernetes还保障了传输安全，当前API Server使用的是6443端口对外提供服务，查看API Server端口，命令如下：

```
[root@master ~]# netstat -ntpl |grep api
tcp6        0        0 :::6443          :::*          LISTEN    13855/kube-apiserve
```

以上就是Kubernetes容器云平台的安全框架与安全机制，下面详细介绍K8s容器云平台中的三大安全模块。

二、 Kubernetes安全模块详解

Kubernetes容器云平台中的三大安全模块为认证（Authentication）、鉴权（Authorization）、准入控制（AdmissionControl）。

（一）认证（Authentication）

在Kubernetes容器云平台中认证方式有如下三种。

1. HTTP Token认证

通过一个Token（字符串）来识别合法用户，HTTP Token的认证是用一个很长的特殊编码方式的并且难以被模仿的字符串Token来表达客户的一种方式。Token是一个很长且很复杂的字符串，每个Token对应一个用户名且存储在API Server能访问的文件中。当客户端发起API调用请求时，需要在HTTP Header里放入Token。

2. HTTP Base认证

通过用户名+密码的方式认证。用户名和密码使用BASE64算法进行编码，编码后的字符串放在HTTP Request中的HeatherAuthorization域里发送给服务端，服务端收到后进行编码，获取用户名及密码。

这是传输和认证层面的，第一阶段验证用户的身份，可以理解为这是门禁，用户通过工卡进行身份验证，验证通过之后就能进入某片区域。

3. 最严格的 HTTPS 证书认证

基于 CA 根证书签名的客户端身份认证方式，首先签署一个 CA 根证书，所有节点的证书都是以这个根证书所签发出来的子证书，并且是 HTTPS 的双向认证。

（二）鉴权（Authorization）

第二阶段是授权，第一阶段用户身份验证通过后进入某片区域，但是这片区域有很多房间，具体用户能进入到哪个房间就得看用户工卡的授权了，用户有权限就可以刷开某个门，没权限就刷不开，所以这就涉及授权。一般使用 RBAC（Role-Based Access Control），基于角色的访问控制，角色就是具体的访问权限的集合，它是负责完成授权工作的。

RBAC 基于角色的访问控制，在 Kubernetes 1.5 版本中开始引入，现行版本成为默认标准。相对其他访问控制方式，RBAC 拥有以下优势：

- 对集群中的资源和非资源均拥有完整的覆盖。
- 整个 RBAC 完全由几个 API 对象完成，同其他 API 对象一样，可以用 API 或者 kubectl 进行操作。
- 可以在运行时进行调整，无须重启 API Server。

RBAC 引入了四个新的顶级资源对象，即：Role、ClusterRole、RoleBinding、ClusterRoleBinding，这四种对象类型均可以通过 kubectl 与 API 操作，RBAC 的组成如图 11-17 所示。

RBAC 核心概念主要包括以下三点。

1. 主体（User、Group、ServiceAccount）

- User：用户。
- Group：用户组。
- ServiceAccount：服务账号。

2. 角色绑定（RoleBinding、ClusterRoleBinding）

- RoleBinding：将角色绑定到主体（即 subject），它对应 Role，创建 Role 使用这个去绑定，绑定后才会有相对应的权限。

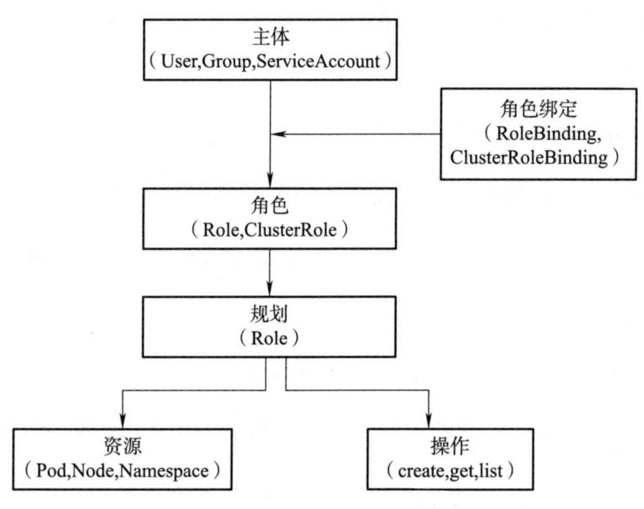

图 11-17　RBAC 的组成

• ClusterRoleBinding：将集群角色绑定到主体，它对应 ClusterRole，创建 ClusterRole 使用这个去绑定，绑定后才会有相对应的权限。

3. 角色（Role、ClusterRole）

• Role：授权特定命名空间的访问权限，Kubernetes 逻辑隔离是使用 Namespaces 实现的，它的授权是在命名空间层面的，决定用户能不能访问到某个命名空间。

• ClusterRole：此为集群层面的，针对所有的命名空间。

（三）准入控制（AdmissionControl）

准入控制在授权后对请求做进一步的验证或者添加默认参数，在对 Kubernetes API 服务器的请求过程中，先经过认证、授权后，执行准入操作，再对目标对象进行操作。这个准入插件代码在 API Server 中，而且必须被编译到二进制文件中才能被执行。

在对集群进行请求时，每个准入控制插件都按照顺序运行，只有全部插件都通过的请求才会进入系统，如果序列中的任何插件拒绝请求，则整个请求将被拒绝，并返回错误信息。

在某些情况下，为了适用于应用系统的配置，准入逻辑可能会改变目标对象。此外，准入逻辑也会改变请求操作的一部分相关资源。

AdmissionControl 实际上是一个准入控制器插件列表，发送到 API Server 的请求都需要经过这个列表中的每个准入控制器插件的检查，检查不通过，则拒绝请求。下面列举几个常用插件的功能：

- NamespaceLifecycle：防止在不存在的 Namespace 上创建对象，防止删除系统预置 Namespace。删除 Namespace 时，连带删除它的所有资源对象。
- LimitRange：确保请求的资源不会超过资源所在 Namespace 命名空间的 LimitRange 的限制。
- ServiceAccount：实现自动化添加 ServiceAccount。
- ResourceQuota：确保请求的资源不会超过资源的 ResourceQuota 限制。

三、 Kubernetes 安全实战

下面使用几个常用的准入控制插件，来实现简单的容器云平台安全管理。

（一）环境准备

可以直接使用物理服务器或者虚拟机进行 Kubernetes 集群的部署，考虑到环境准备的便捷性，使用 VMWare Workstation 进行实验，考虑到 PC 机的配置，使用单节点安装 Kubernetes 服务，即将 Master 节点和 Node 节点安装在一个节点上（这个时候，Master 节点既是 Master 也是 Node），其节点规划见表 11-1。

表 11-1　　节点规划

节点角色	主机名	内存（GB）	硬盘（GB）	IP 地址
Master/Node	master	12	100	192.168.200.19

此次安装 Kubernetes 服务的系统为 CentOS7.5-1804，Docker 版本为 docker-ce-19.03.13，Kubernetes 版本为 1.18.1。

（二）LimitRange 实战

LimitRange 从字面意思上来看就是对范围进行限制，实际上是对 CPU 和内存资源使用范围的限制。

1. LimitRange 限制范围

一个 LimitRange（限制范围）对象提供的限制能够做到：

• 在一个命名空间中实施对每个 Pod 或者 Container 最小和最大的资源使用量的限制。

• 在一个命名空间中实施对每个 PersistentVolumeClaim 能申请的最小和最大的存储空间的限制。

• 在一个命名空间中实施对一种资源的申请值和限制值的比值的控制。

• 设置一个命名空间中对计算资源的默认申请/限制值，并且在运行时自动注入多个 Container 中。

2. LimitRange 工作流程

LimitRange 的工作流程经历以下六个阶段。

• 管理员在一个命名空间内创建一个 LimitRange 对象。

• 用户在命名空间内创建 Pod、Container 和 PersistentVolumeClaim 等资源。

• LimitRange 准入控制器对所有没有设置计算资源需求的 Pod 和 Container 设置默认值与限制值，并跟踪其使用量以保证没有超出命名空间中存在的任意 LimitRange 对象中的最小、最大资源使用量以及使用量比值。

• 若创建或者更新资源（Pod、Container、PersistentVolumeClaim）违反了 LimitRange 的约束，向 API 服务器的请求会失败，返回 HTTP 状态码 403 FORBIDDEN，并描述哪一项约束被违反的消息。

• 若命名空间中的 LimitRange 启用了对 CPU 和 Memory 的限制，用户必须指定这些值的需求使用量与限制使用量。否则，系统将会拒绝创建 Pod。

• LimitRange 的验证仅在 Pod 准入阶段进行，不对正在运行的 Pod 进行验证。

3. LimitRange 使用

由于 LimitRange 是基于名称空间的，因此为了测试，应创建一个名称空间 mem-test，命令如下：

```
[root@ master ~]# kubectl create namespace mem-test
namespace/mem-test created
```

创建一个 LimitRange 的声明，设置默认限制量和默认请求量，在 Master 节点的/root 目录下，创建 mem-limit. yaml 文件，命令及文件内容如下：

```
[root@master ~]# vi mem-limit. yaml
```

编辑 mem-limit. yaml 文件的内容如下：

```
apiVersion: v1
kind:LimitRange
metadata:
  name: mem-limit
spec:
  limits:
  - default:
      memory: 512Mi
    defaultRequest:
      memory: 256Mi
    type: Container
```

在 mem-test 命名空间运行 mem-limit. yaml 文件，命令如下：

```
[root@master ~]# kubectl apply -f mem-limit. yaml --namespace mem-test
limitrange/mem-limit created
```

如果有容器在 mem-test 命名空间下被创建，并且在创建的时候没有指定内存申请值和内存限制值，则它会被默认分配 256 MB 的内存请求和 512 MB 的内存上限。下面创建一个 mem-pod. yaml 文件，启动一个 Pod，镜像使用 Nginx，不声明资源申请和内存限制，命令如下：

```
[root@master ~]# vi mem-pod. yaml
```

编辑 mem-pod. yaml 文件内容如下：

```
apiVersion: v1
kind: Pod
metadata:
  name: mem-pod
spec:
  containers:
  - name: men-pod-default
    image:nginx
    imagePullPolicy: IfNotPresent
```

创建该 Pod，命令如下：

```
[root@ master ~]# kubectl apply -f mem-pod. yaml --namespace mem-test
pod/mem-pod created
```

查看这个 Pod 的详细信息，命令如下：

```
[root@ master ~]# kubectl get pod mem-pod --output=yaml --namespace=mem-test
... 忽略输出 ...
containers:
  - image:nginx
    imagePullPolicy: IfNotPresent
    name: men-pod-default
    resources:
      limits:
        memory: 512Mi
      requests:
        memory: 256Mi
... 忽略输出 ...
```

以上输出信息显示 Pod 的容器包含了一个 256 MB 的内存申请和一个 512 MB 的内存限制。它们是 LimitRange 里声明的默认值。LimitRange 不只是对单个容器进行资源限制，还可以对 Pod 中的资源进行限制，下面给出一个完整的 test-limit. yaml 文件，文件内容如下：

```
apiVersion: v1
kind:LimitRange
metadata:
  name:mylimits
spec:
  limits:
  - max:
      cpu: 4
      memory: 2Gi
    min:
      cpu: 200m
      memory: 6Mi
```

```
      maxLimitRequestRatio:
        cpu: 3
        memory: 2
      type: Pod
    - default:
        cpu: 300m
        memory: 200Mi
      defaultRequest:
        cpu: 200m
        memory: 100Mi
      max:
        cpu: "2"
        memory: 1Gi
      min:
        cpu: 100m
        memory: 3Mi
      maxLimitRequestRatio:
        cpu: 5
        memory: 4
      type: Container
```

Pod 部分内容详细解释如下：

- max 表示 Pod 中所有容器资源的 limit 值和的上限，也就是整个 Pod 资源的最大 limit，如果 Pod 定义中的 Limit 值大于 LimitRange 中的值，则 Pod 无法成功创建。
- min 表示 Pod 中所有容器资源请求总和的下限，也就是所有容器 request 的资源总和不能小于 min 中的值，否则 Pod 无法成功创建。
- maxLimitRequestRatio 表示 Pod 中所有容器资源请求的 limit 值和 request 值比值的上限，例如该 Pod 中 CPU 的 limit 值为 3，而 request 为 0. 5，此时比值为 6，创建 Pod 将会失败。

Container 部分内容详细解释如下：

在 Container 的部分，max、min 和 maxLimitRequestRatio 的含义和 Pod 中的类似，只不过是针对单个的容器而言。下面说明几个情况：

如果 Container 设置了 max，Pod 中的容器必须设置 limit，如果未设置，则使用

defaultlimit 的值，如果 defaultlimit 也没有设置，则无法成功创建。

如果设置了 Container 的 min，创建容器的时候必须设置 request 的值，如果没有设置，则使用 defaultrequest，如果没有 defaultrequest，则默认等于容器的 limit 值，如果 limit 也没有，启动就会报错。

defaultrequest 和 defaultlimit 则是默认值，注意 Pod 级别有没有这两项设置。

创建一个 Pod，设置内存超过 LimitRange 的上限，尝试是否能启动，首先执行 test-limit. yaml 文件，命令如下：

```
[root@master ~]# kubectl apply -f test-limit. yaml --namespace mem-test
limitrange/mylimits created
```

接着创建 pod-overmem. yaml 文件，命令如下：

```
[root@master ~]# vi pod-overmem. yaml
```

编辑 pod-overmem. yaml 文件内容如下：

```
apiVersion: v1
kind: Pod
metadata:
  name: pod-overmem
spec:
  containers:
  - name: men-pod-default
    image:nginx
    imagePullPolicy: IfNotPresent
    resources:
      limits:
        memory: 3Gi
```

编辑完成 Yaml 文件后，运行该文件，命令如下：

```
[root@master ~]# kubectl apply -f pod-overmem. yaml --namespace mem-test
Error from server (Forbidden): error when creating "pod-overmem. yaml": pods "pod-overmem" is forbidden: [maximum memory usage per Pod is 2Gi, but limit is 3221225472, maximum memory usage per Container is 1Gi, but limit is 3Gi]
```

此时可以看到创建失败，关于更多 LimitRange 的资源限制，读者可以自行尝试。

（三）ResourceQuota 实战

ResourceQuota 和 LimitRange 两种控制策略的作用范围都是针对某一 Namespace，ResourceQuota 用来限制 Namespace 中所有 Pod 占用的总的资源 request 和 limit，而 LimitRange 是用来设置 Namespace 中单个 Pod 默认的资源 request 和 limit 值。

1. ResourceQuota 简介

ResourceQuota（资源配额，简称 Quota）是对 Namespace 进行资源配额，限制资源使用的一种策略。Kubernetes 是一个多用户架构，当多用户或者团队共享一个 Kubernetes 系统时，SA 使用 Quota 防止用户（基于 Namespace 的）的资源抢占，定义好资源分配策略。

Quota 应用在 Namespace 上，默认情况下，没有 ResourceQuota 的，需要另外创建 Quota，并且每个 Namespace 最多只能有一个 Quota 对象。

2. ResourceQuota 工作方式

当多个 Namespace 共用同一个集群的时候可能会有某一个 Namespace 使用的资源配额超过其公平配额，导致其他 Namespace 的资源被占用。这个时候用户可以为每个 Namespace 创建一个 ResourceQuota，ResourceQuota 工作方式有如下四种方式。

- 用户在 Namespace 中创建资源时，Quota 配额系统跟踪使用情况，以确保不超过 ResourceQuota 的限制值。
- 如果创建或者更新资源违反配额约束，则 HTTP 状态代码将导致请求失败 403 FORBIDDEN。
- 资源配额的更改不会影响到已经创建的 Pod。
- API Server 的启动参数通常 Kubernetes 默认启用了 ResourceQuota。在 API Server 的启动参数-enable-admission-plugins = 中如果有 ResourceQuota 便为启动。

3. ResourceQuota 实战

ResourceQuota 也是对命名空间进行配置和限额，所以先创建命名空间，以便和集群的其余部分相隔离。

创建命名空间 quota-test，命令如下：

```
[root@master ~]# kubectl create namespace quota-test
namespace/quota-test created
```

创建 quota-test. yaml 文件，设置命名空间的资源配额，命令如下：

```
[root@master ~]# vi quota-test. yaml
```

编辑 quota-test. yaml 文件内容如下：

```
apiVersion: v1
kind:ResourceQuota
metadata:
  name: quota-demo
spec:
  hard:
    requests. cpu: "1"
    requests. memory: 1Gi
    limits. cpu: "2"
    limits. memory: 2Gi
    pods: "2"
```

创建 ResourceQuota，命令如下：

```
[root@master ~]# kubectl apply -f quota-test. yaml -n quota-test
resourcequota/quota-demo created
```

查看 ResourceQuota 详情，命令如下：

```
[root@master ~]# kubectl get resourcequota quota-demo -n quota-test --output=yaml
... ...
spec:
  hard:
    limits. cpu: "2"
    limits. memory: 2Gi
    pods: "2"
    requests. cpu: "1"
```

```
    requests. memory: 1Gi
status:
  hard:
    limits. cpu: "2"
    limits. memory: 2Gi
    pods: "2"
    requests. cpu: "1"
    requests. memory: 1Gi
  used:
    limits. cpu: "0"
    limits. memory: "0"
    pods: "0"
    requests. cpu: "0"
    requests. memory: "0"
```

ResourceQuota 在 quota-test 命名空间中设置了如下要求：

第一，每个容器必须有内存请求和限制，以及 CPU 请求和限制。

第二，所有容器的内存请求总和不能超过 1 GiB。

第三，所有容器的内存限制总和不能超过 2 GiB。

第四，所有容器的 CPU 请求总和不能超过 1 CPU。

第五，所有容器的 CPU 限制总和不能超过 2 CPU。

第六，所有容器的数量不能超过 2 个。

也就是在名称空间 quota-test 创建 Pod，必须遵守上面定义的要求。

创建 pod-quota-test. yaml 文件，命令如下：

```
[root@ master ~]# vi pod-quota-test. yaml
```

编辑 pod-quota-test. yaml 文件内容如下：

```
apiVersion: v1
kind: Pod
metadata:
  name: quota-mem-cpu-demo
spec:
  containers:
```

```
  - name: quota-mem-cpu-demo-ctr
    image:nginx
    imagePullPolicy: IfNotPresent
    resources:
      limits:
        memory: "800Mi"
        cpu: "800m"
      requests:
        memory: "600Mi"
        cpu: "400m"
```

创建 Pod，命令如下：

```
[root@ master ~]# kubectl apply -f pod-quota-test. yaml -n quota-test
pod/quota-mem-cpu-demo created
```

查看配额，命令如下：

```
[root@ master ~]# kubectl get resourcequota quota-demo -n quota-test --output=yaml
... 忽略输出 ...
spec:
  hard:
    limits. cpu: "2"
    limits. memory: 2Gi
    pods: "2"
    requests. cpu: "1"
    requests. memory: 1Gi
status:
  hard:
    limits. cpu: "2"
    limits. memory: 2Gi
    pods: "2"
    requests. cpu: "1"
    requests. memory: 1Gi
  used:
```

```
    limits. cpu: 800m
    limits. memory: 800Mi
    pods: "1"
    requests. cpu: 400m
    requests. memory: 600Mi
```

创建 pod-quota-test2. yaml 文件，尝试创建第二个 Pod，命令如下：

```
[root@ master ~]# vi pod-quota-test2. yaml
```

编辑 pod-quota-test2. yaml 文件内容如下：

```
apiVersion: v1
kind: Pod
metadata:
  name: quota-mem-cpu-demo-2
spec:
  containers:
  - name: quota-mem-cpu-demo-2-ctr
    image:nginx
    imagePullPolicy: IfNotPresent
    resources:
      limits:
        memory: "1Gi"
        cpu: "800m"
      requests:
        memory: "700Mi"
        cpu: "400m"
```

创建 Pod，命令如下：

```
[root@ master ~]# kubectl apply -f  pod-quota-test2. yaml -n quota-test
Error from server (Forbidden): error when creating "pod-quota-test2. yaml": pods "
quota-mem-cpu-demo-2 " is forbidden: exceeded quota: quota-demo, requested:
requests. memory=700Mi, used: requests. memory=600Mi, limited: requests. memory=1Gi
```

第二个 Pod 不能被成功创建，输出结果显示创建第二个 Pod 会导致内存请求总量超过内存请求配额。在 quota-demo 中还写了关于 Pod 数量的限制，感兴趣的读者可以

自行尝试创建 Pod，体验 ResourseQuota 的资源限制功能。

通过本节内容的学习，读者认识了 Kubernetes 容器云平台自身的安全框架与安全机制，也掌握了 Kubernetes 容器云平台中的三大安全模块。Kubernetes 容器云平台中提供了很多插件保障平台的安全与稳定，本节只是选取了两个常用的模块进行讲解。关于更多容器云平台的安全管理方法（如 RBAC 管理、Pod 安全策略、网络安全策略等），会在今后的学习中详细介绍。

思考题

1. 云计算平台中用户、项目、角色的概念与 Linux 系统中用户、组、权限的概念有什么区别？

2. 如何使用 policy 配置文件更加精确地控制权限？

3. 云计算平台中的安全组与物理防火墙有什么区别？

4. 在生产环境下会使用什么样的容器安全配置？

5. 简述常见的准入控制插件。

第十二章　云服务安全管理

云服务安全管理主要是 Linux 系统安全与 Linux 服务安全，是对 Linux 系统自带的安全模块或者服务的操作与使用，包括系统自带防火墙的操作与使用、SELinux 安全模块的使用、Linux 服务的安全管理等。能对 Linux 系统防火墙、SELinux 服务等进行安全管理和配置，是云计算工程技术人员必须掌握的技能。

- **职业功能**：云安全管理（云服务安全管理）。
- **工作内容**：配置云服务器 SELinux、防火墙与端口映射，保障云服务的安全。
- **专业能力要求**：能够根据服务、应用的端口开放需求，设置云服务器防火墙规则；能够修改云服务映射端口的规则。
- **相关知识要求**：掌握 SELinux 配置知识；掌握云服务器防火墙配置知识；掌握端口映射知识。

第一节　SELinux 配置管理

考核知识点及能力要求：

- 了解 Linux 系统中 SELinux 模块的作用与使用场景。
- 掌握 SELinux 模块的配置与使用方法。
- 能够配置服务器 SELinux 服务，保障云服务安全。

一、 SELinux 服务介绍

SELinux（Security-Enhanced Linux）是安全增强型 Linux 系统，它是一个 Linux 内核模块，也是 Linux 的一个安全子系统，是由美国国家安全局（NSA）开发的。它主要整合在 Linux 内核当中，是针对特定的进程与指定的文件资源进行权限控制的系统。它主要用来增强传统 Linux 系统的安全性，并解决传统 Linux 系统中自主访问控制 DAC 系统中的各种权限问题（如 root 权限过高等）。

注意：root 用户需要遵守 SELinux 的规则，才能正确地访问系统资源。另外，root 用户可以修改 SELinux 的规则。也就是说，用户操作既要符合系统的读、写、执行权限，又要符合 SELinux 的规则，才能正确地访问系统资源。

传统的 Linux 系统中，默认权限是对文件或者目录的所有者、所属组和其他人的读、写和执行权限进行控制，这种控制方式称为自主访问控制 DAC 方式。而在 SELinux 中，采用的是强制访问控制 MAC 系统，也就是控制一个进程对具体文件系统上的文件或目录是否拥有访问权限，从而判断进程是否可以访问文件或目录，取决于

SELinux 中设定的策略规则。

（一）自主访问控制（DAC，Discretionary Access Control）

DAC 是 Linux 的默认访问控制方式，也就是依据用户的身份和该身份对文件及目录的“r-w-x”权限来判断是否可以访问。

使用该方式通常会遇到以下问题：

• root 权限过高，使用“r-w-x”权限对 root 用户并不生效，一旦 root 用户被窃取或者 root 用户本身的误操作，就会对 Linux 系统产生严重的安全问题。

• Linux 默认权限过于简单，只有所有者、所属组和其他人的身份，权限也只有读、写和执行权限，并不利于权限细分与设定。

• 不合理的权限分配会导致严重后果。

（二）强制访问控制（MAC，Mandatory Access Control）

MAC 是通过 SELinux 的默认策略规则来控制特定的进程对系统文件资源的访问。也就是说，即使是 root 用户，当它访问文件资源时，如果使用了错误的进程，那么也是不能访问的。

SELinux 的强制访问控制并不会完全取代自主访问控制。对于 Linux 系统的安全来说，强制访问控制是一个额外的安全层。当使用 SELinux 时，自主访问控制仍然会被首先使用，如果允许访问，再使用 SELinux 策略；反之，如果自主访问控制规则拒绝访问，就不需要使用 SELinux 策略。

SELinux 具有如下特点：

第一，SELinux 使用被认为是最强大的访问控制方式，即 MAC 控制方式。

第二，SELinux 赋予了用户或者进程最小的访问权限。也就是说，每个用户或者进程仅被赋予了完成相关任务所必需的一组有限权限。通过赋予最小访问权限，可以防止对其他用户或者进程产生不利的影响。

第三，SELinux 管理过程中，每个进程都有自己的运行区域，各个进程只运行在自己的区域内，无法访问其他进程和文件，除非被授予了特殊权限。

（三）SELinux 三种工作模式

SELinux 提供了三种工作模式，分别是 Disabled 工作模式、Permissive 工作模式和 Enforcing 工作模式。

1. Disabled 工作模式（关闭模式）

在 Disabled 模式中，SELinux 被关闭，使用 DAC 访问控制方式。该模式对于那些不需要增强安全性的环境来说是非常有用的。

注意：在禁用 SELinux 之前，需要考虑一下是否可能会在系统上再次使用 SELinux，如果决定以后将其设置为 Enforcing 或者 Permissive，那么当下次重启系统时，系统将会通过一个自动 SELinux 文件重新进行标记。

关闭 SELinux 的方式，只需要编辑配置文件/etc/selinux/config，并将配置文件中“SELINUX=”更改为“SELINUX=disabled”即可，重启系统之后，SELinux 就被禁用了。

2. Permissive 工作模式（宽容模式）

在 Permissive 模式下，SELinux 被启用，但安全策略规则并没有被强制执行。当安全策略规则应该拒绝访问时，访问仍然被允许。这时会向日志文件发送一条该访问应该被拒绝的消息。

SELinux Permissive 模式主要用于审核当前的 SELinux 策略规则，它还能用于测试新应用程序，反映 SELinux 策略规则应用到程序时会有什么效果，以及用于解决某一特定服务或应用程序在 SELinux 下不再正常工作的故障。

3. Enforcing 工作模式（强制模式）

在 Enforcing 模式中，SELinux 被启动，并强制执行所有的安全策略规则。

二、SELinux 服务的使用

下面通过案例介绍 SELinux 服务的使用。SELinux 服务不用安装，CentOS 系统默认自带，在平时使用操作系统的过程中，默认会关闭 SELinux 服务，因为 SELinux 配置比较麻烦，接下来进行 SELinux 服务的配置。

（一）SELinux 基本命令

登录一台已安装了 CentOS 7.5 操作系统的虚拟机，进行下列操作。

1. 查询状态

查询 SELinux 服务的运行状态，命令如下：

```
[root@ localhost ~]# sestatus
SELinux status:                 enabled
... ...
Max kernel policy version:      31
```

2. 查询模式

查询 SELinux 的运行模式，命令如下：

```
[root@ localhost ~]# getenforce
Enforcing
```

3. 修改状态

修改 SELinux 的运行模式，通过此方法做的修改是临时生效的，当 Linux 系统重启后就失效。

setenforce 0　#将运行模式设置为 Permissive，即临时关闭 SELinux，重启系统后失效。

setenforce 1　#将运行模式设置为 Enforcing，如果配置文件里是 Permissive，重启系统后失效。

注意： setenforce 命令只能让 SELinux 在 Enforcing 和 Permissive 两种模式之间进行切换。如果从启动切换到关闭，或者从关闭切换到启动，则只能修改配置文件，setenforce 命令就无能为力了。

setenforce 命令的使用方法如下：

```
[root@ localhost ~]# setenforce 0
[root@ localhost ~]# getenforce
Permissive
[root@ localhost ~]# setenforce 1
[root@ localhost ~]# getenforce
Enforcing
```

4. 通过配置文件修改

通过配置文件修改 SELinux 运行模式，重启后生效且永久生效，编辑配置文件/etc/selinux/config，命令及文件内容如下：

```
[root@ localhost ~]# vi /etc/selinux/config
... ...
SELINUX = enforcing
... ...
```

在配置文件中找到“SELINUX =”字段，在后面加上想要运行的模式 Enforcing、Permissive 或 Disabled，保存并退出配置文件，重启服务器后生效配置。

（二）SELinux 上下文操作的体验

在 SELinux 管理过程中，进程是否可以正确地访问文件资源，取决于它们的安全上下文。进程和文件都有自己的安全上下文，SELinux 会为进程和文件添加安全信息标签，比如 SELinux 用户、角色、类型、类别等，当运行 SELinux 后，所有这些信息都将作为访问控制的依据。

通过一个简单的案例来体验 SELinux 上下文操作。

1. 查看 SELinux 状态

首先连接到一台虚拟机，确定 SELinux 是否开启，查看 SELinux 状态，命令如下：

```
[root@ localhost ~]# getenforce
Enforcing
```

出现 Enforcing 字样，说明 SELinux 服务是开启的。

2. 安装 HTTP 服务

在该虚拟机上，安装 HTTP 服务（若虚拟机可以上网，则使用默认源直接安装；若虚拟机不能上网，则自行配置本地源安装），安装完 HTTP 服务并启动后，可以通过浏览器访问该页面，如图 12-1 所示。

如果无法通过浏览器访问页面，则需要配置防火墙规则，命令如下：

```
[root@ localhost ~]# firewall-cmd --permanent --add-service = http
success
[root@ localhost ~]# firewall-cmd --reload
success
```

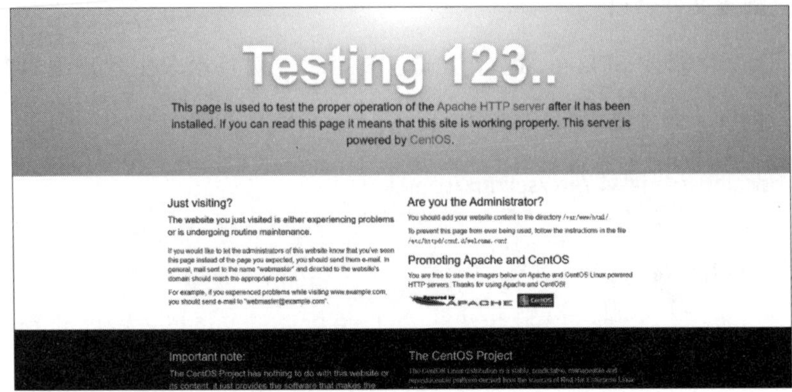

图 12-1　访问 HTTP 服务

配置完成后，即可通过浏览器访问 HTTP 服务页面。

3. 查看安全上下文

查看 HTTP 服务目录的安全上下文，命令如下：

```
[root@ localhost html]# ls -Zd /var/www/html/
drwxr-xr-x.  root root system_u:object_r:httpd_sys_content_t:s0 /var/www/html/
```

查看文件的安全上下文（创建一个 file2. html 文件），命令如下：

```
[root@ localhost ~ ]# touch file2. html
[root@ localhost  ~ ]# ls -Z
-rw-------.  root root system_u:object_r:admin_home_t:s0 anaconda-ks. cfg
-rw-r--r-- .  root root unconfined_u:object_r:admin_home_t:s0 file2. html
```

查看进程的安全上下文，命令如下：

```
[root@ localhost  ~ ]# psauxZ  |grep httpd
system_u:system_r:httpd_t:s0        root          10881    0. 0    0. 2 224040    5012 ?
   Ss     03:30     0:00 /usr/sbin/httpd -dFOREGROUND
. . . 省略部分输出 . . .
unconfined_u:unconfined_r:unconfined_t:s0-s0:c0. c1023 root 18730 0. 0    0. 0 112704
972 pts/0 R+ 05:05     0:00 grep --color=auto httpd
```

也就是说，只要进程和文件的安全上下文匹配，该进程就可以访问该文件资源。在上面命令的输出中，加粗的部分就是安全上下文。

安全上下文看起来比较复杂，它使用“:”分隔出五个字段，只有最后一个“类别”字段是可选的。

```
system_u:object_r:httpd_sys_content_t:s0:[类别]
#身份字段:角色:类型:灵敏度:[类别]
```

下面对这五个字段进行详细说明。

(1) 身份字段 (user)。用于标识该数据被哪个身份所拥有，相当于权限中的用户身份，这个字段并没有特别的作用。常见的身份类型有以下三种：

- root：表示安全上下文的身份是 root。
- system_u：表示系统用户身份，其中“_u”代表 user。
- user_u：表示与一般用户账号相关的身份，其中“_u”代表 user。

user 字段只用于标识数据或进程被哪个身份所拥有，一般系统数据的 user 字段就是 system_u，而用户数据的 user 字段就是 user_u。

SELinux 中能够识别的 user 身份共有九种，显示如下：

```
Users:9
sysadm_u
system_u
xguest_u
root
guest_u
staff_u
user_u
unconfined_u
git_shell_u
```

(2) 角色 (role)。用来表示此数据是进程还是文件或目录。这个字段在实际使用中也不需要修改。常见的角色有以下两种。

- object_r：代表该数据是文件或目录，这里的“_r”代表 role。
- system_r：代表该数据是进程，这里的“_r”代表 role。

(3) 类型 (type)。类型字段是安全上下文中最重要的字段，进程是否可以访问文件，主要就是看进程的安全上下文类型字段是否和文件的安全上下文类型字段相匹配，如果匹配则可以访问。

注意：类型字段在文件或者目录的安全上下文中被称作类型（type），但是在进程的安全上下文中被称作域（domain）。也就是说，在主体（Subject）的安全上下文中，这个字段被称为域；在目标（Object）的安全上下文中，这个字段被称为类型。域和类型需要匹配（进程的类型要和文件的类型相匹配），才能正确访问。

（4）灵敏度。灵敏度一般是用 s0、s1、s2 来命名的，数字代表灵敏度的分级。数值越大，代表灵敏度越高。

（5）类别。该类别字段不是必须有的。

4. 创建 HTML 文件

接着刚才 SELinux 的上下文案例，进入/var/www/html，创建文件 file1. html，并在文件中写入一行代码，命令如下：

```
[root@ localhost ~]# cd /var/www/html/
[root@ localhost html]# vi file1. html
```

编辑 file1. html，内容如下：

```
<h1 align = center>test1 web</h1>
```

保存退出后，使用浏览器访问 http：//实际 IP/file1. html，如图 12-2 所示。

5. 编辑 file2 文件

在页面可以访问 file1. html 的内容，回到/root 目录下，编辑刚才创建的 file2. html 文件，命令如下：

test1 web

图 12-2　访问 file1 页面

```
[root@ localhost ~]# vi file2. html
```

编辑 file2. html，内容如下：

```
<h1 align = center>test2 web</h1>
```

将 file2. html 移动到/var/www/html 目录下，命令如下：

```
[root@ localhost ~]# mv file. html /var/www/html/
```

使用浏览器访问 http：//实际 IP/file2. html，发现被禁止了，如图 12-3 所示。

进入/var/www/html/目录，查看两个文件的上下文，命令如下：

Forbidden

You don't have permission to access /file.html on this server.

图 12-3　访问 file2 被禁止

```
[root@ localhost html]# ls -Z
-rw-r--r--.  root root unconfined_u:object_r:httpd_sys_content_t:s0 file1. html
-rw-r--r--.  root root unconfined_u:object_r:admin_home_t:s0 file2. html
```

发现两个文件的 type 不一样，file2. html 的 type 为 admin_ home，而之前查询的 HTTP 服务进程的上下文 type 为 httpd。就是因为上下文不匹配，导致 HTTP 进程无法访问 file2. html 文件。修改 file2. html 文件的上下文 type，命令如下：

```
[root@ localhost html]# chcon -t httpd_sys_content_t file2. html
[root@ localhost html]# ls -Z
-rw-r--r--.  root root unconfined_u:object_r:httpd_sys_content_t:s0 file1. html
-rw-r--r--.  root root unconfined_u:object_r:httpd_sys_content_t:s0 file2. html
```

修改完之后，file2. html 的上下文 type 变成了 httpd，通过网页验证，访问 http：//实际 IP/file2. html，如图 12-4 所示。

test2 web

图 12-4　再次访问 file2 页面

通过网页可以访问 file2. html 的内容，验证 SELinux 的上下文案例成功。

管理 SELinux 安全机制的操作或配置，非常复杂。在平时的日常工作中，如果关闭 SELinux 服务，操作上不会因为没有 SELinux 而感到阻碍和困难，但是开启 SELinux 服务之后，会感觉做什么都是错的，寸步难行。在企业实际使用过程中，大多数不使用这个安全机制，会直接将其关闭。比如云服务器，当用户购买的时候就已经默认关闭了 SELinux 保护机制。

通过本节内容的学习，读者可以了解 SELinux 服务的基本概念和作用，掌握 SELinux 服务的配置。在日常使用过程中，非必要可以直接关闭 SELinux 服务，但是如果要使用该服务的话，需要掌握上下文的配置方法，关于更多 SELinux 的配置，读者可以查找资料自行深入学习。

第二节　防火墙配置管理

考核知识点及能力要求：

- 了解 Linux 系统防火墙的基本概念。
- 掌握防火墙的使用场景、配置与使用方法。
- 能够配置服务器上的防火墙服务，保障云服务安全。

一、软件防火墙

安装完的 CentOS 系统默认就自带防火墙服务，CentOS 6 系列自带的防火墙是 iptables，到了 CentOS 7 系统，使用 Firewalld 防火墙替代了 iptables。

（一）Firewalld 简介

在 RHEL 7 系统中（Red Hat Enterprise Linux 是 Red Hat 公司发布的面向企业用户的 Linux 操作系统），Firewalld 防火墙取代了 iptables 防火墙。iptables 的防火墙策略是交由内核层面的 netfilter 网络过滤器来处理的，而 Firewalld 则是交由内核层面的 nftables 包过滤框架来处理的。

相较于 iptables 防火墙而言，Firewalld 支持动态更新技术并加入了区域（Zone）的概念。简单来说，区域就是 Firewalld 预先准备了几套防火墙策略集合（策略模板），用户可以根据生产场景的不同而选择合适的策略集合，从而实现防火墙策略之间的快速切换。例如，有一台笔记本电脑，每天都要在办公室、咖啡厅和家里使用。按常理

来讲，这三者的安全性按照由高到低的顺序来排列，应该是家庭→公司办公室→咖啡厅。当前，为这台笔记本电脑指定如下防火墙策略规则：在家中允许访问所有服务；在办公室内仅允许访问文件共享服务；在咖啡厅仅允许上网浏览。以往，此需求需要频繁手动设置防火墙策略规则，而现在只需要预设好区域集合，然后轻点鼠标就可以自动切换了，极大地提升了防火墙策略的应用效率。

（二）Firewalld 区域

Firewalld 将网卡对应到不同的区域，提供了 9 种预定义的区域，分别为 block、dmz、drop、external、home、internal、public、trusted 和 work。不同区域之间的差异导致其对待数据包的默认行为不同，根据区域名字，人们可以很直观地知道该区域的特征。Firewalld 默认的区域是 public。

九个默认区域名称与默认策略规则如下：

- drop（丢弃）：拒绝进入的流量，除非与出去的流量相关。
- block（限制）：拒绝进入的流量，除非与出去的流量相关。
- public（公共）：拒绝进入的流量，除非与出去的流量相关；而如果流量与 SSH、DHCPv6-client 服务相关，则允许进入。
- external（外部）：拒绝进入的流量，除非与出去的流量相关；而如果流量与 SSH 服务相关，则允许进入。
- dmz（非军事区）：拒绝进入的流量，除非与出去的流量相关；而如果流量与 SSH 服务相关，则允许进入。
- work（工作）：用于工作区。拒绝进入的流量，除非与出去的流量相关；而如果流量与 SSH、IPP-client 与 DHCPv6-client 服务相关，则允许进入。
- home（家庭）：用于家庭网络。拒绝进入的流量，除非与出去的流量相关；而如果流量与 SSH、mDNS、IPP-client、Samba-client 与 DHCPv6-client 服务相关，则允许进入。
- internal（内部）：等同于 home 区域。
- trusted（信任）：允许所有的数据包进出。

实际上，可以指定以上九个区域中的一个区域为默认区域。当接口连接加入了 NetworkManager，它们就被分配为默认区域。

（三）firewall-cmd 命令

firewall-cmd 是 Firewalld 防火墙配置管理工具的 CLI（命令行界面）版本。Firewalld 的参数一般都是以“长格式”来提供的，但是在 RHEL 7 系统里支持使用 Tab 键来补齐长格式参数。firewall-cmd 命令中使用的参数和作用见表 12-1。

表 12-1　firewall-cmd 命令中的参数和作用

参数	作用
--get-default-zone	查询默认的区域名称
--set-default-zone=<区域名称>	设置默认的区域，使其永久生效
--get-zones	显示可用的区域
--get-services	显示预先定义的服务
--get-active-zones	显示当前正在使用的区域与网卡名称
--add-source=	将源自此 IP 或子网的流量导向指定的区域
--remove-source=	不再将源自此 IP 或子网的流量导向某个指定区域
--add-interface=<网卡名称>	将源自该网卡的所有流量都导向某个指定区域
--change-interface=<网卡名称>	将某个网卡与区域进行关联
--list-all	显示当前区域的网卡配置参数、资源、端口以及服务等信息
--list-all-zones	显示所有区域的网卡配置参数、资源、端口以及服务等信息
--add-service=<服务名>	设置默认区域允许该服务的流量
--add-port=<端口号/协议>	设置默认区域允许该端口的流量
--remove-service=<服务名>	设置默认区域不再允许该服务的流量
--remove-port=<端口号/协议>	设置默认区域不再允许该端口的流量
--reload	让“永久生效”的配置规则立即生效，并覆盖当前的配置规则
--panic-on	开启应急状况模式
--panic-off	关闭应急状况模式

二、软件防火墙使用

与 Linux 系统中其他的防火墙策略配置工具一样，使用 Firewalld 配置的防火墙策

略默认为运行时（Runtime）模式，又称为当前生效模式，它随着系统的重启会失效。如果想让配置策略一直存在，就需要使用永久（Permanent）模式，方法就是在用 firewall-cmd 命令正常设置防火墙策略时添加“--permanent”参数，这样配置的防火墙策略就可以永久生效了。但是，永久生效模式有一个“不近人情”的特点，就是使用它设置的策略只有在系统重启之后才能生效。如果想让配置的策略立即生效，需要手动执行“firewall-cmd --reload”命令进行重载。

（一）filewall-cmd 命令

登录一台已安装了 CentOS 7.5 操作系统的虚拟机，进行下列操作。为了防止 SELinux 服务影响实操体验，先将 SELinux 服务改为限制模式，命令如下：

```
[root@ localhost ~]# setenforce 0
[root@ localhost ~]# getenforce
Permissive
```

1. 查看使用区域

查看 Firewalld 服务当前所使用的区域，命令如下：

```
[root@ localhost ~]# firewall-cmd --get-default-zone
public
```

查看当前网卡在 Firewalld 服务中的区域，先用“ip a”命令查看当前网卡名称命令如下：

```
[root@ localhost ~]# ip a
... ...
2: ens33: <BROADCAST,MULTICAST,UP,LOWER_UP>mtu 1500 qdisc pfifo_fast state UP
group default qlen 1000
    link/ether 00:0c:29:59:68:95 brd ff:ff:ff:ff:ff:ff
    inet 192. 168. 200. 23/24 brd 192. 168. 200. 255 scope globalnoprefixroute ens33
       valid_lft forever preferred_lft forever
    inet6 fe80::37e:f17b:b3ff:5e8a/64 scope linknoprefixroute
       valid_lft forever preferred_lft forever
```

然后使用 firewall-cmd 命令查看网卡区域，命令如下：

```
[root@ localhost ~]# firewall-cmd --get-zone-of-interface = ens33
public
```

2. 查询协议

查询 public 区域是否允许请求 SSH 和 HTTPS 协议的流量，命令如下：

```
[root@ localhost ~]# firewall-cmd --zone = public --query-service = ssh
yes
[root@ localhost ~]# firewall-cmd --zone = public --query-service = https
no
```

把 public 区域中请求 HTTPS 协议的流量设置为永久允许，并立即生效，命令如下：

```
[root@ localhost ~]# firewall-cmd --permanent --zone = public --add-service = https
success
[root@ localhost ~]# firewall-cmd --zone = public --query-service = https
no
[root@ localhost ~]# firewall-cmd --reload
success
[root@ localhost ~]# firewall-cmd --zone = public --query-service = https
yes
```

从上面的命令可以看出，使用了--permanent 永久生效命令之后，并不会马上生效，需要重启机器才生效，所以再使用--reload 命令配置之后，Firewalld 服务中请求 HTTPS 协议的流量就设置为永久了。

3. 设置端口访问

把在 Firewalld 服务中访问 8080 和 8081 端口的流量策略设置为允许，但仅限当前生效，命令如下：

```
[root@ localhost ~]# firewall-cmd --zone = public --add-port = 8080- 8081/tcp
success
[root@ localhost ~]# firewall-cmd --zone = public --list-ports
8080- 8081/tcp
```

通过上面的命令，简单体验了 Firewalld 防火墙的命令，下面通过一个简单的实战案例，学习防火墙的操作。

（二）Filewalld 防火墙案例

在上一节学习 SELinux 服务的过程中，其实读者已经体验了防火墙的作用。在安装完 HTTP 服务后，如果在 Firewalld 中不添加 HTTP 服务，通过浏览器无法访问 HTTP 服务的首页。当时临时生效防火墙允许访问 HTTP 服务请求，但重启虚拟机之后会失效。本案例会较全面地介绍 Firewalld 防火墙在日常工作中的使用。

假设某公司计划将公司的门户网站架设在虚拟机上，出于安全考虑，计划配置虚拟机防火墙策略，禁止 SSH 远程登录，修改 HTTP 服务的默认端口为 8082，并放行此端口的访问。

1. 查看状态

查看虚拟机当前 SELinux 和防火墙的状态，确保 SELinux 是 Permissive 或者 Disable 状态，防火墙是开启的，命令如下：

```
[root@ localhost ~]# getenforce
Permissive
[root@ localhost ~]# systemctl status firewalld
●firewalld. service - firewalld - dynamic firewall daemon
    Loaded: loaded (/usr/lib/systemd/system/firewalld. service; enabled; vendor preset: enabled)
    Active: active (running) since Fri 2021-07- 09 04:04:50 EDT; 2 days ago
      Docs: man:firewalld(1)
Main PID: 10994 (firewalld)
    CGroup: /system. slice/firewalld. service
            └─10994 /usr/bin/python -Es /usr/sbin/firewalld --nofork --nopid
... 省略输出 ...
```

2. 安装 HTTP 服务

确认完 SELinux 和 Firewalld 状态后，在虚拟机上安装 HTTP 服务（若虚拟机可以上网，则使用默认源直接安装；若虚拟机不能上网，则自行配置本地源安装），命令如下：

```
[root@ localhost ~]# yum install httpd -y
... ...
Complete!
```

3. 启动 HTTP 服务

服务安装完毕后，启动 HTTP 服务，命令如下：

```
[root@ localhost ~]# systemctl start httpd
```

此时，通过网页不能访问 HTTP 服务页面，因为防火墙默认限制了 HTTP 服务的访问。

4. 修改访问端口

在修改防火墙策略之前，先修改 HTTP 服务的默认端口，命令如下：

```
[root@ localhost ~]# vi /etc/httpd/conf/httpd. conf
```

找到 Listen 80 这行，将 Listen 80 修改为 Listen 8082，并重启 HTTP 服务。

```
[root@ localhost ~]# systemctl restart httpd
```

5. 设置默认区域并放行端口

设置防火墙的默认区域为 work（工作区），命令如下：

```
[root@ localhost ~]# firewall-cmd --set-default-zone = work
success
[root@ localhost ~]# firewall-cmd --get-default-zone
work
```

可以发现当前默认区域为 work，然后需要修改防火墙策略，放行 8082 端口，命令如下：

```
[root@ localhost ~]# firewall-cmd --zone = work --add-port = 8082/tcp
success
```

查看 work 区域放行的端口信息，命令如下：

```
[root@ localhost ~]# firewall-cmd --zone = work --list-ports
8082/tcp
```

修改完成之后，保存当前防火墙配置，将临时配置转换为永久配置，命令如下：

```
[root@ localhost ~]# firewall-cmd --runtime-to-permanent
success
```

查看并确认配置信息，命令如下：

```
[root@ localhost ~]# firewall-cmd --list-all --zone=work
work (active)
  target: default
  icmp-block-inversion: no
  interfaces: ens33
  sources:
  services: sshdhcpv6-client
  ports: 8082/tcp
  protocols:
  masquerade: no
  forward-ports:
  source-ports:
  icmp-blocks:
  rich rules:
```

通过网页查看 HTTP 服务页面，通过 http：//实际 IP：8082/地址访问。

如图 12-5 所示，验证防火墙放行策略成功，可以通过给防火墙不同区域设置不同规则来达到灵活控制访问权限的目的，读者可自行尝试。

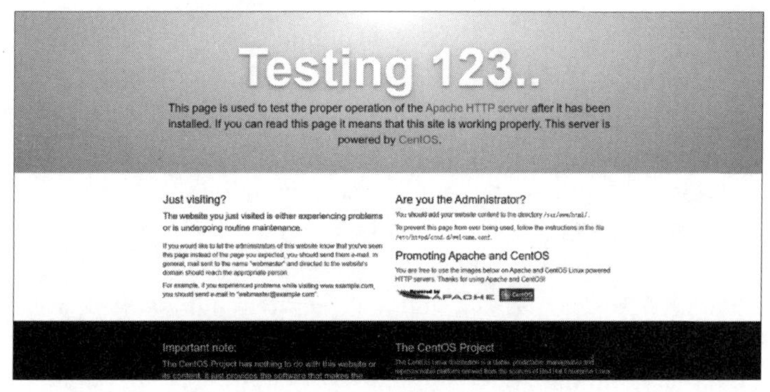

图 12-5　HTTP 服务访问页面

通过本节内容的学习，读者可以了解 Linux 系统防火墙的基本概念和作用，掌握 Firewalld 防火墙的基本操作命令与使用方法。在日常工作中，读者可以通过设置防火墙的规则来实现服务的访问控制。

思考题

1. SElinux 服务安全级别很高，但是为什么使用率不高，并且人们都建议把 SELinux 服务关闭？

2. SELinux 服务和防火墙服务会冲突吗？哪个安全级别更高？

3. 软件防火墙 Firewalld 和 iptables 有什么区别？为什么 CentOS 7 系统使用了 Firewalld 防火墙，但是 iptables 命令还能使用？

4. 软件防火墙 Firewalld、云计算平台安全组、硬件防火墙分别应用在哪个层面？

5. SELinux、软件防火墙 Firewalld、云计算平台安全组、硬件防火墙哪个安全级别最高？哪些可以关闭？

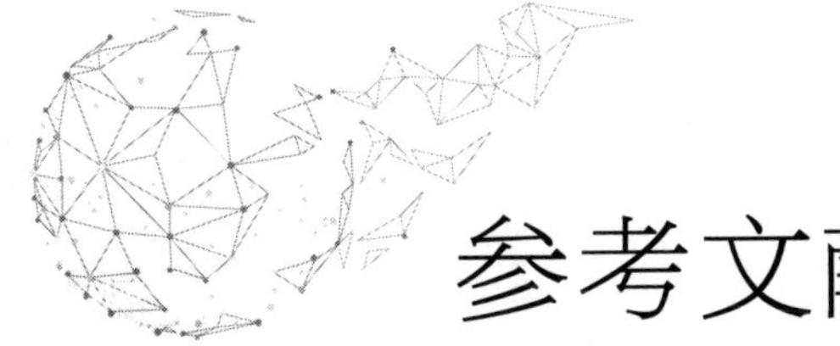

参考文献

［1］沈建国，陈永. OpenStack 云计算基础架构平台技术与应用［M］. 北京：人民邮电出版社，2017.

［2］金永霞，孙宁，朱川. 云计算实践教程［M］. 北京：电子工业出版社，2016.

［3］何坤源. Linux KVM 虚拟化架构实战指南［M］. 北京：人民邮电出版社，2015.

［4］叶毓睿，雷迎春，李炫辉，王豪迈. 软件定义存储：原理、实践与生态［M］. 北京：机械工业出版社，2016.

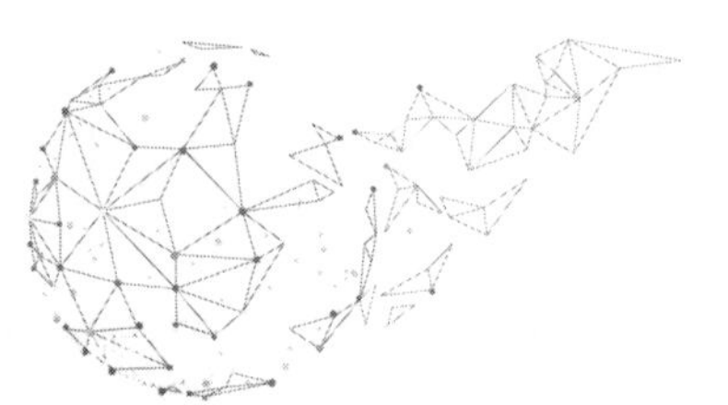

后记

过去十年是云计算突飞猛进的十年，全球云计算市场规模增长数倍，我国云计算市场从最初的十几亿增长到现在的千亿规模，各国政府纷纷推出“云优先”策略，我国云计算政策环境日趋完善，云计算技术不断发展成熟，云计算应用从互联网行业向政务、金融、工业、医疗等传统行业加速渗透。未来，云计算仍将迎来下一个黄金十年，进入普惠发展期。

工业和信息化部《云计算发展三年行动计划（2017—2019 年）》指出，我国将以推动制造强国和网络强国战略实施为主要目标，以加快重点行业领域应用为着力点，以增强创新发展能力为主攻方向，夯实产业基础，优化发展环境，完善产业生态，健全标准体系，强化安全保障，推动我国云计算产业向高端化、国际化方向发展，全面提升我国云计算产业实力和信息化应用水平。

相关云计算发展调查报告显示，95%的企业认为使用云计算可以降低企业的 IT 成本，其中超过 10%的用户成本节省在一半以上。另外，40%以上的企业表示使用云计算提升了 IT 运行效率，IT 运维工作量减少和安全性提升的占比分别为 25.8%和 24.2%。可见，云计算将成为企业数字化转型的关键要素。

我国的云计算产业正处于全面高速发展的阶段，需要大量的专业人才为产业提供支撑。以《人力资源社会保障部办公厅　市场监管总局办公厅　统计局办公室关于发布人工智能工程技术人员等职业信息的通知》（人社厅发〔2019〕48 号）为依据，在充分考虑科技进步、社会经济发展和产业结构变化对云计算工程技术人员专业要求的基础上，以客观反映云计算技术发展水平及其对从业人员的专业能力要求为目标，根据《云计算工程技术人员国家职业技术技能标准（2021年版）》（以下简称《标准》）对云计算工程技术人员职业功能、工作内容、专业能力要求和相关知识要求的描述，人力资源社会保障部专业技术人员管理司联合工业和信息化部教育与考试中心，组织有关专家开展了云计算工程技术人员培训教程（以下简称教程）的编写工作，用于全国专业技术人员新职业培训。

云计算工程技术人员是从事云计算技术研究，云系统构建、部署、运维，云资源管理、应用和服务的工程技术人员。其共分为三个专业技术等级，分别为初级、中级、高级。其中，初级、中级各分为两个职业方向：云计算运维、云计算开发；高级不分职业方向。

与此相对应，教程也分为初级、中级、高级，分别对应其专业能力考核要求。初级、中级教程分别有两本，对应初级、中级的云计算运维、云计算开发两个职业方向，高级教程不分职业方向。同时，为适应读者进行理论学习的需求，本系列教程单独设置《云计算工程技术人员——云计算基础知识》，内容涵盖了《标准》中职业道德基本知识和法律法规知识要求、基础理论知识要求，以及初级、中级、高级的技术基础知识，可方便读者进行理论考试备考。

在使用本系列教程开展培训时，应当结合培训目标与受众人员的实际水平和专业方向，选用合适的教程。在云计算工程技术人员培训中涉及的基础知识是初级、中级、高级工程技术人员都需要掌握的；初级、中级云计算工程技术人员培训中，可以根据培训目标与受众人员实际，选用云计算运维、云计算开发两个职业方向培训教程的一至两本。培训考核合格后，获得相应证书。

初级教程包含《云计算工程技术人员（初级）——云计算运维》和《云计算工程技术人员（初级）——云计算开发》两本。《云计算工程技术人员（初级）——云计算运维》一书内容对应《标准》中云计算初级工程技术人员云计算运维方向应该具备的专业能力要求；《云计算工程技术人员（初级）——云计算开发》一书内容对应《标准》中云计算初级工程技术人员云计算开发职业方向应该具备的专业能力要求。

本教程适用于大学专科学历（或高等职业学校毕业）以上，具有较强的学习能力、计算能力、表达能力及分析、推理和判断能力，参加全国专业技术人员新职业培训的人员。

云计算工程技术人员需按照《标准》的职业要求参加有关课程培训，完成规定学时，取得学时证明。初级 128 标准学时，中级 160 标准学时，高级 192 标准学时。

本教程编写过程中，得到了人力资源社会保障部、工业和信息化部相关部门的正确领导，得到了一些大学、科研院所、行业龙头企业的专家学者的大力帮助和指导，同时参考了多方面的文献，吸取了许多专家学者以及行业优秀企业的研究成果，在此表示由衷感谢。

由于编者水平、经验与时间所限，本书的不足与疏漏之处在所难免，恳请广大读者批评与指正。

本书编委会